煤炭行业特有工种职业技能鉴定培训教材

综采集中控制操纵工

（中级、高级）

煤炭工业职业技能鉴定指导中心　组织编写

煤 炭 工 业 出 版 社

·北　京·

内 容 提 要

本书以综采集中控制操纵工国家职业标准为依据编写,开篇讲述了综采集中控制操纵工基础知识,然后分别介绍综采集中控制操纵工(中级、高级)技能考核鉴定知识及技能方面的要求。内容包括综采工作面电气设备及控制系统、综采电气设备集中控制操作、一般电气设备维护保养及故障处理、可编程控制器等知识。

本书是综采集中控制操纵工(中级、高级)职业技能考核鉴定前的培训和自学教材,也可作为各级各类技术学校相关专业师生的参考用书。

本书编审人员

主　编　张宗平　马士兴
副主编　晏家森　韩文清　刘　勇
编　写　马始勇　刘树昕　马万里　王彦勇　宋爱平
　　　　　张峰华　张振国　王海军　宋　彬　张　伟
　　　　　杨永慧　昝圣杰　宁尚根　徐会金　赵秀玲
　　　　　彭书新　孔丽丽　赵　帅　李　华　陈　静
　　　　　陈　菁　魏　平　张德武

主　审　王丙成　孟凡平
审　稿　李元超　陈学军　赵以同　褚福辉　伊建国
　　　　　雷茂峰

前　言

为了进一步提高煤炭行业职工队伍素质，加快煤炭行业高技能人才队伍建设步伐，实现煤炭行业职业技能鉴定工作的标准化、规范化，促进其健康发展，根据国家的有关规定和要求，煤炭工业职业技能鉴定指导中心组织有关专家、工程技术人员和职业培训教学管理人员编写了这套《煤炭行业特有工种职业技能鉴定培训教材》，作为国家职业技能鉴定考试的推荐用书。

本套职业技能鉴定培训教材以相应工种的职业标准为依据，内容上力求体现"以职业活动为导向，以职业技能为核心"的指导思想，突出职业培训特色。在结构上，针对各工种职业活动领域，按照模块化的方式，分初级工、中级工、高级工、技师、高级技师5个等级进行编写。每个工种的培训教材分为两册出版，其中初级工、中级工、高级工为一册，技师、高级技师为一册。教材的章对应于相应工种职业标准的"职业功能"，节对应于职业标准的"工作内容"，节中阐述的内容对应于职业标准的"技能要求"和"相关知识"。

本套教材现已经出版35个工种的初、中、高级工培训教材（分别是：爆破工、采煤机司机、液压支架工、装岩机司机、输送机操作工、矿井维修钳工、矿井维修电工、煤矿机械安装工、煤矿输电线路工、矿井泵工、安全检查工、矿山救护工、矿井防尘工、浮选工、采制样工、煤质化验工、矿井轨道工、矿车修理工、电机车修配工、信号工、把钩工、巷道掘砌工、综采维修电工、主提升机操作工、主扇风机操作工、支护工、锚喷工、巷修工、矿井通风工、矿井测风工、采煤工、采掘电钳工、安全仪器监测工、综采维修钳工、瓦斯抽放工）和18个工种的技师、高级技师培训教材（分别是：采煤工、巷道掘砌工、液压支架工、矿井维修电工、综采维修电工、综采维修钳工、矿山救护工、爆破工、采煤机司机、装岩机司机、矿井维修钳工、安全检查工、主提升机操作工、支护工、巷修工、矿井通风工、矿井测风工、采掘电钳工）。此次出版的是10个工种的初、中、高级工培训教材（分别是：液压泵工、综采集中控制操纵工、矿压观测工、井筒掘砌工、矿山电子修理工、矿井测尘工、瓦斯防突工、重介质分选工、选煤技术检查工、选矿集中控制操作工）和6个工种的技师、高级技师培训教材（分别是：液压泵工、矿压观测工、瓦斯防突工、重介质分选工、选煤技术检查工、选矿集中控制操作工）。其他工种的初、中、高级工及技师、高级技师培训教材也将陆续推出。

　　技能鉴定培训教材的编写组织工作，是一项探索性工作，有相当的难度，加之时间仓促，缺乏经验，不足之处恳请各使用单位和个人提出宝贵意见和建议。

煤炭工业职业技能鉴定指导中心
2015 年 10 月

目　　次

第一部分　综采集中控制操纵工基础知识

第一章　职业道德 ··· 3
　　第一节　职业道德基本知识 ··· 3
　　第二节　职业守则 ·· 5
第二章　基础知识 ··· 7
　　第一节　井下电气操作基本知识 ·· 7
　　第二节　煤矿安全用电基础知识 ······································ 68

第二部分　综采集中控制操纵工中级技能

第三章　综采工作面电气设备及控制系统 ······························· 107
　　第一节　综采工作面设备布置及配套 ······························· 107
　　第二节　采煤机 ·· 111
　　第三节　可弯曲刮板输送机 ·· 140
　　第四节　液压支架 ··· 147
　　第五节　综采工作面供电 ··· 160
　　第六节　通信控制系统 ··· 176
　　第七节　综采工作面集中控制系统 ··································· 182
第四章　综采电气设备集中控制操作 ······································· 191
　　第一节　集中控制台操作工必知必会 ······························· 191
　　第二节　操作控制台、移动变电站和组合开关 ··················· 193
　　第三节　集中控制台、移动变电站和组合开关的操作 ········· 215
　　第四节　连续采煤机控制系统、操作及故障诊断 ················ 222
第五章　一般电气设备维护保养及故障处理 ····························· 231
　　第一节　电气设备日常维护和保养 ··································· 231
　　第二节　电气设备常见故障及处理 ··································· 232

第三部分　综采集中控制操纵工高级技能

第六章　可编程控制器 ··· 245
　　第一节　可编程控制器的功能及特点 ······························· 245
　　第二节　可编程控制器的结构原理 ··································· 246

第三节　综采工作面采煤机、"三机"及液压支架 PLC 控制 …………… 248
第七章　综采电气设备的检修 ……………………………………………… 253
　第一节　综采电气设备的完好标准及检修质量标准 …………………… 253
　第二节　综采电气设备的维修要点、工艺及工艺流程 ………………… 269
　第三节　综采电气设备的安装 …………………………………………… 271
第八章　综采设备常见故障及处理方法 …………………………………… 275
　第一节　故障诊断及处理原则 …………………………………………… 275
　第二节　综采机械设备常见故障及处理方法 …………………………… 278
　第三节　综采电气设备常见故障及处理方法 …………………………… 302

参考文献 ……………………………………………………………………… 307

第一部分
综采集中控制操纵工基础知识

▶ 第一章　职业道德
▶ 第二章　基础知识

第一章 职业道德

第一节 职业道德基本知识

一、职业道德的含义

所谓职业道德，就是同人们的职业活动紧密联系的符合职业特点要求的道德准则、道德情操与道德品质的总和，它既是对本职人员在职业活动中行为的要求，同时又是本职业对社会所负的道德责任与义务。职业道德主要内容包括爱岗敬业、诚实守信、办事公道、服务群众、奉献社会等。

职业道德的含义包括以下 8 个方面：

(1) 职业道德是一种职业规范，受社会普遍认可。

(2) 职业道德是长期以来自然形成的。

(3) 职业道德没有确定形式，通常体现为观念、习惯、信念等。

(4) 职业道德依靠文化、内心信念和习惯，通过员工的自律实现。

(5) 职业道德大多没有实质的约束力和强制力。

(6) 职业道德的主要内容是对员工义务的要求。

(7) 职业道德标准多元化，不同企业可能具有不同的价值观，其职业道德的体现也有所不同。

(8) 职业道德承载着企业文化和凝聚力，影响深远。

每个从业人员，不论是从事哪种职业，在职业活动中都要遵守职业道德。要理解职业道德需要掌握以下 4 点：

(1) 在内容方面，职业道德总是要鲜明地表达职业义务、职业责任以及职业行为上的道德准则。它不是一般地反映社会道德和阶级道德的要求，而是要反映职业、行业以至产业特殊利益的要求；它不是在一般意义上的社会实践基础上形成的，而是在特定的职业实践基础上形成的，因而它往往表现为某一职业特有的道德传统和道德习惯，表现为从事某一职业的人们所特有的道德心理和道德品质。

(2) 在表现形式方面，职业道德往往比较具体、灵活、多样。它总是从本职业的交流活动的实际出发，采用制度、守则、公约、承诺、誓言、条例，以及标语口号之类的形式。这些灵活的形式既易于从业人员接受和实行，也易于形成一种职业道德习惯。

(3) 从调节的范围来看，职业道德一方面是用来调节从业人员内部关系，加强职业、行业内部人员的凝聚力；另一方面是用来调节从业人员与其服务对象之间的关系，从而塑造本职业从业人员的形象。

（4）从产生的效果来看，职业道德既能使一定的社会道德原则和规范"职业化"，又能使个人道德品质"成熟化"。职业道德虽然是在特定的职业生活中形成的，但它绝不是离开社会道德而独立存在的道德类型。职业道德始终是在社会道德的制约和影响下存在和发展的；职业道德和社会道德之间的关系，就是一般与特殊、共性与个性之间的关系。任何一种形式的职业道德，都在不同程度上体现着社会道德的要求。同样，社会道德在很大程度上都是通过具体的职业道德形式表现出来的。同时，职业道德主要表现在实际从事一定职业的成年人的意识和行为中，是道德意识和道德行为成熟的阶段。职业道德与各种职业要求和职业生活结合，具有较强的稳定性和连续性，形成比较稳定的职业心理和职业习惯，以至于在很大程度上改变人们在学校生活阶段和少年生活阶段所形成的品行，影响道德主体的道德风貌。

二、职业道德的特点

职业道德具有以下几方面的特点：

（1）适用范围的有限性。每种职业都担负着一种特定的职业责任和职业义务，各种职业的职业责任和义务各不相同，因而形成了各自特定的职业道德规范。

（2）发展的历史继承性。由于职业具有不断发展和世代延续的特征，不仅其技术世代延续，其管理员工的方法、与服务对象打交道的方法等，也有一定的历史继承性。

（3）表达形式的多样性。由于各种职业道德的要求都较为具体、细致，因此其表达形式多种多样。

（4）兼有纪律规范性。纪律也是一种行为规范，但它是介于法律和道德之间的一种特殊的规范。它既要求人们能自觉遵守，又带有一定的强制性。就前者而言，它具有道德色彩；就后者而言，又带有一定的法律色彩。也就是说，一方面，遵守纪律是一种美德，另一方面，遵守纪律又带有强制性，具有法令的要求。例如，工人必须执行操作规程和安全规定，军人要有严明的纪律等等。因此，职业道德有时又以制度、章程、条例的形式表达，让从业人员认识到职业道德又具有纪律的规范性。

三、职业道德的社会作用

职业道德是社会道德体系的重要组成部分，它一方面具有社会道德的一般作用，另一方面又具有自身的特殊作用，具体表现在：

（1）调节职业交往中从业人员内部以及从业人员与服务对象间的关系。职业道德的基本职能是调节职能。它一方面可以调节从业人员内部的关系，即运用职业道德规范约束职业内部人员的行为，促进职业内部人员的团结与合作。如职业道德规范要求各行各业的从业人员，都要团结、互助、爱岗、敬业，齐心协力地为发展本行业、本职业服务。另一方面职业道德又可以调节从业人员和服务对象之间的关系。如职业道德规定了制造产品的工人要怎样对用户负责，营销人员怎样对顾客负责，医生怎样对病人负责，教师怎样对学生负责，等等。

（2）有助于维护和提高一个行业和一个企业的信誉。信誉是一个行业、一个企业的形象、信用和声誉，指企业及其产品与服务在社会公众中的信任程度。提高企业的信誉主要靠提高产品的质量和服务质量，因而从业人员职业道德水平的提升是提高产品质量和服务质量的有效保证。若从业人员职业道德水平不高，就很难生产出优质的产品、提供优质的服务。

（3）促进行业和企业的发展。行业、企业的发展有赖于高的经济效益，而高的经济效益源于高的员工素质。员工素质主要包含知识、能力、责任心3个方面，其中责任心是最重要的。而职业道德水平高的从业人员，其责任心是极强的，因此，优良的职业道德能促进行业和企业的发展。

（4）有助于提高全社会的道德水平。职业道德是整个社会道德的重要组成部分。职业道德一方面涉及每个从业者如何对待职业，如何对待工作，同时也是一个从业人员的生活态度、价值观念的表现，是一个人的道德意识、道德行为发展的成熟阶段，具有较强的稳定性和连续性。另一方面，职业道德也是一个职业集体，甚至一个行业全体人员的行为表现。如果每个行业、每个职业集体都具备优良的职业道德，将会对整个社会道德水平的提升发挥重要作用。

第二节 职 业 守 则

通常职业道德要求通过在职业活动中的职业守则来体现。广大煤矿职工的职业守则有以下几个方面。

1. 遵守法律法规和煤矿安全生产的有关规定

煤炭生产有它的特殊性，从业人员除了遵守《煤炭法》《安全生产法》《煤矿安全规程》《煤矿安全监察条例》外，还要遵守煤炭行业制定的专门规章制度。只有遵纪守法，才能确保安全生产。作为一名合格的煤矿职工，应该遵守煤矿的各项规章制度，遵守煤矿劳动纪律，尤其是岗位责任制和操作规程、作业规程，处理好安全与生产的关系。

2. 爱岗敬业

热爱本职工作是一种职业情感。煤炭是我国当前的主要能源，在国民经济中占举足轻重的地位。作为一名煤矿职工，应该感到责任重大，感到光荣和自豪；应该树立热爱矿山、热爱本职工作的思想，认真工作，培养职业兴趣；干一行、爱一行、专一行，既爱岗又敬业，干好自己的本职工作，为我国的煤矿安全生产多做贡献。

3. 坚持安全生产

煤矿生产是人与自然的斗争，工作环境特殊，作业条件艰苦，情况复杂多变，不安全因素和事故隐患多，稍有疏忽或违章，就可能导致事故发生，轻则影响生产，重则矿毁人亡。安全是煤矿工作的重中之重。没有安全，就无从谈起生产。安全是广大煤矿职工的最大福利，只有确保了安全生产，职工的辛勤劳动才能切切实实、真真正正地对其自身生活产生较为积极的意义。作为一名煤矿职工，一定要按章作业，努力抵制"三违"，做到安全生产。

4. 刻苦钻研职业技能

职业技能，也可称为职业能力，是人们进行职业活动、完成职业责任的能力和手段。它包括实际操作能力、业务处理能力、技术能力以及相关的科学理论知识水平等。

经过新中国成立以来几十年的发展，我国的煤炭生产也由原来的手工作业逐步向综合机械化作业转变，建成了许多世界一流的现代化矿井，特别是国有大中型矿井，大都淘汰了原来的生产模式，转变成为现代化矿井，高科技也应用于煤炭生产、安全监控之中。所有这些都要求煤矿职工在工作和学习中刻苦钻研职业技能，提高技术能力，掌握扎实的科学知识，只有这样才能胜任自己的工作。

5. 加强团结协作

一个企业、一个部门的发展离不开协作。团结协作、互助友爱是处理企业团体内部人与人之间，以及协作单位之间关系的道德规范。

6. 文明作业

爱护材料、设备、工具、仪表，保持工作环境整洁有序，文明作业；着装符合井下作业要求。

第二章 基 础 知 识

第一节 井下电气操作基本知识

一、机械制图基本知识

(一) 图样概念

1. 比例

图样中机件要素的线性尺寸与实际机件相应要素的线性尺寸之比,称为比例。

画图时应尽量采用1:1的比例。当机件很大或很小时,就要采用适当的比例,把机件缩小或放大画出。但所采用的比例,一般应符合有关规定。绘制同一机件的各个视图应采用相同的比例,并在标题栏的比例栏中填写。图形无论放大或缩小,在标注尺寸时,应按机件的实际尺寸标注。

2. 图线

机件的图形是用各种不同粗细和型式的图线画成的。图线的名称、型式、代号、宽度以及在图上的一般应用要按规定使用。

图线分粗细两种。粗线的宽度 b 应按图形的大小及复杂程度,在 0.5~2 mm 之间选择,细线的宽度约为 $b/3$。在一幅图样中,相同线型的粗细和浓淡要基本一致。

(二) 正投影

1. 投影方法

投影时由于光源的不同,可以得到两种不同的投影方法。

1) 中心投影法

当所有的投影线都从投影中心点发出时,这种投影法称为中心投影法。中心投影法所得的投影比物体的轮廓大,不能作为绘制机械图样的基本方法。

2) 平行投影法

当投影中心移至无限远处时,投影线可以看作是互相平行的,这种投影法称为平行投影法。在平行投影中,又以投影线是否垂直投影面而分为正投影法和斜投影法。

(1) 正投影法。投影线垂直于投影面时的投影称为正投影法。正投影简称投影,是绘制机械图样的基本方法。

(2) 斜投影法。投影线与投影面倾斜成一角度时的投影称为斜投影法。

2. 三视图

1) 三个投影面

首先，设置三个互相垂直的投影面。直立在观察者正对面的投影面称为正投影面，简称正面，用字母 V 表示；水平位置的投影面称为水平投影面，简称水平面，用字母 H 表示；侧面位置的投影面称为侧投影面，简称侧面，用字母 W 表示。

投影面间的交线称为投影轴，三条投影轴在空间上互相垂直，且交于一点，称为原点。

2）三视图的形成

把物体放在观察者和投影面之间的适当位置，然后用正投影法由前向后、自上而下、从左到右分别向正面 V、水平面 H、侧面 W 投影，在三个投影面上所得到的图形称为三视图，如图 2-1 所示。所规定的三视图名称：在 V 面上的视图称为主视图，在 H 面上的视图称为俯视图，在 W 面上的视图称为左视图。

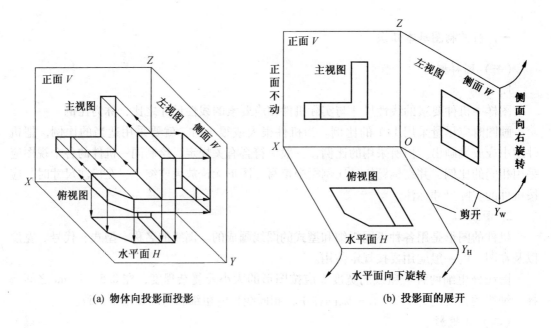

(a) 物体向投影面投影　　　　　　　　(b) 投影面的展开

图 2-1　三视图的形成

3）三个视图之间的关系

（1）三视图间的对应关系。主视图和俯视图中，相同要素投影长度相等，并且对正，简称长对正；主视图和左视图中，同一要素投影高度相等，并且平齐，简称高平齐；俯视图和左视图中，同一要素投影宽度相等，简称宽相等；视图间的对应关系即三视图的投影规律，画图和看图时都要运用视图间的对应关系。

（2）形体与视图的方位关系。在投影面的展开过程中，原来向前的 OY 轴变成向下的 OY_H 轴，就是说俯视图的下方是物体的前面，上方是物体的后面；原来向前的 OY 轴又变成了向右的 OY_W 轴，就是说左视图的右边是物体的前面，左边是物体的后面。因此，在俯、左视图中，保持着物体前后位置的对应关系。也可以这样分析，以主视图为依据，俯、左视图靠近主视图的为里边，表示物体的后面；远离主视图的为外边，表示物体的前面。

（三）视图

1. 基本视图

机件向基本投影面投影所得的视图称基本视图。正六面体的6个面规定为基本投影面。把机件放在正六面体中间，用正投影的方法由机件的前、后、左、右、上、下6个方向，向6个基本投影面投影，所得的视图称为基本视图。

为了将6个基本视图在一个平面上反映出来，规定正面不动，其他各基本投影面按如图2-1所示的箭头方向展开到与正面在同一个平面上。6个基本视图的配置和视图名称如图2-2所示。若在同一张图纸内按图2-2的形式配置视图，则一律不标注视图名称。

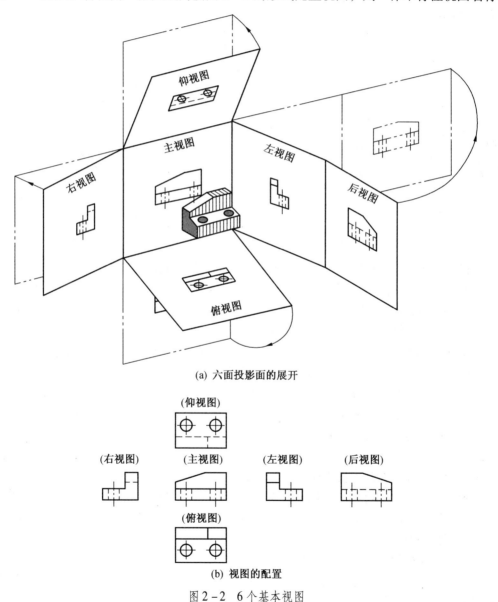

(a) 六面投影面的展开

(b) 视图的配置

图2-2 6个基本视图

6个基本视图之间的投影规律与三视图的投影规律相同，即主、俯、仰、后长对正（或相等），主、左、右、后高平齐，俯、左、右、仰宽相等。

2. 辅助视图

当机件上某些凸台、盘状结构、坑、槽或倾斜结构等不需要用完整的基本视图表示，或用基本视图表示不清楚时，可采用辅助视图。

1) 斜视图

图2-3a 为压紧杆具有倾斜的结构，图2-3b 是它主、俯、左三个视图。因为压紧杆的倾斜表面是正垂面，所以它在俯、左视图上均不反映实形，这就给画图、看图和标注尺寸带来不便。为解决这一问题，可另加一个平行于机件倾斜表面的正垂面作为新的投影面，如图2-4所示，然后沿 A 向将倾斜部分的结构向这个投影面投影，得 A 向视图，如图2-5所示。

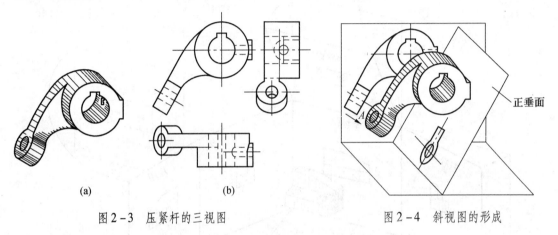

图2-3 压紧杆的三视图　　　　图2-4 斜视图的形成

将机件向不平行于任何基本投影面的平面投影，所得到的视图为斜视图。

读斜视图时，应注意以下几点：

(1) 在斜视图的上方用字母标出视图名称"X 向"，在相应的视图附近用箭头指明投影方向，并注上同样的字母，如图2-5中的"A 向"。

(2) 由于斜视图只要求表达该机件倾斜部分的真实形状，因此其余部分不必全部画出，而用波浪线断开，如图2-5中的"A 向"斜视图。

(3) 斜视图一般按投影关系配置，必要时也可以配置在其他适当位置。在不致引起误解时，允许将图形旋转一定角度，旋转角度一般不大于90°，且要在旋转后的斜视图上方标注"X 向旋转"，如图2-6所示的 A 向旋转。

2) 局部视图

机件的某一部分在基本投影面投影所得的视图，称为局部视图，如图2-5中的 B 向局部视图。在图2-5中，可采用上述一组视图后，压紧杆除右边的凸台外，其余部分的形状已表示清楚。凸台的形状没有必要用右视图表示，用局部视图表达即可，如图2-5中的 C 向局部视图。

画、读局部视图时应注意以下几点：

(1) 一般用带字母的箭头指明所表达的部位和投影方向，并在局部视图的上方用相应的字母注明"X 向"。

(2) 局部视图最好按箭头所指的方向配置，如图2-5中的"B 向"和"C 向"。必要时，可画在其他的适当地方，如图2-6中的"C 向"。

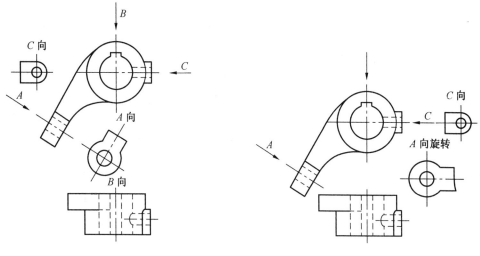

图 2-5 斜视图和局部视图　　　　图 2-6 斜视图和局部视图

（3）局部视图的断裂线应以波浪线表示。当所表示的局部结构是完整的，且外轮廓线又成封闭时，波浪线可省略不画，如图 2-5 中的"C 向"。

（四）剖视图

1. 定义及读图注意事项

1）剖视图定义

假想用剖切面剖开机件，将处在观察者和剖切面之间的部分移去，而将其余部分向投影面投影所得的图形，称为剖视图，如图 2-7 所示。

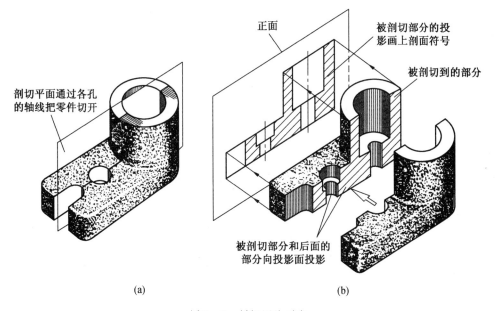

图 2-7 剖视图的形成

读剖视图时，应注意在机件与剖切面相接触的剖面图形上，标注剖面符号。

机件一般用金属材料制造，其剖面符号为一组等间隔、方向相同且与水平成 45°的平

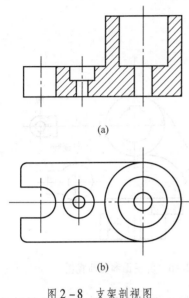

图 2-8 支架剖视图

行细实线,这一细实线被称为剖面线。同一机件所有剖面上,剖面线方向间隙要一致。支架剖视图如图 2-8 所示。

2) 读剖视图时的注意事项

读剖视图时,应注意以下事项:

(1) 读剖视图时,先确定剖切面的位置。剖切面一般平行或垂直于某一投影面,并通过机件内部孔、槽等结构的对称平面或轴线,反映实形。

(2) 剖视图是假想将机件剖开而画出的,并没有真正剖开。因此,当机件的一个视图画成剖视图后,其他视图仍按完整的机件读图,如图 2-8b 所示为支架的俯视图。

(3) 在剖切面的后方,机件的可见轮廓线已全部画出,读图时不能遗漏。

2. 剖视图的种类

1) 全剖视图

用剖切面完全剖开机件所得到的剖视图称为全剖视图。当机件的外形简单或外形已在其他视图中表示清楚时,为了表达复杂的内部结构,常采用全剖视图。剖切方法有以下两种:

(1) 用单一剖切面剖切。当机件内部结构复杂、外形简单,或外形也复杂但已由其他视图表示清楚,且不对称时,用单一剖切面剖切。剖切面应通过所要表示的机件内部结构的对称平面。

(2) 用几个平行的剖切平面剖切。用几个平行的剖切平面剖开机件的方法也称为阶梯剖。

2) 半剖视图

当物体具有对称平面时,向垂直于对称平面的投影面上投影所得到的图形,以对称中心线为界,一半画成剖视,另一半画成视图,这种视图称为半剖视图。

(五) 剖面图

1. 剖面图

假想用剖切面将机件的某处切断,仅画出断面的图形,这种图形称为剖面图。如图 2-9 所示。

2. 剖面图的种类

剖面可分为移出剖面和重合剖面两类。

(1) 移出剖面:画在视图外部的剖面图称为移出剖面。

(2) 重合剖面:画在视图内部的剖面图称为重合剖面。

(六) 表面粗糙度

1. 表面粗糙度的概念

表面粗糙度是指加工件表面具有较小的间距和峰谷所组成的微观几何形状特性。

表面粗糙度对零件的使用性能影响很大,表面粗糙度数值小,零件的耐磨性、抗疲劳

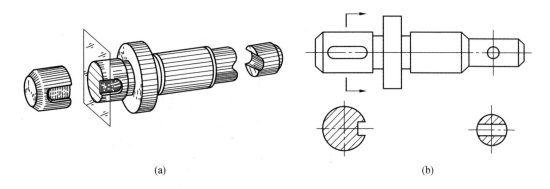

图 2-9 剖面图

强度、接触刚度、配合性质、抗腐蚀性都能提高,但加工困难、成本高。因此,在满足零件使用性能要求的前提下,选用尽可能大一些的表面粗糙度值,以降低零件的加工成本。

2. 表面粗糙度的评定参数

表面粗糙度最常用的评定参数是轮廓算术平均偏差,用符号 Ra 表示。

3. 表面粗糙度的符号及其标注

1) 表面粗糙度符号

在图样中,零件的表面粗糙度用符号进行标注。图样上表示零件表面粗糙度的符号意义见表 2-1。

表 2-1 零件表面粗糙度的符号意义

符 号	意 义
∨	基本符号,单独使用这一符号是没有意义的
∀	基本符号上加一短划,表示表面粗糙度是用去除材料的方法获得的,如车、钻、磨、铣、剪切、抛光、腐蚀、电火花加工等
⩗	基本符号上加一小圆,表示表面粗糙度是用不去除材料的方法获得的,如铸、锻、冲压变形、热轧、冷轧、粉末冶金等,或者是用于保持原供应状况的表面(包括保持上道工序的状况)

2) 表面粗糙度符号、代号在图样上的标注方法

(1) 表面粗糙度符号、代号应标注在可见轮廓线、尺寸线、尺寸界线或它们的延长线上。对于镀涂表面,可标注在表示线(粗点划线)上,符号的尖端从材料外指向表面。表面粗糙度代号中的数字及符号的方向,必须按如图 2-10 所示的形式进行标注。

(2) 同一图样上,每一表面一般只标注一次符号、代号,并尽可能靠近有关尺寸线。当图样狭小或不便标注时,符号、代号可以引出标注。

(3) 当零件表面具有相同的表面粗糙度要求时,其符号、代号可以在图样的右上角统一标注。若零件的大部分表面具有相同的表面粗糙度要求时,对其中使用最多的一种符号、代号,可以统一标注在图样的右上角,并加注"其余"两字。

(七) 公差与配合

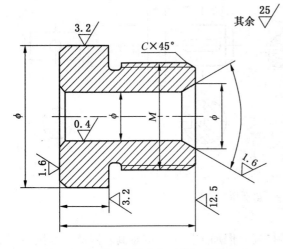

图 2-10 表面粗糙度代（符）号的标注

1. 互换性

为了便于装配和维修，要求制造的规格大小相同的一批零件不经过任何挑选和修配，便可顺利装配到每一台机器上，并能满足一定的使用要求，零件的这种性质称为互换性。在现代工业生产中，互换性非常重要，同类产品互换性的高低，反映生产技术水平的高低。

2. 尺寸公差

根据零件的功能要求，为零件尺寸规定一个允许的变动范围，这个变动范围称为零件尺寸的尺寸公差，简称公差。现将有关公差的基本名词介绍如下（图2-11）。

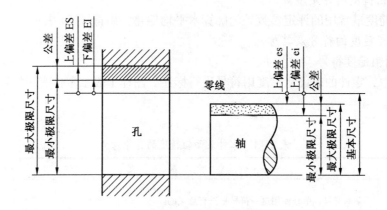

图 2-11 公差与配合的示意图

（1）基本尺寸：设计给定的尺寸。基本尺寸还用来决定极限尺寸和偏差的一个基准尺寸。

（2）实际尺寸：通过测量所得到的尺寸。由于存在着测量误差，所以实际尺寸并非尺寸的真实值。

（3）极限尺寸：允许零件尺寸变化的两个界限值，它以基本尺寸为基数来确定，两个界限值中较大的一个被称为最大极限尺寸，较小的一个被称为最小极限尺寸。

（4）尺寸偏差（简称偏差）：某一尺寸减其基本尺寸所得的代数差。它包括实际偏差和极限偏差。

实际尺寸减其基本尺寸所得的代数差称为实际偏差。

极限偏差又分上偏差和下偏差，最大极限尺寸减其基本尺寸所得的代数差称为上偏差，最小极限尺寸减其基本尺寸所得的代数差称为下偏差。

（5）尺寸公差（简称公差）：允许尺寸的变动量称为公差，它等于最大极限尺寸与最小极限尺寸代数差的绝对值，也等于上偏差与下偏差的代数差绝对值。

(6) 尺寸公差带（简称公差带）：在公差带图中，由代表上、下偏差的两条直线所限定的一个区域。

(7) 零线：在公差与配合的图解中，确定偏差的一条基准直线，即零偏差线。通常，零线表示基本尺寸。

3. 配合

配合的实质是反映组成机器的零件之间的关系，是为了保证机器工作时，相互配合的零件能协调动作，满足使用和制造上的要求。它的含义是基本尺寸相同、相互结合的孔和轴公差带之间的关系。配合分三种，即间隙配合、过盈配合和过渡配合。

4. 基准制

采用基准制是为了统一基准件的极限偏差，从而达到减少定值刀和量具的规格、数量，以获得最佳的技术经济效果。国家标准规定了两种基准制，即基孔制和基轴制。

（1）基孔制：基本偏差为一定的孔的公差带与不同基本偏差轴的公差带形成各种配合的一种制度。基孔制的孔称为基准孔，代号为 H，其基本偏差（下偏差）为零。

（2）基轴制：基本偏差为一定的轴的公差带与不同基本偏差孔的公差带形成各种配合的一种制度，基轴制的轴称为基准轴，代号为 h，其基本偏差（上偏差）为零。

（GB/T 1800.2—1998）《极限与配合　基础　第2部分：公差、偏差和配合的基本规定》（以下简称 GB/T 1800.2—1998）规定，在一般情况下优先选用基孔制。

5. 标准公差与基本偏差

1) 标准公差

GB/T 1800.2—1998 中规定的、用以确定公差带大小的任一公差称为标准公差。标准公差由基本尺寸和公差等级决定。

标准公差共分为 20 个等级，用 IT 表示。等级序号用阿拉伯数字 1、2、3…表示。各公差等级的标准公差由 IT 和阿拉伯数字组成，如 IT01、IT02、IT03、…、IT18。等级依次降低，公差值依次增大。

当已知基本尺寸和公差等级时，即可根据有关表查出标准公差数值。

2) 基本偏差

GB/T 1800.2—1998 规定用基本偏差来确定公差带相对零线的位置。基本偏差是两个极限偏差中的一个，原则上是指最靠近零线的极限偏差。GB/T 1800.2—1998 对孔和轴规定了 28 个基本偏差，用拉丁字母表示；大写表示孔的基本偏差，小写表示轴的基本偏差。

（八）形状和位置公差

1. 形位公差

形状公差和位置公差简称形位公差。形状公差是为了限制形状误差而设置的，它是指单一实际要素所允许的变动全量。位置公差是为了限制两个或两个以上要素在方向和位置关系上的误差而设置的，它是指关联实际要素的位置对基准所允许的变动全量。

零件在加工过程中，不仅要保证尺寸公差，而且对组成零件要素的形状和相对位置也应有一定的准确性要求，这样才能满足零件的使用和装配要求，保证互换性。因此，形位公差同尺寸公差、表面粗糙度一样，是评定零件质量的一项重要指标。

2. 形位公差的项目及符号

GB/T 1800.2—1998 规定了 14 种形位公差。各形位公差的项目名称及符号,见表 2-2。

表2-2 形位公差的项目名称及符号

分类	项目名称	符号	分类		项目名称	符号
形状公差	直线度	—	位置公差	定向	平行度	∥
	平面度	▱			垂直度	⊥
	圆度	○			倾斜度	∠
	圆柱度	⌭		定位	同轴度	◎
	线轮廓度	⌒			对称度	=
	面轮廓度	⌒			位置度	⊕
				跳动	圆跳动	↗
					全跳动	↗↗

(九) 装配图

1. 装配图的作用

装配图在生产中占有重要地位。设计一部机器时，首先要画出装配图，然后再根据装配图画出零件图。装配机器时，也要根据装配图进行安装和检验。装配图是表达设计意图、指导生产和进行技术交流的重要技术资料。

2. 装配图的内容

装配图一般包括以下4部分内容。

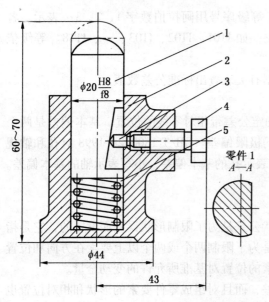

图2-12 浮动支承的装配示意图

(1) 一组视图。用一组视图表达装配体的装配关系、工作原理和主要零件的基本结构形状。

（2）必要的尺寸。装配图中一般标注规格、配合、安装和总体等尺寸。

（3）技术要求。用文字、符号标注出装配体的性能、安装试车、装配和检验等方面的要求。

（4）编号、标题栏、明细栏。在装配图中，除用标题栏说明机器或部件的名称、比例等以外，还要对每个零件分别编号，并在标题栏上方画出明细栏。

浮动支承的装配示意图如图2-12所示。

3. 装配图的表达方法

在零件图上采用的表达方法，如基本视图、辅助视图、剖视和剖面等，在表达装配图时也同样适用。在装配图上除了采用零件图上的常用表达方法外，还有采用其他特殊规定的画法和简化画法。

二、机械基础基本知识

（一）带传动

1. 带传动的原理、特点和应用

1）带传动原理

带传动是一种应用广泛的机械传动方式，它是利用带作为中间挠性件，依靠带与带轮之间的摩擦力实现传动。带传动原理如图2-13所示。

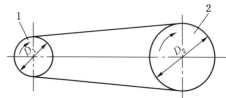

1—主动轮；2—被动轮

图2-13 带传动原理

这种传动是将一条连接成环形的皮带张紧在主动轮 D_1 和被动轮 D_2 之上，使皮带与皮带之间的接触面产生正压力，当主动轮 D_1 转动时，就能依靠皮带与带轮接触面之间的摩擦力来带动被动轮 D_2 转动，这样主动轮上的动力或运动就可以通过皮带和带轮传递给被动轮。

2）带传动的特点

（1）结构简单，适用于两轴中心距较大的机械。

（2）富有弹性，具有缓冲和吸振能力，传动平稳，无噪声。

（3）当传动过载时，皮带自动打滑，有安全保护作用。

（4）传动比不够精确。

（5）外廓尺寸较大，传动效率低，带的使用寿命短，不宜在高温、易燃以及有油和水的场合使用。

3）带传动的应用

生产中常用的带传动有平带传动、V带传动、圆形带传动和同步齿形带传动等。在煤矿机械设备中，应用的最多的是V带传动。

2. V带传动

V带传动主要应用在两轴相距较近的情况。这种带传动方式在煤矿的带传动中，占有主要地位。

1）结构

V带是无接头环形带，截面形状为等腰梯形，两个侧面是工作面，其楔角为40°。标准V带有帘布结构和线绳结构两种。

2）V带型号

V带已标准化，《带传动普通 V 带和窄 V 带尺寸（基准宽度制）》（GB/T 11544—2012）中将 V 带的型号规定为 Y、Z、A、B、C、D、E 七种，其横截面尺寸及承载能力依次增大。

（二）链传动

1. 滚子链

在机械传动中，常用的传动链是滚子链，也称套筒滚子链，如图 2-14 所示。它主要由滚子、套筒、销轴、内链板和外链板等组成。销轴和外链板采用过盈配合连接，套筒和内链板也采用过盈配合连接。套筒和销轴之间采用间隙配合连接，滚子可以在套筒上滚动。链子的屈伸是靠套筒绕销轴转动来实现的，当链子与链轮啮合时，由于链子上的滚子直接和链轮的轮齿接触，两者在工作中主要产生滚动摩擦，因此就减轻了链子与链轮轮齿之间的磨损，延长了链子和链轮的使用寿命，减少了能量的损耗，提高了传递效率。

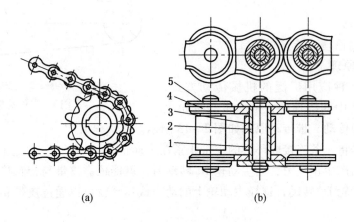

1—滚子；2—套筒；3—销轴；4—内链板；5—外链板

图 2-14 套筒滚子链

套筒滚子链的接头形式如图 2-15 所示。当链节为偶数时，可以用开口销（图 2-15a）或弹簧卡片（图 2-15b）将活动销轴固定。当链子为大节距时，常采用开口销固定；链子为小节距时，常采用弹簧卡片固定。采用弹簧卡片固定时，卡片开口方向应逆着链子的运行方向，避免因受撞而脱落。当链节为奇数时，应采用过渡链节（图 2-15c）。因这种链节的链板受附加的弯曲作用，使其受力情况变差，所以应尽量避免奇数链节，即避免过渡链节的使用。但是，对整个链而言，过渡链节的柔性较好，具有缓冲和吸振的作用。

2. 圆环链

圆环链是由若干个封闭式环状体连接而成。它的特点是结构简单，承载能力强，耐磨性能好，使用寿命长，对工作环境适应性强。一般情况下，圆环链不作为传动链使用，在煤矿生产中主要用作采煤机的牵引链及刮板输送机的刮板链等。在用作牵引链时，其非工作边自身张力较大，不必加很大的预紧力。圆环链的弹性较小，一旦发生断链情况时，危险较小，有利于安全生产。它的挠性较好，伸屈灵活，因而链轮的尺寸可以做得小一些，使结构更加紧凑。

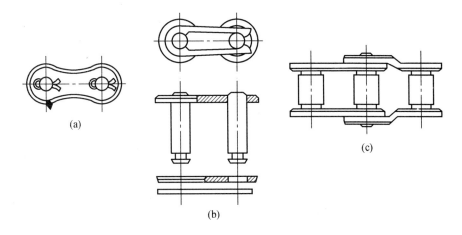

图 2-15 套筒滚子链的接头形式

3. 链传动的特点

(1) 由于链传动属于啮合传动,所以传动可靠,能保持平均传动比。

(2) 滚子链传动时,主要产生滚动摩擦,因此磨损轻,使用寿命长,功率损耗少,效率高。

(3) 链条可以加长也可以缩短,扩大了轴距范围。

(4) 轴及轴承受力较小。

(5) 安装时对两轴轴线的平行度和链轮的轴线与链的垂直度要求较高。

(6) 制造费用高,而且链一经磨损需及时更换,以免出现爬链现象,使传动精度降低。

(7) 链传动过程中噪声较大,不能得到恒定的瞬时传动比。

(三) 离合器

要使同一条轴线上的两根轴在机器运转过程中能接合或分离,如开车、停车、变向和变速时,可以使用离合器。

1. 侧齿式离合器(牙嵌式离合器)

侧齿式离合器如图 2-16 所示,用键固定在主动轴上,套筒 2 用导向平键或花键与被动轴连接,它可以在轴上滑动。对中环 3 与主动轴相连,被动轴可以在对中环中自由旋转,以保证两轴的对中性。该机构的动作是通过操纵杆移动滑环 4 使两半离合器结合或分开而实现的。

侧齿式离合器沿圆周方向展开后,其齿形有梯形(图 2-17a)、锯齿形(图 2-17b)和矩形(图 2-17c)3 种。

侧齿式离合器的结构简单紧凑、占有空间小、啮合可靠,但必须在停车或低速下接合。

2. 内齿式离合器(齿轮式离合器)

如图 2-18 所示为一内齿式离合器,它主要由齿轮 2、3、4 组成。齿轮 2 的左端为内齿,它空套在轴 1 上;齿轮 3 用导向平键和轴 1 连接,可以在轴上滑动;齿轮 4 固定在轴 5 上。当齿轮 3 和齿轮 4 啮合时,轴 1 的运动通过齿轮 3 和齿轮 4 传递给轴 5;如果将齿轮

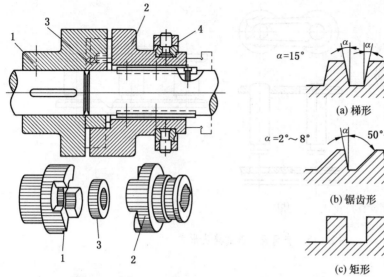

1、2—套筒；3—对中环；4—滑环

图 2-16 侧齿式离合器

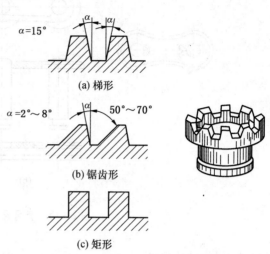

(a) 梯形

(b) 锯齿形

(c) 矩形

图 2-17 侧齿式离合器的齿形

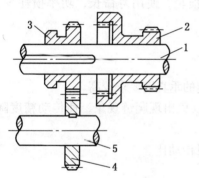

1—主动轴；2、4—被动齿轮；
3—主动齿轮；5—被动轴

图 2-18 内齿式离合器

3 右移，使它和齿轮 4 脱开而与齿轮 2 左端的内齿啮合，则齿轮 3 可以直接带动齿轮 2，使主动轴 1 的运动通过齿轮 2 右端的齿轮传递出。

3. 摩擦式离合器

（1）片式摩擦离合器。如图 2-19 所示为片式摩擦离合器的一种结构形式，外套筒 2 通过键固定在轴 1 上，内套筒 3 固定在轴 8 上。外摩擦片 4 的外缘与外套筒 2 之间采用花键连接，内孔不与任何机件接触，并且可以轴向移动；内摩擦片 5 的外缘不与任何机件接触，内孔和内套筒 3 之间采用花键连接，并且可以轴向移动。当滑环 7 由操纵杆操纵使其向左移动时，通

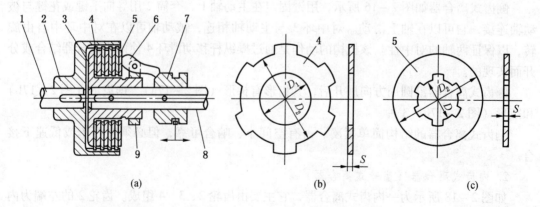

1、8—轴；2—外套筒；3—内套筒；4—外摩擦片；5—内摩擦片；6—杠杆；7—滑环；9—螺母

图 2-19 片式摩擦离合器结构形式

过杠杆6的作用将所有的摩擦片都压紧,从而使主动轴的运动靠内、外摩擦片之间的摩擦力传递到被动轴上。增加摩擦片的数量和杠杆的压力,即可增加传递的扭矩。如果滑环右移,则内、外摩擦片松开,使主动轴和被动轴之间的连接切断。转动螺母9,可以调节杠杆的压力。

(2) 圆锥形摩擦离合器。圆锥形摩擦离合器结构如图2-20所示,它是利用内、外锥面的紧密结合而产生的摩擦力来传递动力的。

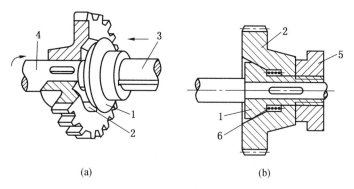

1—外锥面;2—内锥面;3、4—轴;5—螺母;6—弹簧

图2-20 圆锥形摩擦离合器结构

(四) 联轴器

如果机器中的两轴在运行时不需分离,只有停止后才分离时,可采用联轴器连接。

1. 十字滑块联轴器

如图2-21所示为十字滑块联轴器结构,它由两个端面开有凹槽的套筒1、2及一个两侧设有互相垂直的凸块中间盘3组成。中间盘的凸块嵌入套筒的凹槽中,将两轴连接。当两根轴线偏斜时,中间盘可以补偿两轴的不同心度。

2. 万向联轴器

万向联轴器如图2-22所示,它由叉型接头、十字接头和销轴组成。这种联轴器可以用在两轴线相交一定角度(交角不大于45°)的场合。这种联轴器的最大缺点是被动轴的角速度是变化的。

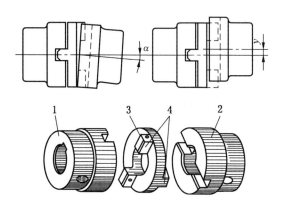

1、2—套筒;3—中间盘;4—油孔

图2-21 十字滑块联轴器结构

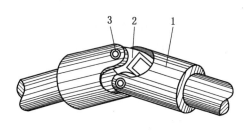

1—叉型接头;2—十字接头;3—销轴

图2-22 万向联轴器

3. 齿轮联轴器

齿轮联轴器如图2-23a所示。它由带外齿的轴套1、2和带内齿的外壳3、4组成。两个轴套1、2分别通过键与两轴连接，两个外壳3、4用螺栓连接固定，工作时靠啮合的轮齿来传递扭矩。

这种联轴器的内、外轮齿间的径向和齿侧都有间隙，且轴套上的外齿齿顶加工成球面，可以补偿两轴线的偏移。当两轴在工作中有径向偏移或角度偏移时，联轴器的工作情况如图2-23b所示。

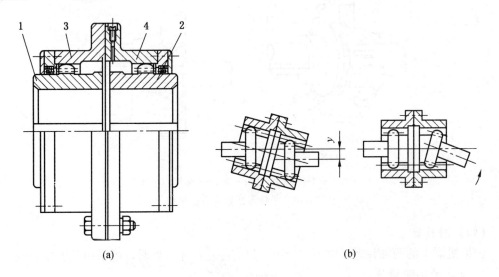

1、2—轴套；3、4—外壳

图2-23 齿轮联轴器

齿轮联轴器能传递较大的扭矩和补偿两轴间较大偏移，对安装精度要求不高，但结构复杂，造价较高。

4. 弹性联轴器

上述三种联轴器均属于刚性可移式联轴器。而弹性联轴器是靠弹性元件的弹性变形来补偿两轴轴线的相对位移，改善了轴和支承机件的工作条件，降低了联轴器的瞬时过载程度，克服了刚性联轴器的缺点。同时，弹性联轴器具有消减振动、避免共振等特性。

(1) 弹性圈柱销联轴器。弹性圈柱销联轴器结构如图2-24所示，它是由半联轴器1、2和弹性圈柱销3（带橡胶或皮革套圈的柱销）组成。两半联轴器分别用键与两轴连接。两半联轴器之间靠弹性圈柱销连接，这样既可补偿两轴的偏移，又可缓和冲击和吸收振动，但两轴相对角位移过大时，柱销容易磨损。这种联轴器主要用于载荷比较平稳、中小功率的两轴连接场合。

(2) 尼龙柱销联轴器。尼龙柱销联轴器的结构与弹性圈柱销联轴器相似，其是由两个半联轴器和尼龙柱销组成。与弹性圈柱销联轴器相比，尼龙柱销联轴器的结构简单，容易制造，柱销的耐磨性较好。这种联轴器具有一定的缓冲和吸振能力，柱销的更换比较方便，但允许的两轴轴线的相对位移和相对角位移小，适用于轴向窜动较大、启动频繁、正反转多变和带负载启动的高、低速轻载荷传动。

（3）轮胎联轴器。轮胎联轴器由轮胎环、压紧板、半联轴器、螺钉和垫圈组成。轮胎环有橡胶质的，也有用橡胶-增强织物制成的。后一种强度较高，使用寿命较长，但弹性不如前一种好。为了装配方便，有的轮胎联轴器沿轮胎环轴向设有切口，但承载能力有所降低。

（4）蛇形弹簧联轴器。蛇形弹簧联轴器在齿间嵌有曲折、能承受弯曲的带状蛇形弹簧，利用这种弹簧将扭矩由电动机轴传递到减速器轴上。由于蛇形弹簧的作用，减轻了机器在启动、减速和制动过程中对减速器齿轮的冲击和振动。国产主提升机的电动机轴与减速器的输入轴之间的连接采用蛇形弹簧联轴器。

（五）制动器

当机器开关（或操纵杆等）进入停止位置时，制动器能够立即制动机器装置。常见的制动器有以下几种：

1. 带状制动器

带状制动器结构如图 2-25 所示。它由制动轮 1、带橡胶衬的制动带 2 和杠杆 3 等组成。制动轮 1 用键固定在转动机件的轴上，制动带 2 包在制动轮的外缘上，其两端固定在杠杆 3 上。当机器的开关（或手柄等）放到停机位置时，另有机构顶动（或手动、脚动）杠杆 3，使制动带抱紧制动轮，机器立即停止运转。

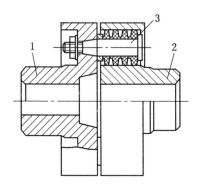

1、2—半联轴器；3—弹性圈柱销

图 2-24 弹性圈柱销联轴器结构

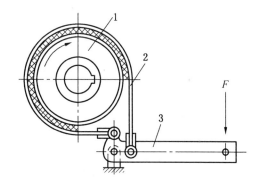

1—制动轮；2—带橡胶衬的制动带；3—杠杆

图 2-25 带状制动器结构

2. 电力制动器

电力制动器的结构如图 2-26 所示。该制动器中的电磁铁和电动机同时接通或断开电流。开机时电磁铁有电流通过，将吸引牵引块 2 向下移动，通过杠杆 3 和杠杆 4 把螺钉 5 向右推移，这时闸瓦 6 绕轴 7 向右摆动，使直径 D 增大，闸瓦松开制动轮，机器运转；停机时，电动机断电的同时，电磁铁也断电，磁性消失，在弹簧 1 的作用下，闸瓦 6 绕轴 7 向内回拢，闸瓦抱紧制动轮，机器迅速停止运动。电力制动器普遍用于煤矿设备的保险制动机构中。

3. 闸瓦制动器

闸瓦制动器多为常闭式，通常用重锤或弹簧紧闸。当电动机启动时，通过与其串联的电磁铁自动松闸，也可以采用人力或液压等方式松闸。

如图 2-27 所示为典型常闭式闸瓦制动器结构。它主要由自动轮 1、闸瓦 2、弹簧 3、

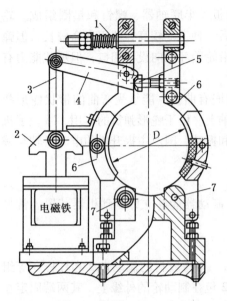

1—弹簧；2—牵引块；3、4—杠杆；
5—螺钉；6—闸瓦；7—轴

图 2-26 电力制动器结构

制动臂 4、推杆 5、驱动装置 6 和顶杆 7 等组成。当电动机断电、机器停止工作时，驱动装置 6 同时断电，弹簧 3 将拉紧制动臂 4 和闸瓦 2，使制动轮 1 处于制动状态。当电动机接通电源，机器进入工作状态时，驱动装置 6 同时也将接通电源，利用电磁力作用，使顶杆 7 向上推动，经推杆 5 推开制动臂 4 和闸瓦 2，使制动器松闸。

（六）齿轮传动

齿轮传动是指利用主动齿轮和被动齿轮之间的轮齿与轮齿直接接触（啮合）来传递运动或动力的传动形式。两个齿轮相互啮合在一起进行工作，称为齿轮的啮合传动。

如图 2-28 所示，当一对齿轮相互啮合工作时，主动齿轮 O_1 的轮齿 1、2、3…，通过啮合点法向力 F_n 的作用，逐个推动被动齿轮 O_2 的轮齿 $1'$、$2'$、$3'$…，使被动齿轮跟着转动，从而将主动轴上的动力或运动传递给被动轴。

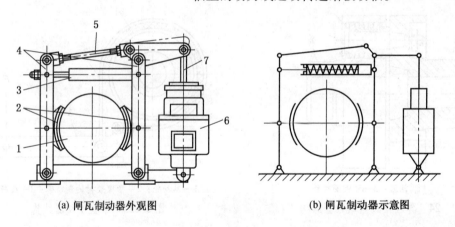

(a) 闸瓦制动器外观图　　　　(b) 闸瓦制动器示意图

1—制动轮；2—闸瓦；3—弹簧；4—制动臂；5—推杆；6—驱动装置；7—顶杆

图 2-27 常闭式闸瓦制动器结构

1. 齿轮传动的特点和基本要求

1）齿轮传动的特点

(1) 结构紧凑，体积小，使用寿命长。

(2) 传动效率高，一般圆柱形齿轮的传动效率可达 98%。

(3) 适应范围大，齿轮传递的功率范围很大，齿轮传递的速度范围也很大。

(4) 齿轮传动可实现较大的传动比。

(5) 由于齿轮采用了合理的齿廓曲线，保证了恒定瞬时传动比，使传动更加平稳，传递运动准确可靠。

(6) 齿轮的制造工艺复杂，制造精度和安装精度要求较高。

2）齿轮传动的基本要求

（1）传动要平稳，在传动过程中不得有冲击、噪声、震动等现象，以保证恒定的瞬时传动比。

（2）承载能力强，有足够的机械强度和使用寿命。

要满足上述使用要求，齿轮的齿廓线必须采用摆线、圆弧线或渐开线等线型。其中，摆线齿形多用于钟表，圆弧线齿形多用于重型机械，渐开线齿形应用最为普遍。

2. 渐开线齿轮的啮合条件及特点

1）正确啮合的条件

一对齿轮正确啮合条件是两个齿轮的模数和压力角分别相等。

2）渐开线齿轮的啮合特点

（1）传动平稳。渐开线齿轮具有恒定的瞬时传动比，传动平稳。

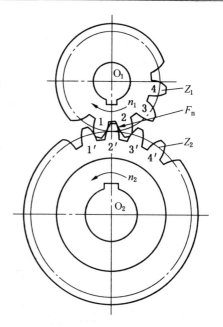

图 2-28 齿轮传动

（2）可分离性。当实际中心距大于标准中心距时，传动比保持不变。

斜齿圆柱齿轮传动平稳性和承载能力都高于直齿圆柱齿轮传动，适用于高速和重载的传动场合。圆锥齿轮传动用于传递两相交轴之间的运动和动力。齿轮齿条传动可实现旋转运动与直线运动的转换。

齿轮在传递过程中，在载荷的作用下会发生齿轮折断等现象，齿轮因此失去正常的工作能力，称为失效。齿轮的失效形式主要有轮齿折断、轮齿点蚀、齿面胶合、齿面磨损和轮齿塑性变形等 5 种。

3. 标准直齿圆柱齿轮的各部分尺寸计算公式

标准直齿圆柱齿轮的各部分尺寸计算公式，见表 2-3。

表 2-3 标准直齿圆柱齿轮的各部分尺寸计算公式

名　　称	代　号	计　算　公　式
分度圆直径	d	$d = mz$
齿顶高	h_1	$h_1 = x_1 m = m$
齿根高	h_2	$h_2 = x_2 m = 1.25m$
全齿高	h	$h = h_1 + h_2 = 2.25m$
齿顶圆直径	D_e	$D_e = m(z+2)$
齿根圆直径	D_i	$D_i = m(z-2.5)$
周节	P	$P = \pi m$
齿厚	S	$S = P/2 = \pi m/2$
齿间宽	W	$W = P/2 = \pi m/2$
中心距	A	$A = (d_1 + d_2)/2 = m(z_1 + z_2)/2$

注：m 为模数。

（七）蜗杆蜗轮传动

蜗杆蜗轮传动用于传递两交错轴之间的运动和动力。通常两轴之间的交错角为90°。蜗杆蜗轮传动中一般蜗杆为主动件。

蜗杆蜗轮传动的应用特点：

(1) 传动比大。动力传动中，$i = 8 \sim 60$；铣床的分度机构中 i 可达 $600 \sim 1000$。

(2) 传动平稳，噪声小。

(3) 承载能力大。

(4) 具有自锁功能。

(5) 传动效率低。

(6) 蜗轮材料贵。

(7) 不便于互换。

三、液压传动基本知识

（一）液压传动的基本工作原理

液压传动借助于处在密封容器内的液体压力能来传递能量或动力。

液体称为"工作介质"或"工作液体"，它的功能相当于机械传动中的"运动件"。

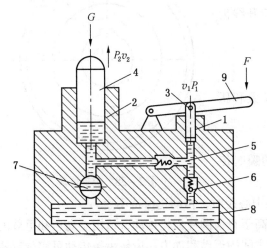

1、2—柱塞孔；3、4—柱塞；5、6—单向阀；
7—阀门；8—油池；9—杠杆
图 2-29 液压千斤顶结构原理图

液压千斤顶是利用液压传动基本原理来工作的装置，其结构原理如图 2-29 所示。柱塞 3 和柱塞孔 1、柱塞 4 和柱塞孔 2 构成两个密封而又可以变化的空间容积。当通过杠杆 9 将柱塞 3 向上提起时，柱塞孔 1 中的密封容积增大，内部压力减小，形成"真空"状态。这时，油池 8 中的工作液体在大气压力的作用下推开单向阀 6，进入柱塞孔 1 的密封空间中，单向阀 5 处于关闭状态。当杠杆 9 向下压动柱塞 3 时，柱塞孔 1 的密封容积缩小，孔中的油液压力升高，使单向阀 6 关闭，单向阀 5 打开，工作液体进入柱塞孔 2 的密封容积中，将柱塞 4 向上顶起，达到升起重物的目的。不停压动柱塞 3，可使工作液体源源不断地压入柱塞孔 2 的密封容积中，使柱塞 4 上升到所需要的高度。工作完毕后，将阀门 7 转接到通柱塞孔 2 和油池 8 的位置，在重物 G 的作用下，柱塞 4 下落，柱塞孔 2 的密封容积缩小，工作液体被排回油池 8 中，重物下降复位。

（二）液压传动系统的组成

(1) 液压动力元件：将原动机所输出的机械能转换为工作液体的液压能的机械装置，通常称为液压泵。

(2) 液压执行元件：将液压泵输出的工作液体的液压能转换为机械能的机械装置，或称为液动机。做直线往复运动的液动机称为液压缸或油缸，做连续旋转运动的液动机则称为液压马达或油马达。

(3) 液压控制元件：对液压传动系统中工作液体的压力、流量和流动方向进行调节控制的机械装置，通常称为液压控制阀或阀。

(4) 液压辅助元件：其包括油箱、管道、管接头、密封元件、滤油器、加热器、蓄能器及监测仪表等。

（三）液压传动的特点

(1) 液体作为工作介质。

(2) 液压传动必须在密封容器内进行。

(3) 液体只能受压力，不能受其他应力，因此这种传动依靠受静压的液体进行传动。

（四）液压传动的优缺点

1. 液压传动的优点

与机械传动相比，液压传动具有以下优点：

(1) 能在大范围内实现无级调速。

(2) 易于实现过载保护，同时，因采用油液作为工作介质，液压元件能自行润滑，磨损小，寿命长，经久耐用。

(3) 能获得较大的工作力矩及功率。当传动功率相同时，液压传动装置的质量轻、体积紧凑、惯性小。

(4) 传动平稳，便于实现频繁及平稳换向。

(5) 液压元件均是系列化、标准化、通用化产品。

(6) 操作方便，易于控制，便于改变油液的流动方向及流量大小，适用于矿山机械换向牵引、升降铲斗和自动调速，为实现自动化创造条件。

2. 液压传动的缺点

(1) 油液的泄漏难以避免，因而影响工作的平稳性和工作效率；在传动比要求较严格的场合下不宜使用。

(2) 油液的黏度随温度的变化而变化，从而影响了传动机构的工作性能。

(3) 油液中渗入空气后，容易引起振动和噪声，使运转不平稳。

(4) 由于油液在流动过程中，压力损失较大，故不适用于远距离传动。

(5) 液压元件的制造精度和装配精度要求较高，维修技术水平要求也高。

（五）液压泵

1. 齿轮泵

1) 组成

齿轮泵有外啮合齿轮泵和内啮合齿轮泵。外啮合齿轮泵由相互啮合的一对齿轮、壳体，以及前、后端盖等主要零部件组成。

2) 优缺点

齿轮泵的优点：

(1) 结构简单、紧凑、工艺性好、体积小。

(2) 配油简单，自吸性能好。

(3) 对油液中的脏物不敏感。

齿轮泵的缺点：

(1) 由于轴及轴承受径向不平衡力的作用，摩擦损失较大，使齿轮泵效率降低。

(2) 流量及压力脉动较大，常引起管路系统的振动和噪声。

2. 轴向柱塞泵

轴向柱塞泵按其结构形式可分为斜盘式（直轴式）和斜轴式两类。

1）斜盘式轴向柱塞泵

斜盘式轴向柱塞泵由转动的缸体、固定的配油盘、传动轴、柱塞、滑履、斜盘、回程盘、弹簧等主要零部件组成。

2）斜轴式轴向柱塞泵

我国自行设计和生产的 ZB 型轴向柱塞泵属于斜轴式轴向柱塞泵（以下简称斜轴泵）。斜轴泵具有耐振动性好、能承受冲击载荷、强度高等优点，因此常用在采矿机械上。

斜轴泵由主轴、连杆、柱塞、缸体和配油盘等主要零部件组成。

斜轴泵在工作时，主要靠连杆受压传递有效转矩，并不对柱塞产生侧向力，这是斜轴泵优点之一；缸体的旋转靠连杆与柱塞内壁接触来带动，旋转只克服摩擦力矩。

（六）液压马达

1. 液压马达的类型

矿山机械中常用的液压马达有：

（1）齿轮马达。齿轮马达可分为外啮合渐开线齿轮马达和内啮合摆线齿轮马达。

（2）叶片马达。叶片马达可分为单作用叶片马达和双作用叶片马达。

（3）柱塞马达。柱塞马达可分为轴向柱塞马达和径向柱塞马达。

除此以外，液压马达还常常按其工作速度范围，分为高速马达和低速马达。高速马达的常用结构类型有齿轮式、叶片式和轴向柱塞式马达。高速马达主要特点是转速高、转动惯量小；低速马达的主要结构类型是径向柱塞马达和行星转子式摆线马达，其主要特点是排量大、体积大、转速低。

2. 液压马达的主要性能参数

液压马达的主要性能参数有压力、排量、流量、转速和转矩等。

（1）压力。压力分为入口压力和出口压力。在工作时入口压力是工作压力，而出口压力（液压马达回液口压力）一般大于零，也称为回液背压。

（2）排量。排量是指液压马达输出轴每旋转一周，其容积的变化量。它取决于液压马达的结构原理和几何尺寸，与工况无关。排量可以调节的液压马达称为变量马达，排量为常数的液压马达称为定量马达。

（3）流量。液压马达的排量为 q，输出轴的转速要求为 n 时，在不考虑液压马达的各种漏损的情况下，所需液压泵供给的流量称为液压马达的理论流量 Q：

$$Q = nq$$

（4）转速。液压马达的输入流量与其排量之比，即为液压马达的理论转速。

（5）转矩。根据能量守恒定律，液压马达每旋转一周输入的液压能与液压马达每旋转一周输出的机械功相等。液压马达的输出转矩与排量、进出口压力差成正比，与输入流量无关。要增大液压马达的输出转矩，可用提高工作压力和增大排量的方法来实现。

（七）液压基本回路

1. 速度控制回路

速度控制回路可调节进入液动机的工作液体流量，或改变液压缸的有效面积和液压马达的排量，实现工作机构对运动速度的要求，这一速度控制回路也称为调速回路。

调速回路常用的调速方法有多种,使用时,可根据负载特点和使用要求进行选择。调速回路的基本形式有两种,即节流调速和容积调速。

1) 节流调速

节流调速是指在采用定量泵的液压系统中,改变系统中节流阀阀孔的通流面积来调节进入液动机的工作液体流量进而实现调速的方法。根据节流阀在回路中安装位置的不同,节流调速有以下3种基本形式:

(1) 进口节流调速。如图2-30a所示,节流阀安装在液压缸的进油路中,液压泵输出的压力油经节流阀进入液压缸。调节节流阀开度,即可调节工作液体进入液压缸的流量,从而调节液压缸的运动速度。液压泵多余的流量,经溢流阀流回油箱。

进口节流调速的优点:液压缸的回油腔和回油管路中的压力较低;缺点:由于没有回油背压,当外载突然变小时,可能产生突然快进,使运动不平稳。

(2) 出口节流调速。如图2-30b所示,节流阀安装在液压缸回油路中,限制液压缸的回油量,从而限制了进入液压缸的液压油流量。调节节流阀开度,可调节液压缸的运动速度。液压泵多余流量从溢流阀流回油箱。供油压力由溢流阀调定后,基本保持不变。

(3) 旁路节流调速。如图2-30c所示,节流阀安装在分支油路中,与液压泵并联,液压泵输出的压力分成两路:一路进入液压缸,另一路经过节流阀流回油箱。通过调节节流阀流量,即可改变经主油路进入液压缸工作液体的流量,从而达到调速的目的。

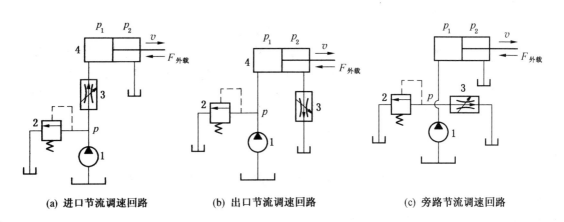

(a) 进口节流调速回路　　(b) 出口节流调速回路　　(c) 旁路节流调速回路

1—液压泵;2—溢流阀;3—可变节流阀;4—液压缸

图2-30 节流调速回路

这种调速方法比前两种调速方法的调速效率高、液压系统的发热小,但调速范围小、平稳性差,一般用在系统功率较大、速度较高、运动稳定性要求低的场合。

2) 容积调速

容积调速用变量泵或变量马达来进行速度调节。这种调速系统有3种组合方式,即变量泵—定量马达、定量泵—变量马达、变量泵—变量马达。

(1) 变量泵—定量马达容积调速。这种调速方式通过改变液压泵的流量,实现对液压马达的速度调节。其特点是在系统的压力不变时,油马达输出扭矩为定值,因此这种调速方式称作恒扭矩调速。

(2) 定量泵—变量马达容积调速。这种调速方式通过改变油马达的排量来实现调速。由于液压泵的输出流量为一定值,当系统压力不变时,液压泵的输出功率也不变,因此这种调速方式也称作恒功率调速。

(3) 变量泵—变量马达容积调速。通过改变双向变量泵的流量和排油方向,实现马达的调速和换向。这种调速方式的特点是液压泵和油马达的排量都可以改变,调速范围扩大。

2. 方向控制回路

在液压系统中,执行元件的启动、停止或运动方向改变,是利用控制进入元件液流的通、断及换向来实现的。实现这些功能的回路,称作方向控制回路。常用的方向控制回路有换向回路、锁紧回路和制动回路等。

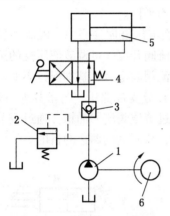

1—液压泵;2—溢流阀;3—单向阀;
4—换向阀;5—液压缸;6—电动机
图 2-31 采用单向阀的锁紧回路

1) 换向回路

(1) 采用换向阀换向的回路。对于采用单向工作液压泵的开式系统,液动机的换向均采用换向阀。当工作压力较高、流量较大时,一般采用具有先导控制功能的液动换向阀。

(2) 采用双向变量泵换向的回路。对于采用双向工作液压泵的闭式和部分开式系统,液动机的换向一般均靠改变液压泵的供油方向来实现。

2) 锁紧回路

当换向阀处于图 2-31 所示的位置时,液压泵 1 输出的压力油经单向阀 3、换向阀 4 进入液压缸 5,活塞到达左边终止位置时,液压泵 1 输出的压力油经溢流阀 2 流出,但液压缸内的油液不能经单向阀反向流动,液压缸的活塞被锁紧在终止位置上。

3. 压力控制回路

利用压力控制阀来实现液压系统的调压、卸荷、降压、增压、平衡、缓冲、制动,以及顺序动作的回路,均称作压力控制回路。压力控制回路有调压(限压)回路、增压回路、液压回路、卸荷回路、保压回路、平衡回路、泄压回路等。

1) 限压回路

在采掘机械液压系统中,为了保证液压元件机构的安全,通常用安全阀来限制液压泵的供油压力,以使供油系统的最大压力不超过某一数值。

2) 卸荷回路

卸荷回路的作用是当液压系统中的工作部件停止运动后而液压泵仍在运转时,使液压泵卸荷,即在接近无负荷状态下运转,以达到降低动力消耗、减少油液发热、延长液压泵寿命等目的。液压泵的卸荷常用回路如下:

(1) 用换向阀使液压泵卸荷的回路。如图 2-32 所示为使用 M 型换向阀构成的卸荷回路。当换向阀处于阀的中间位置时,液压泵排出的压力油经换向阀与油箱接通,从而达到液压泵卸荷的目的。

(2) 利用卸荷阀卸荷的回路。如图 2-33 所示为液压支架乳化液泵站内的自动卸荷回路。当支架工作时,乳化液从液压泵1排出,经过单向阀2进入高压管路内。若停止工作、不需要乳化液时,乳化液泵排出的乳化液进入管路,此时蓄能器蓄压。当达到一定压力时,卸载阀3在乳化液压力的作用下自动将卸载阀3打开,乳化液直接经卸载阀3排至油箱。由于单向阀是关闭的,所以乳化液泵做空负荷运转。

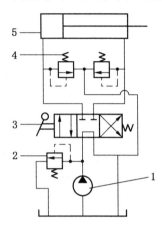

1—液压泵;2—溢流阀;3—换向阀;4—安全阀;5—液压缸
图2-32 用M型换向阀使液压泵卸荷的回路

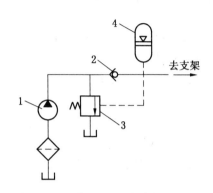

1—液压泵;2—单向阀;3—卸载阀;4—蓄能器
图2-33 利用卸荷阀卸荷的回路

3)调压回路

调压回路常用来限压和进行压力遥控。如图2-34所示,操纵"升柱"的二位三通阀1,将阀推向左边,由乳化液泵站6来的高压乳化液经液控单向阀3进入支柱液压缸4的下腔,将支柱升起支撑顶板。初撑力由乳化液泵站6的压力决定。顶板来压时,支柱下腔油压升高。如油压超过安全阀5的调定值时,则其开启卸压,使支柱下降,顶板下沉。支柱的初撑力由泵站的溢流阀7的调定压力来决定,而支柱的最大支撑力(即工作阻力)由支柱的安全阀5的调定值来决定。2为"降柱"的二位三通阀。

四、钳工基本知识

(一)钳工常用设备、工量具

1. 常用设备

(1)台虎钳。台虎钳是用来夹持工件的通用夹具,有固定式和回转式两种。其规格用钳口的宽度来表示,如100 mm(4 in)、125 mm(5 in)和150 mm(6 in)等。

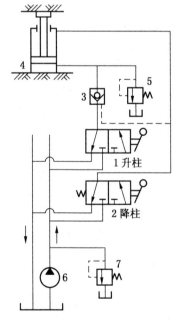

1、2—二位三通阀;3—单向阀;4—液压缸;
5—安全阀;6—乳化液泵站;7—溢流阀
图2-34 调压回路

(2)钳台(钳桌)。钳台用作安装台虎钳、放置工具和工件等,高度为800~900 mm。装上台虎钳后,钳口高度以恰好齐人的手肘为宜,长度和宽度随工作需要而定。

(3)砂轮机。砂轮机用来刃磨钻头、錾子等刀具或其他工具。

(4) 钻床。钻床用来对各类工件进行圆孔加工。钻床有台式钻床、立式钻床和摇臂钻床等。

2. 常用工量具

钳工常用工具有划线用的划针、划针盘、划规、样冲和平台，錾削用的手锤和各种錾子，锉削用的各种锉刀，锯割用的锯弓和锯条，孔加工用的麻花钻、各种锪钻和铰刀，攻丝、套丝用的各种丝锥、板牙和绞手，刮削用的平面刮刀和曲面刮刀，各种扳手和起子等。

常用量具有钢尺、刀口直尺、内外卡钳、游标卡尺、千分尺、直角尺、量角器、厚薄规、百分表等。

(二) 钳工基本操作

1. 划线

根据图样或实物的尺寸，准确地在工件表面上划出加工界线的操作称作划线。划线分平面划线和立体划线。划线是錾、锉、锯、钻等加工的位置依据。常用的划线工具有高度尺、钢直尺、直角尺、角度规、划规、划针、划线平台及划线盘、样冲等。

2. 錾削

錾削是利用手锤敲击錾子进行切削的方法。可选用不同类型的錾子用作切削、去毛刺、成形和挖槽等。钳工常用的錾子主要有扁錾、尖錾、油槽錾和扁冲錾四种。扁錾用于錾切平面、切割和去毛刺，尖錾用于开槽，油槽錾用于錾切润滑油槽，扁冲錾用于打通两个钻孔之间的间隔。

3. 锉削

用锉刀对工件表面进行切削加工，使其尺寸、形状、位置和表面粗糙度等都达到要求的加工方法称作锉削。它可以加工工件的内外平面、内外曲面、内外角、沟槽和各种复杂形状的表面。锉削是钳工重要的基本操作之一。

4. 锯割

用手锯将工件材料切割开或在工件上锯出沟槽的操作称作锯割。手锯由锯弓和锯条构成。锯弓分可调式和固定式两种。根据锯条锯齿的牙距大小，可将锯条分为细齿（1.1 mm）、中齿（1.4 mm）、粗齿（1.8 mm）3 种。应根据所锯材料的软硬、厚薄来选用合适的锯条。锯割软材料（如铜、铝、铸铁、低碳钢和中碳钢等）且较厚的材料时，应选用粗齿锯条；锯割硬材料或薄材料（如工具钢、合金钢、各种管、薄板料、角铁等）时，应选用细齿锯条。

5. 钻孔

利用钻头在工件上加工出孔、眼的操作称作钻孔。台钻一般用来加工小型工件上直径不大于 12 mm 的小孔；立钻一般用来钻中、小型工件上的孔，其最大钻孔直径有 25、35、40、50 mm。摇臂钻床的主轴可以移动，用来加工大型工件和多孔工件。

6. 攻丝、套丝

攻丝是利用丝锥在孔中切削出内螺纹。套丝是利用板牙在圆柱体上切削出外螺纹。

按加工螺纹的种类不同，丝锥可分为普通三角螺纹丝锥（其中，M6～M24 的丝锥为 2 只 1 套，小于 M6 和大于 M24 的丝锥为 3 只 1 套）；圆柱管螺纹丝锥（2 只 1 套）；圆锥管螺纹丝锥（均为单只）。按加工方法的不同，丝锥可分为机用丝锥和手用丝锥。绞手用来夹持丝锥，其分为普通绞手和丁字绞手两类。各类绞手又分为固定式和活络式两种。绞手长度应根据丝锥尺寸来选择，以便控制一定的攻丝扭矩。

7. 矫正与弯曲

1）矫正

消除条料、棒料和板料的弯曲或扭曲等缺陷的操作称作矫正。如圆钢棒料的矫直、铁板的矫平等。矫正可在机器上进行，也可手工进行。

（1）矫正方法：

①扭转法：一般用来矫正受扭曲变形的条料。

②伸张法：一般用于矫直线料。

③弯曲法：用来矫正弯曲的棒料或在宽度方向上弯曲的条料，一般可用台虎钳夹持靠近弯曲处，用活络扳手将弯曲部分扳直，或用台虎钳将弯曲部分夹持在钳口内，利用台虎钳把它初步压直，再放在平板上用手锤矫直。直径大的棒料和厚度尺寸大的条料，常采用压力机矫直。

④延展法：这种方法是用手锤敲击材料，使它延展伸长达到矫正的目的，所以通常延展法又称为锤击矫正法。

（2）矫正工具：

①支承矫正件的工具，如铁砧、矫正用平板、V 形铁等。

②加力用的工具，如手锤、铜锤、木槌、压力机等。

③检验用的工具，如平板、角尺、直尺、百分表等。

2）弯曲

将棒料、条料、钢丝、管等弯曲成所要求的形状，这种操作称作弯曲。弯曲的方法有冷弯和热弯两种。

冷弯是指在常温下进行的弯曲。对于厚度大于 5 mm 的板料以及直径较大的棒料和管等，通常要将工件加热后再进行弯曲，这种方法称为热弯。

（1）板料在厚度方向上的弯曲方法：小的工件可在台虎钳上进行，先在弯曲的地方划好线，然后夹在台虎钳上，使弯曲线和钳口平齐，用手锤锤击接近划线处，或用木垫与铁垫垫住，用手锤锤击垫块。如果台虎钳钳口比工件短或深度不够时，可用角铁制作的夹具来夹持工件。

（2）板料在宽度方向上的弯曲方法：可利用金属材料的延伸性能，在弯曲的外弯部分进行锤击，使材料向一个方向渐渐延伸，达到弯曲的目的。较窄的板料可在 V 形铁或特制弯曲模上用敲锤法，使工件变形弯曲。

五、电工基本知识

（一）电路及其基本物理量

1. 电路

电路即电流通过的路径，按其通过的电流性质，可将电路分为交流电路和直流电路。

电路是由电源、负载、导线等部分组成。一般的电路中还装有控制电路的开关、各种测量仪表，以及保护电路的熔断器等。

电源是供电的装置，如发电机、电池等。在发电机内利用磁的作用将机械能转换成电能，而电池将化学能转换成电能。因此，电源是将其他能量转换成电能的装置。

负载是用电的装置，如电灯、电感线圈（电动机、电磁铁）等。电灯将电能转换成热能和光能，电动机将电能转换成机械能，电磁铁将电能转换成磁场能。因此，负载是将电能转换成其他能量的装置。

导线是电源和负载之间连接的导电线，起着输送电能的作用。

电路图是用各种元件符号绘成的电路图形。人们可根据电路图来了解电路的连接方法和各元件的作用，以便进行安装、检修和调试。

2. 电路的基本物理量

1）电流

在一般情况下，金属导体中的自由电子和电解液中的正、负离子都处于不规则的热运动状态。因此，通过导体任一截面的电荷量（即电量）的平均值等于零。如果在外加电压引起的电场作用下（以金属导体为例），则自由电子除做不规则的热运动外，还要做有规则的定向运动，这样就形成了电流。所谓电流，即是在电场的作用下，电荷做有规则的定向运动。

为了计量电流的强弱，人们规定了电流强度这一物理量。所谓电流强度，是指在电场的作用下，单位时间内通过某一导体横截面的电量。电流强度简称电流。

电流的大小和方向都不随时间变化，这种电流称为直流，简称直流，用 I 表示，其表达式为

$$I = \frac{Q}{t} \quad (2-1)$$

式中　Q——电量，C；

　　　t——时间，s。

电流的单位是 A，即在每秒内通过导体横截面的电量为 1 C 时，则电流为 1 A。在计量小电流时，以 mA 或 μA 为单位，它们的关系是：

$$1 \text{ mA} = 10^{-3} \text{A}, \quad 1 \text{ μA} = 10^{-6} \text{ A}$$

人们习惯上规定正电荷运动的方向（即负电荷运动的相反方向）为电流的方向。

2）电位和电压

电位：等量的电荷，在电场中因处于不同的位置而具有不同的电位能，又称电势能。若确定电荷在电场中某一点电位能，则必须首先选定参考（基准）点作为比较的标准，通常将大地选做参考点。

电荷在电场中某一点所具有的电位能，可用电场力将正电荷从某一点移到参考点时所做的功来表示。正电荷在某一点的电位能 W 与其所带的电量 Q 的比值，称为该点的电位，用 Φ 表示，即

$$\Phi = \frac{W}{Q} \quad (2-2)$$

由此可见，在电场中某一点的电位在数值上等于单位正电荷在该点所具有的电位能。显然，电场中某一点的电位越高，则表示单位正电荷在该点所具有的电位能就越大。

电位的单位是 V，较大的单位为 kV，较小的单位为 mV 或 μV，它们的关系是：

$$1 \text{ V} = 10^{-3} \text{ kV} = 10^{3} \text{ mV} = 10^{6} \text{ μV}$$

电压是衡量电场力做功能力的物理量，用 U 表示。在电场中任意两点（如 A、B）间的电位差，称为这两点间的电压，即

$$U_{AB} = \Phi_A - \Phi_B \tag{2-3}$$

$$U_{BA} = \Phi_B - \Phi_A \tag{2-4}$$

电压的单位与电位的单位相同。

电压的方向是由高电位指向低电位，负载两端的电压常称为电压降。

电压和电位是有区别的，电压值不受参考点的限制，而电位值受参考点的限制。

3）电动势

用导线将电源与负载连接，电路中有电流通过而使电灯发光，电动机旋转。电路中通过的电流是由电压产生的，这说明在电源的两端存在着电位差。

电源两端的电位差是怎样产生的，又是怎样赖以保持的呢？

电源内部的正、负电荷将分别受到电源力（即局外力）的作用，正、负电荷分别向导体的两端聚集（实际上固体导体中正电荷不移动）。

随着电荷的聚集，形成电源的正、负极，同时出现了电场。此时，导体中的电荷不仅受电源力的作用，而且还受电场力的作用。电场力对电荷的作用方向与电源力的作用方向相反，即电场力阻碍电荷向电源两极聚集。由于两极电荷的增加而电场随之增强，当电场力增至与电源力相等时，导体中的正、负电荷就停止向两极移动。此时，电源两极已分别聚集了相当数量的正、负电荷，建立了一定强度的电场。同时，在电极间出现了相应的电位差。

当电源接上负载而构成回路时，自由电子就由电源的负极通过负载而做功，然后到电源的正极与正电荷中和。电源两极的正、负电荷均减少的同时，在电源力的作用下电源内部的正、负电荷继续向两极聚集，而使电源两端的电位差保持不变，从而使电流持续不断地通过负载。电源内部电流由负极流向正极，而在电源的外部电路中，电流由正极经过负载流向负极。

在电源两端产生电位差和建立电场的过程，就是局外力（即电源力）克服电场力，且驱使正、负电荷分别向电源两极聚集做功的过程。

电源力将单位的正电荷从电源的负极移到正极所做的功，称为电源的电动势，用 E 表示，即

$$E = \frac{W}{Q} \tag{2-5}$$

电动势的单位也和电位的单位相同。电动势的方向是由电源的负极指向正极。因此，电动势的方向与电压的方向相反，这是两者的区别。

在数值关系上，电动势等于电源内部电压降与负载两端的电压降之和，即 $E = Ir + IR$。如忽略电源内部的电压降 Ir，则电动势就等于负载两端的电压降，即

$$E = IR \tag{2-6}$$

当外电路（即负载）开路时，则电动势等于电路的开路电压。

4）电阻

电阻是表征导体对电流阻碍作用能力的一个物理量。

电阻：电流在通过导体时，做定向运动的自由电子会与其他做热运动的带电质子发生

碰撞，阻碍自由电子的运动。

电阻用 R 或 r 表示，其单位是 Ω。除此之外，常用的电阻单位有 $k\Omega$ 和 $M\Omega$，它们的关系是：

$$1\ \Omega = 10^{-3}\ k\Omega = 10^{-6}\ M\Omega$$

导体的电阻是客观存在的，它不随导体两端电压的变化而变化，即使无电压，导体仍然有电阻。实验证明，导体的电阻与导体的长度成正比、与导体的横截面积成反比，并且还与导体的材料性质有关。

（二）欧姆定律

欧姆定律是电路最基本的定律之一，有部分（一段）电路欧姆定律和全电路欧姆定律两种形式。

1. 部分电路欧姆定律

如图 2-35 所示为部分（一段电阻）电路，则电流、电压和电阻三者之间的关系：通过电路中的电流与加在电路两端的电压成正比，与电路中的电阻成反比。这也是部分电路的欧姆定律，其数学表达式为：

$$I = \frac{U}{R} \qquad (2-7)$$

2. 全电路欧姆定律

如图 2-36 所示为全电路。图 2-36 中 E 为电源的电动势，r 为电源内部电阻，R 为负载电阻，I 为电路中通过的电流。

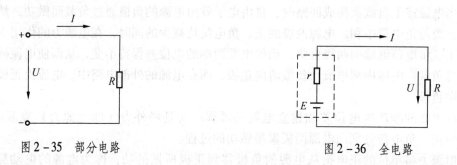

图 2-35　部分电路　　　　　　图 2-36　全电路

当用导线将电源和负载连接构成回路时，在电源的电动势作用下，电流由电源的负极经其内部电阻到电源的正极。而在外电路，该电流由电源的正极经负载电阻回到电源的负极。电流通过负载电阻引起电压降 IR，电流通过电源的内部电阻引起电压降 Ir。

根据电动势与电压降的数值关系，可知

$$E = Ir + IR$$

则

$$I = \frac{E}{R + r} \qquad (2-8)$$

由式（2-8）可知：通过电路中的电流与电源的电动势成正比，而与电源的内部电阻、负载电阻之和成反比，这就是全电路的欧姆定律。在一般情况下，电源的电动势和内部电阻可认为是不变的，因此，外电路（负载）电阻是影响电流大小的唯一因素。

（三）电功和电功率

1. 电功

电源力在电源的内部克服电场力而将正电荷由电源的负极（低电位）移到电源的正极（高电位），使正电荷获得电位能而做功。电场力在外电路中推动正电荷，由高电位到低电位，使正电荷的电位能减少（释放能量）而做功。因此，电源力（或电场力）所做的功，就称为电功，用 W 表示。电源力所做的功与电源的电动势、通过电源的电荷量成正比，即

$$W = EQ = EIt$$

电场力所做的功与电路两端的电压、电路中通过的电荷量成正比，即

$$W_1 = UQ = UIt \qquad (2-9)$$

根据能量守恒定律：

$$W = W_1 + W_0 \qquad (2-10)$$

式中　W——电源输入电路中的功，J；

W_1——电场力对负载所做的功，J；

W_0——电源内部损耗的功，J。

电功较大的单位为 $kW \cdot h$。

2. 电功率

电源力（或电场力）在单位时间内所做的功，称为电功率，用 P 表示。电源力的电功率与电源的电动势、电路中的电流成正比。电源力的电功率计算公式为

$$P = \frac{W}{t} = \frac{EQ}{t} = EI \qquad (2-11)$$

电场力的电功率与电路两端的电压、电路中的电流、负载电阻成正比。电场力的电功率计算公式为

$$P_1 = \frac{W_1}{t} = \frac{UQ}{t} = UI = I^2R \qquad (2-12)$$

电路的电功率平衡方程为

$$P = P_1 + P_0 \qquad (2-13)$$

式中　P——电源输入电路中的电功率，W；

P_1——负载消耗的电功率，W；

P_0——电源内部损耗的电功率，W。

（四）电容器

1. 常用电容器

电容器是相互绝缘的两个导体的组合，或能储存电荷的容器。两个导体分别为正、负极板，两极板之间为绝缘介质。人们为了获得一定的电容量而专门制成电容器元件。在某些情况下，电容量是无法避免的，如两条输电线之间隔着空气等绝缘体就形成了电容量，一根双芯或多芯电缆、芯与芯之间以及芯与地之间也均形成电容量。这些电容量统称为寄生电容量。寄生电容量对人们来说是无用、有害的。

电容器的种类繁多、大小悬殊。一般按绝缘介质或结构对电容器进行分类：按绝缘介质，可分为真空、空气、纸质、塑料、玻璃釉、涤纶、陶瓷、云母、油浸和电解质等电容器；按结构，可分为固定式、可变（调）式和半可变（微调）式3种。

电容器的用途非常广泛,在电子电路中用于滤波、移相、旁路、调谐等;在电力系统中,电容器用于提高功率因数,以提高供电设备的效率和减少输电线路的损耗。用电容器代替昂贵且难以维护的蓄电池,实现高压开关的电动合闸操作;在感性电路中连接电容器,以减小电路在拉闸时的电火花。在机械加工工艺中,用电容器进行电火花加工,以提高工效和工作的精密度。

2. 电容器的电容量

当电容器两极板间的电压一定时,衡量其储存电荷量的物理量,就称为电容器的电容量。电容器一个极板上所储存的电荷量与两极板间的电压之比,称为电容器的电容量,简称电容,用 C 表示,即

$$C = \frac{Q}{U} \tag{2-14}$$

式中 Q——电容器一个极板上储存的电量,C;

U——电容器两极板间的电压,V。

电容的单位为 F(法拉),即当电容器两极板间施加 1 V 电压而其一个极板上储存 1 C 的电量时,则电容器的电容为 1 F。由于 F 这个单位太大而不适用,一般用 μF(微法)和 PF(皮法,也称微微法)表示。其关系为 $1F = 10^6 \mu F = 10^{12} PF$。

对于已制成的电容器来说,电容是个常数。电容器的电容与两极板间的相对面积成正比,与两极板间的距离成反比,并与绝缘介质有关,即

$$C = \varepsilon_r \varepsilon_0 \frac{S}{d} \tag{2-15}$$

式中 ε_r——电介质的相对介电常数;

ε_0——真空介电常数,F/m;

S——两极板间的相对面积,m^2;

d——两极板间的距离,m。

电容是重要的物理量,是电容器的主要指标之一。电容器的其他主要指标是耐压、介质损耗和稳定性。

3. 电容器的串联和并联

将两个或两个以上电容器的正、负极板依次连接,称为电容器的串联。

电容器与电源直接相连的两块极板分别储存正、负电荷,而其他极板上由于静电感应,也会出现等量的电荷。

1)串联电容器的特点

(1)各种电容所带的电量均相等,并等于等效电容器所带的电量,即

$$Q = Q_1 = Q_2 = \cdots = Q_n \tag{2-16}$$

(2)各电容器两端的电压之和等于总电压,即

$$U = U_1 + U_2 + \cdots + U_n \tag{2-17}$$

(3)等效电容的倒数等于各电容的倒数之和,即

$$\frac{1}{C} = \frac{1}{C_1} = \frac{1}{C_2} = \cdots = \frac{1}{C_n} \tag{2-18}$$

(4)串联电容器两端所承受的电压,与电容成反比。

两个或两个以上的电容器,同性极板接在一起的连接方式称为电容器的并联。

2)并联电容器的特点

(1)各电容器两端的电压皆为电路的总电压,即

$$U = U_1 = U_2 = \cdots = U_n \tag{2-19}$$

(2)等效电容器的电量等于各电容器的电量之和,即

$$Q = Q_1 + Q_2 + \cdots + Q_n \tag{2-20}$$

(3)等效电容等于各电容器的电容之和,即

$$C = C_1 + C_2 + \cdots + C_n \tag{2-21}$$

(五)交流电路

交流电路是指含有交流电源的电路。在生产和日常生活中应用的交流电,都是指正弦交流电,正弦交流电应用广泛。

1. 正弦交流电的基本概念

单相正弦交流电,即电流(含电压、电动势)大小和方向随时间推移,按正弦规律变化的电流。

在每一瞬间,交流电的数值都不相同,用 i、u、e 分别表示电流、电压和电动势的瞬时值。

描绘电流(或电压、电动势)随时间变化规律的曲线,称其为波形图。由于交流电流、电压和电动势的大小、方向随时间按正弦规律变化,因此,它们统称为正弦量。

1)正弦交流电的三要素

正弦交流电的三要素是指最大值、周期(或频率、角频率)和初相位。

交流电瞬时值中的最大值,称为交流电的最大值,又称交流电峰值或振幅,分别用 I_m、U_m、E_m 表示电流、电压、电动势的最大值。它们与瞬时值的关系为

$$i = I_m \sin t \tag{2-22}$$

$$u = U_m \sin t \tag{2-23}$$

$$e = E_m \sin t \tag{2-24}$$

一个正弦量随着时间的推移不断由正到负进行交变,这种交变可快可慢,通常用周期或频率表示交变的速度。

正弦量完成一次循环所需的时间,称为周期,用 T 表示,单位是秒(s)。

正弦量在每秒内周而复始交变的次数,称为频率,用 f 表示。频率的单位是赫兹,简称赫(Hz)。频率很高时,常用 kHz、MHz 表示,其关系为 1 Hz = 10^{-3} kHz = 10^{-6} MHz。

由于我国电力工业的标准频率采用 50 Hz,这种频率在工业上应用最为广泛,因此,50 Hz 的频率称为工业频率,简称工频。

由周期与频率的定义可知,周期与频率是互为倒数的关系。

即

$$f = \frac{1}{T} \tag{2-25}$$

工频交流电的周期为

$$T = \frac{1}{f} = \frac{1}{50} = 0.02(\text{s}) \tag{2-26}$$

角频率与周期、频率的关系为

$$T = \frac{2\pi}{\omega} = 2\pi f \tag{2-27}$$

相位。发动机绕组平面与磁极中性面的夹角称为相位，又称为相角。

初相位（角），即发电机开始旋转的瞬间，绕组平面与磁极中性面的夹角，或正弦量在 $t=0$ 时的相位（角），用 φ 表示。

两个同频率的正弦量的相位（或初相位）之差，称为相位差。

如果两正弦量的相位差等于零，则称它们为同相位，简称同相。如果两正弦量的相位差为 π，则称为反相位，简称反相。

2）正弦交流电的 3 种表示方法

正弦交流电的各种表示方法是分析、计算正弦交流电路的工具。解析法、图示法和旋转矢量法是正弦交流电最基本的表示方法。

（1）解析法，即是用三角函数式来表示正弦量与时间变化关系的方法。如 i、u、e 各正弦量的解析式为

$$i = I_m \sin(\omega t + \varphi_1) \tag{2-28}$$

$$u = U_m \sin(\omega t + \varphi_2) \tag{2-29}$$

$$e = E_m \sin(\omega t + \varphi_3) \tag{2-30}$$

（2）图示法，即在平面坐标系中，用正弦曲线表示交流电与时间变化关系的方法。

（3）旋转矢量法，即用正弦量的最大值作为矢量，并进行旋转，采取投影描点而绘出其波形图的方法。

3）正弦交流电的有效值

交、直流电流分别通过阻值相等的电阻，在相同的时间内，当两种电流产生的热量相等时，将这时的直流电流的数值称为交流电流的有效值。交流电压和交流电动势的有效值的意义与交流电流的有效值相同。用 I、U、E 分别表示交流电流、交流电压和交流电动势的有效值。

通常所说的交流电值和交流仪表测量值都是指交流电的有效值。

经过计算可以得到，各交流电正弦量的有效值分别等于其最大值 $\frac{\sqrt{2}}{2}$ 倍，即近似为 0.707 倍。有效值与最大值的关系可表示为

$$I = \frac{I_m}{\sqrt{2}} \tag{2-31}$$

$$U = \frac{U_m}{\sqrt{2}} \tag{2-32}$$

$$E = \frac{E_m}{\sqrt{2}} \tag{2-33}$$

2. 单相交流电路

1）纯电阻电路

在纯电阻电路中，电压的最大值（或有效值）与电流的最大值（或有效值）的比值等于电阻 R。

在纯电阻电路中，电压与电流是同相位的。
交流电路中电阻元件所消耗的平均功率（即有功功率），等于电压、电流有效值之积，即

$$P = UI = I^2R = \frac{U^2}{R} \tag{2-34}$$

2）纯电感电路

U 在相位上超前于 I 90°或 I 滞后于 U 90°。

电流、电压有效值（或最大值）的比值是一个常数，称其为感抗，用 X_1 表示。

$$X_1 = \frac{U_1}{I} \tag{2-35}$$

感抗又可表示为

$$X_1 = 2\pi fL = \omega L \tag{2-36}$$

感抗的单位是 Ω，感抗与频率（或角频率）、电感成正比。

纯电感电路有功功率等于零，用无功功率来表示电感线圈与电源之间能量转换的规模。所谓无功功率，即是瞬时功率中的最大值，无功功率等于电压、电流有效值的乘积，即

$$Q_1 = U_1 I = I^2 X_1 = \frac{U_1^2}{X_1} \tag{2-37}$$

无功功率的单位是乏（var）。

3）纯电容电路

I 在相位上超前于 U_C 90°，或 U_C 滞后于 I 90°。

电压与电流之间的数值关系为

$$I_m = \omega C U_{cm} \tag{2-38}$$

或

$$I = \omega C U_C \tag{2-39}$$

则

$$\frac{1}{\omega C} = \frac{U_C}{I} \tag{2-40}$$

式中 $\frac{1}{\omega C}$ 为容抗，通常用 X_c 表示，即

$$X_C = \frac{1}{\omega C} \tag{2-41}$$

容抗的单位是 Ω。

电容元件电路中瞬时功率中的最大值，用 Q_C 表示，其单位也是 var，其大小为

$$Q_C = U_C I = I^2 X_C \tag{2-42}$$

3. 三相交流电的产生

三相交流电主要是由三相交流同步发电机产生，并经过三相输配电线路输送，广泛应用于各行业生产和日常生活中。

三相制的优点：节省输电线，且安全可靠、经济性好。

三相制是由 3 个频率相同而相位互差 120°的电动势组成的电源供电体系。三相电动

势是由三相交流同步发电机产生的。

各相电动势的最大值与频率都相等，而且彼此之间的相位差皆为120°的电动势称为三相对称电动势。

三相电动势或电流最大值出现的次序称为相序。三相电源中每相绕组的电动势称为相电动势，每相绕组两端的电压称相电压。通常规定从始端指向末端为电压的正方向。

同步电机即电机的极对数 p、旋转速度 n 与电源频率 f 之间保持恒定的比例关系。

即

$$f = \frac{pn}{60} \tag{2-43}$$

或

$$n = \frac{60f}{p} \tag{2-44}$$

由上可见，当电机的极对数、转速为一定值时，电机发生的交流电动势的频率是一定的。

同步电机和其他电机一样是可逆的，既可作为发电机运行，又可作为电动机运行。但无论是作为发电机使用，还是作为电动机使用，其转速和频率之间保持严格不变的关系，就是说，电枢磁势为一同步旋转的旋转磁势，它与转子同速、同方向旋转，定子、转子磁势之间保持相对静止，并产生恒定的电磁转矩。同步电机在恒定频率下的转速恒为同步速率的特点，这是其与异步电机的基本差别之一。

4. 三相发电机绕组和三相负载的连接

1）三相发电机绕组的星形连接

把三相绕组的末端 X、Y、Z 连接在一起成为一个公共端点，称为三相发电机的中性点或零点，用"0"表示。从该点接出的输电线称为中性线，简称中线，又称零线。从三相绕组的始端 A、B、C 引出的输电线称为端线或相线，俗称火线；连接方式称为星形连接或 Y 形连接。

星形连接的三相发电机在输电时，一般用4根电线，其中采用3根端线和1根中线的输电方式称为三相四线制。它输送两种电压，一种是每相绕组始端与末端之间的电压，即端线与中线之间的电压，称为相电压，其有效值分别用 U_A、U_B 和 U_C 表示，统一用 U_φ 表示；另一种是端点与端线之间的电压，称为线电压。其有效值分别用 U_{AB}、U_{BC}、U_{CA} 表示，统一用 U_L 表示。

三相发动机绕组连接成星形时，线电压等于相电压的 $\sqrt{3}$ 倍。

在相位上，各线电压超前于相应的相电压 30°。

2）三相发电机绕组的三角形连接

三角形连接是将一相绕组的末端与另一相绕组的始端依次连接。三相绕组连接成三角形时，相电压即是线电压。

3）三相负载的星形连接

三相负载的末端接在一起，首端分别接三相电源的端线，这种连接方式称为三相负载的星形连接或 Y 形连接。

三相电路中的电流分为相电流和线电流。每相负载中的电流称为相电流，用 I_φ 表示。

而每根火线中的电流称为线电流,用 I_L 表示。当负载星形连接时,线电流就是相电流,即 $I_\varphi = I_L$。

三相负载星形连接时,每相负载承受的是相电压。

4) 三相负载的三角形连接

将三相负载的每一相分别依次连接在电源的端线之间,这种连接方式称为三相负载的三角形连接或△形连接。

因各相负载都直接连接在电源的端线之间,所以各相负载承受的皆为电源线电压。

线电流与相电流之间的数值关系为

$$I_L = \sqrt{3} I_\varphi \qquad (2-45)$$

(六) 电工测量

1. 磁电式、电动式仪表

1) 磁电式仪表

磁电式仪表广泛用于直流电流和电压的测量,与整流元件配合,还可用于交流电流和电压的测量。磁电式仪表与变换器配合,还可测量交流功率、频率、相位等。磁电式仪表具有众多优点,如准确度较高,可制成 0.1~0.5 级的仪表,并且刻度均匀而便于读数等。

(1) 磁电式仪表的结构:

根据磁电式仪表磁路结构不同,可分为外磁式、内磁式和内外磁结合式 3 种。

磁电式仪表是利用载流线圈在永久磁铁的磁场中产生电磁转矩而驱动指针偏转的原理制成的,因此这种仪表被称为磁电式仪表,又称为磁电式测量机构,其结构如图 2-37 所示(外磁式)。

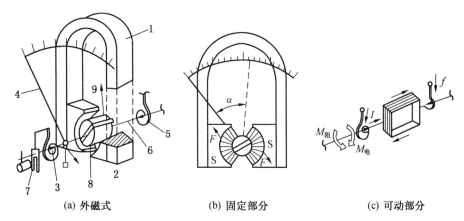

(a) 外磁式　　(b) 固定部分　　(c) 可动部分

1—蹄形磁铁;2—磁极;3、5—弹簧游丝;4—指针;6—转轴;7—校正器;8—软磁铁芯;9—矩形线圈

图 2-37　磁电式仪表的测量机构

磁电式仪表的测量机构由固定和可动两大部分构成。

①固定部分是测量机构的磁路,由蹄形磁铁 1 和处于两个磁极 2 之间的圆柱形软磁铁芯 8 组成。软磁铁芯的作用:缩小气隙即减少磁路的磁阻,以增强磁感应强度,并与磁极配合,使其与磁极之间形成辐射状的均匀磁场,如图 2-37b 所示。

②可动部分是由绕在铝框上的矩形线圈 9、支撑在轴承上的转轴 6、弹簧游丝 5、指针 4 和校正器 7 等组成的,如图 2-37c 所示。线圈由包有绝缘的细铜线或铝线绕成,线

圈和铝框的组合称为动圈。由于线圈的导线很细，因此只能通过很小的电流。线圈的两端分别接在两个弹簧游丝上。弹簧游丝既作为线圈电流的通道，又可用来产生反抗转矩。校正器的作用是当线圈中未通电流而指针不在零位时，可以旋转校正器的螺丝，调节弹簧游丝的松紧程度，使指针指在零位。

(2) 磁电式仪表的工作原理：

如图 2-37a 所示，当线圈中通过电流时，线圈将在磁场的作用下，产生电磁转矩而驱动指针偏转。与此同时，弹簧游丝受力变形而产生反抗转矩，其方向与电磁转矩的方向相反。指针偏转的角度越大，弹簧游丝就越被绞紧，则产生的反抗转矩就越大。当反抗转矩和电磁转矩相等时，指针在刻度盘上指示一定的数值。

由于仪表的磁铁和线圈已经选定，即磁感应强度、线圈的匝数、面积为定值，而驱动转矩与线圈中的电流成正比，即指针的偏转角度 α 与线圈中的电流成正比。因此，仪表的刻度表示被测量电路中的电流。而且指针的偏转角度 α 与线圈中电流的一次方成正比，这表明磁电式仪表的刻度是均匀的。

如果线圈中通以交流电流，则线圈的平均驱动转矩等于零，指针不会偏转。因此，磁电式仪表只能测量直流电，要测量交流电时必须附加整流器。

由于铝框除用作固定线圈之外，还能阻止指针的往复晃动，起到阻尼作用。因此，铝框是磁电式仪表的阻尼器。

对于灵敏度较高的磁电式仪表，如检流针，当不使用时或在运输和搬动过程中，为了防止因振动而引起的可动部分晃动，须将仪表的两个端子短接（使线圈短路），使构成回路的线圈转动时也产生感应电流和阻尼转矩，同铝框一起达到有效阻尼和保护仪表的目的。

(3) 磁电式仪表的使用：

磁电式仪表主要用于测量直流。直流磁电式仪表的两个接线端分别有"+"和"-"的标记，在使用时要注意电源的正、负极，严防接错线，否则将打弯或折断指针。

磁电式电流表按量程可分为微安表、毫安表、安培表和千安表 4 类。

在测量电流时，一定要注意将电流表和被测量的电路（负载）串联。如果测量大电流，就需要并联分流器，以扩大电流表的量程。

2) 电动式仪表

(1) 电动式仪表的结构：

电动式仪表即电动式测量机构，含有两个线圈：固定线圈（电流线圈），其匝数较少，导线较粗；可动线圈（电压线圈），其匝数较多，导线较细。电流线圈通常分为两部分，电压线圈处于电流线圈之间的转轴上，转轴上还有指针、阻尼器以及弹簧游丝等，如图 2-38b 所示。

(2) 电动式仪表的工作原理：

当电流线圈和电压线圈中分别通过电流 I_1 和 I_2 时，则电流线圈中的电流 I_1 建立的磁场对载流的电压线圈产生作用力，电压线圈受力后带动转轴和指针偏转指示读数。

电压线圈受电磁力的方向，用左手定则判断。如通过电流、电压线圈中的电流 I_1 和 I_2 同时改变方向时，电压线圈的受力方向不变，如图 2-38c 所示。因此，电动式仪表既能测量直流，又能测量交流。

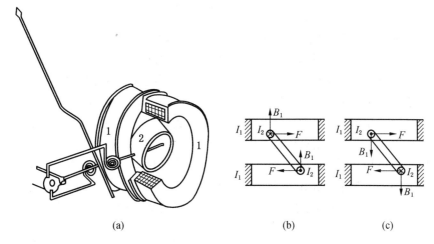

1—固定线圈；2—可动线圈

图 2-38 电动式仪表的结构和原理图

测量直流电时，电压线圈产生的驱动转矩 M 与 I_1、I_2 乘积成正比。

即

$$M \propto I_1 I_2 \quad (2-46)$$

测量交流电时，驱动转矩的平均值 M 为

$$M \propto I_1 I_2 \cos\varphi \quad (2-47)$$

式中　I_1——电流线圈中交流电流的有效值；

　　　I_2——电压线圈中交流电流的有效值；

　　　φ——I_1 与 I_2 之间的相位差角。

弹簧游丝产生的反抗转矩 $M\alpha$ 与指针的偏转角 α 成正比，即 $M\alpha \propto \alpha$

当驱动转矩与反抗转矩相等时，指针指示在某一刻度上。

空气阻尼器用于防止指针的晃动，达到迅速而准确测量的目的。

电动式仪表的准确度较高，可制成 0.1 级精密仪表，可实现交流、直流两用。但是，其结构比较复杂，本身的磁场较弱，易受外磁场的干扰。

（3）电动式仪表的使用：

电动式仪表将电动式测量机构的电流、电压线圈串联起来，而在其表盘上直接读取电流刻度上的读数，即可用其测量交、直流电流。

电动式仪表将电动式测量机构的电流、电压线圈串联后，再与附加电阻串联，在其表盘上读取电压刻度读数，即可用其测量交、直流电压。

单相功率的测量：用电动式测量机构测量功率时，电流线圈用来反映负载的电流，与负载串联；电压线圈用来反映负载两端的电压，先串联附加电阻，然后与负载并联承受电路（即负载）两端的电压。

使用瓦特表测量功率时，在测量之前首先选择量程（即量限），不仅功率的瓦数要相符，而且电流线圈允许通过的电流，以及电压线圈的耐压都应大（高）于被测电路的电流和电压。

使用瓦特表测量时的正确接线也是十分重要的一环。为了防止接错线，在电流、电压

线圈的始端都标以"*"或"±"号,该始端统称为电源端。

其接线规则是:电流线圈与负载串联,而且电源端务必与电源连接;电压线圈与负载并联,而且电源端务必与电流线圈的任一端连接。如果在测量时发现指针反向偏转,应立即切断电源,将电流线圈的两个接线端对调,或将电压线圈的两接线端对调。

在三相负载对称的三相四线制电路中,只要用一块单相瓦特表按图2-39的接线方法,即可测量出三相电路的功率。此时瓦特表的读数是三相对称负载中一相的功率,将瓦特表的读数乘以3,就是三相对称负载的总功率。

这种用一块单相瓦特表测量三相电路功率的方法,称为一瓦特表法,简称一表法。

在三相三制的电路中,无论负载是否对称,一般都采用二瓦特表法(即二表法)测量三相电路总功率,其连接方式如图2-40所示。将两块瓦特表的读数相加就是三相负载的总功率。

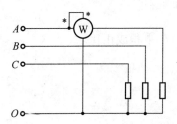

图2-39 一表法测量三相电路功率

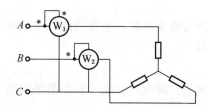

图2-40 二表法测量三相电路功率

应当指出,对于三相四线制电路,二表法不适用。

二表法的接线规则:两个瓦特表的电流线圈分别串入任意两根火线中,并且其电源端必须接在电源侧,两块表的电压线圈的电源端分别接在该表电流线圈所接的一相上,另一端则接在没有接瓦特表的第三相上。

在测量时,如果发现有瓦特表(如W_2)的指针反向偏转,应将其与电源断开,并将该瓦特表的电流线圈反接,使其指针正向偏转,但此时三相电路总功率为两块表的读数之差,即$P = P_1 - P_2$。

2. 万用表的使用

1)万用表的使用方法

(1)插孔选择。红测棒插入"+"插孔中,黑测棒插入"*"(即"-")插孔中。

(2)直流电压测量。将转换开关旋至直流电压位置,选择直流电压最大量程的位置,将两测棒并联在被测电路中,接线时注意电源的极性。先进行试测,然后选择适当的量程进行测量,按表盘上直流电压刻度读数,则:被测值=读数×扩大量程倍数n。

(3)交流电压测量。将转换开关旋至交流电压位置,选择测量值相应的量程位置,将两测棒并联在被测电路中,测量方法与直流电压测量相似。

(4)交流电流测量。将转换开关旋至交流电流位置,两测棒串联在被测电路中,按交流电流刻度读数,则:被测值=读数×电流扩大量程倍数n。

(5) 直流电流测量。将转换开关旋至直流电流位置,将万用表串联在被测电路中,并注意电源极性,按直流电流刻度读数,则:被测值=读数×n。

(6) 电阻测量。将左边转换开关旋至"Ω"位置上,右边位置开关旋至与测量电阻相应的倍率,先将两测棒短路,调节"Ω"调正器,使指针在"Ω"刻尺上位于零位。测棒分开后跨接在被测电阻两端,按电阻刻度读数,则:被测电阻值=读数×选择的倍率。

2) 使用注意事项

(1) 使用万用表时,要把万用表放平,转换开关和端子的位置不要弄错。指针要指在零位,如不在零位,可调整表盘上调零螺丝,使之指在零位。

(2) 读数时目光应与表的盘面垂直,指针与镜中的影子应重合,读数才能准确。

(3) 测量之前还应检查测棒插入的具体位置:红色测棒应插入"+"插孔中,黑色测棒应插入"*"插孔中。这样,测量直流电压、电流时永远用红色测棒接正极,黑色测棒接负极,可避免因极性接反而烧毁表头。在测量时,手不要碰到测棒的金属触针,以保证测量安全和测量精度。

(4) 在测量直流电流和电压时,如果被测部分的正负极未知,可选用最大量程进行试测,并且快接快离,根据指针的偏转方向区别正负极。

(5) 测量1140 V以上的高电压时,必须使用专用绝缘测棒和引线,先将接地测棒固定接在电路的低电位上,然后一只手拿住红测棒接在高压测量点上,最好有一人看表,以免只顾看表而造成手触电。千万不要两只手同时握住测棒,空闲的一只手也不要握住金属接地元件。测棒、手指、鞋底应保持干燥,必要时应戴绝缘橡皮手套或站在橡皮垫上,以免发生意外。

(6) 在测量较高电压和较大电流时,不能带电转动转换开关,否则会在开关触点上产生电弧,严重时会烧毁开关。应保证触点接触紧密良好,以免因接触不良而产生电火花。严防测棒脱落发生短路,而造成意外事故。

(7) 测量电阻时要注意:

①不允许测量带电的电阻,必须将被测电阻与电源断开。如电路中有电容器,断电后尚须放电,然后再进行测量。

②严禁用万用表的欧姆挡测量标准电池的内电阻和微安表、检流计的内电阻。

③每换一个倍率,尚须调一次零,如调不到零,可换上新电池。

④当测量完毕,应将测棒从插孔中拔出,以免因两测棒短路而耗尽万用表内电池电量。

(8) 切不可用小电流挡测大电流,用低电压挡测高电压,以免烧毁万用表。

(9) 万用表使用后,应将测棒从插孔中拔出,并将转换开关旋转到测高压挡或空挡上。

(10) 万用表如长时间不用时,应将万用表内电池取出,以防电池腐蚀万用表的元件。

(11) 万用表不要靠近强大的磁场(如发电机、电动机、汇流排等),防止剧烈震动;万用表不要放在潮湿、温度过高的地点。

(12) 在干燥的天气中,玻璃表盘与指针之间易产生静电吸引现象(指针停留在某刻度不返回零位)。若遇到此现象时,可站在地面用湿润绒布擦拭表盘,指针即可返回零位。

(13) 测量交流电压时，须考虑被测电压的波形。因万用表交流电压挡的刻度实际上是按正弦电压，经过整流的平均值换算到交流有效值来刻度的，所以用万用表测量非正弦量的有效值是不准确的，因此非正弦量电压或电流的有效值不能用万用表来测量。

(14) 测量直流电压叠加交流信号时，应考虑万用表转换开关的最高耐压值。如果交流信号是矩形波或脉冲，因电压峰值过大，会使转换开关接触片间绝缘击穿。

3. 钳形电流表和兆欧表的使用方法

1) 钳形电流表的使用方法

钳形电流表，又称测流钳，俗称卡表，用于需要不切断电路而进行测量的场合，在电路维护工作中广泛采用。

钳形电流表是电流互感器的另一种形式，是电流互感器和磁电式电流表的组合。钳形电流表由同电流测量机构相连接的互感线圈（副绕组），以及可张合的钳形铁芯构成。

用钳形电流表测量电路中的电流时，不需要断开电路。使钳形铁芯张开，将被测的一根导线置于铁芯内后再将铁芯闭合，此时，被测导线即是电流互感器的原绕组，经过变换之后，电流表的指针所指示的读数就是被测导线中电流的数值。

钳形电流表常用来测量变压器低压侧的电流和低压母线、低压油开关、低压交流电动机的电流。

有的钳形表不仅能测量交流电流，还可以测量交流电压和直流电流等，因此称为钳形电表。

钳形交流电流表、电压表是由电流互感器、磁电式电流表、整流器和分流器组成。当原绕组（被测导线）有电流通过时，副绕组（互感线圈）的感应电流经整流器进入电流表，使指针偏转，在电流的刻度上指示出被测的交流电流值。如果在钳形电流表的测量线路中串联附加电阻，而在表盘上刻有电压刻度，即可测量交流电压。

在使用钳形电流表时，应注意以下事项：

(1) 被测载流导线放在钳形铁芯中央，以免产生误差。

(2) 测量前应先估计被测电流，选择适当的量程，或先用最大量程试测后，再选适当的量程。

(3) 钳口相接处应保持清洁，如有污垢应用汽油洗净，使之平整、接触紧密，减小磁阻，以保证测量准确。

(4) 在测量5 A以下小电流时，为得到准确的读数，在条件允许时，可将导线向同一方向多绕几圈，放入铁芯中进行测量。将电流刻度读数除以放入铁芯内部的导线根数，即为被测电流的实际值。

(5) 被测电路的电压不允许超过钳形电表所规定的值。被测电路电压较高时，应严格按有关规定进行测量，以防造成短路和触电事故。

(6) 测量后，一定要将测量调节开关放在大量程位置，以免下次使用时，由于疏忽未经选择量程而损坏仪表。

2) 兆欧表的使用方法

兆欧表俗称摇表，是专供检测电气设备、供电线路绝缘电阻的指示仪表。

(1) 兆欧表的选择。兆欧表的选用，主要是选择兆欧表的电压及其测量范围。

①选择、使用兆欧表的原则：电压高的电力设备，对绝缘电阻值要求比较大，因此，电压高的电力设备，须使用电压高的兆欧表来测量。例如，瓷瓶的绝缘电阻值在 104 MΩ 以上，至少要用 2500 V 以上的兆欧表才能测量。一些低电压的电力设备，其内部绝缘所能承受的电压不高，为了设备的安全，在测量绝缘电阻时，就不能用电压太高的兆欧表。如在测量电压不足 500 V 线圈的绝缘电阻时，应选用 500 V 的兆欧表，而不能用 5000 V 的兆欧表。通常对于检查何种电力设备应用何种电压等级的兆欧表都有具体规定，可根据规定来选用兆欧表。

②兆欧表测量范围的选用原则：不要使测量范围过多地超出被测绝缘电阻的数值，以免读数时产生较大的误差。

在选用兆欧表时还要注意，有些兆欧表的刻度不是从零开始，而是从 1 MΩ 或 2 MΩ 开始，这种兆欧表不宜用于测定处在潮湿环境中的低压电气设备的绝缘电阻。因为，在这种环境中，电气设备的绝缘电阻值较小，有可能小于 1 MΩ，在仪表上得不到读数，容易误认为绝缘值为零而得出错误的结论。

（2）测量前的准备工作。测量前必须切断被测设备的电源，并且进行接地短路放电。特别是电容量很大的设备（如电缆、具有电容器的电路等），断开电源后电位可能很高。因此在测量前，必须将断开电源后的设备对地短路放电，使设备完全处于不带电状态，以保证人身和设备的安全，并获得正确的测量结果。

有可能感应出高电压的设备，在可能性没有消除以前，不可进行测量。

由于绝缘电阻受各种外界条件影响而变化，因此被测物的表面应擦干净。

兆欧表应放在远离大电流的导体和强磁场的地点，以免影响读数。

将兆欧表两接线柱先、后开路和短路，摇动发电机指针，使指针指在"∞"和"0"的位置。否则，必须检修后才能使用。

兆欧表和接线应保持干燥。

（3）接线。在测量时，兆欧表的接线端"L"与被测物的导体部分相连；接地端"E"与被测物的外壳（即大地）或其他导体部分相连接。一般情况下，测量时只用"L"和"E"两接线端。屏蔽"G"接线柱只有在被测物表面漏电很严重的情况下才使用。用绝缘良好的单根导线分别将表的"L"和"E"端与被测物连接。

（4）测量。摇动发电机使转速达到 120 r/min（最大不应超过该转速的 ±25%），如发现指针指零时，不要继续摇动，以防线圈损坏。

测量时，摇动发电机 1 min 以后，等到指针稳定时读数。

（5）拆线。在兆欧表的手摇发动机未停止转动和被测物未进行放电之前，不可用手拆除导线。在做完具有大电容设备测试时，必须先对被测物进行对地短路放电，然后再停止手摇发电机的转动，以防被测物对兆欧表放电而使兆欧表损坏。

六、电力拖动基本知识

电力拖动是指由电动机作为原动机来拖动机械控制设备。它是利用各种有触点电器（接触器、继电器、按钮、刀开关等）组成电气控制电路，实现电力拖动系统的启动、反转、制动和保护等功能。

（一）电力拖动和电力拖动系统

1. 电力拖动

电力拖动是指用电能来驱动和控制生产机械。拖动指驱动和控制。

电力拖动设施由以下3部分组成：

(1) 电动机，如交流电动机、直流电动机等。

(2) 电动机的控制设备和保护设备，如开关、按钮、接触器、继电器、熔断器等。

(3) 电动机与生产机械的传动装置，如减速器、皮带等。

在电力拖动的运动环节中，生产机械对电动机运转的具体要求有启动、改变运动速度（调速）、改变运动方向（正反转）、制动。

电能是现代工业生产的主要能源和动力，电动机是将电能转换为机械能来拖动生产机械的驱动元件。

电动机与其他原动力（如内燃机、蒸汽机等）相比，电动机的控制方法更为简便，并可实现遥控和自动控制。

2. 电力拖动系统

电力拖动系统是指用电动机拖动生产机械的系统。

电力拖动系统主要由电动机、传动机构、控制设备3个基本环节组成。电动机、传动机构及控制设备之间的关系如图2-41所示。

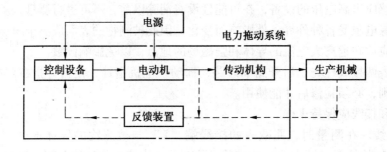

图2-41 电动机、传动机构及控制设备之间的关系

由于开环电力拖动系统无反馈装置，只有闭环系统中使用反馈装置，图2-41中反馈装置及反馈控制方向用虚线表示。图2-41中点划线框内表示电力拖动系统。

(二) 电力拖动系统的控制方式

1. 继电器、接触器有触点断续控制

电力拖动的控制方式由手动控制逐步向自动控制方向发展。

最初的自动控制是用数量不多的继电器、接触器及简单的保护元件组成的继电—接触器系统。由于继电器、接触器均为有触点的控制电器，所以又称它们为有触点控制系统。这种控制具有使用的单一性，即一台（套）控制装置只适用于某一固定控制程序的设备，如果控制程序发生变化，必须重新接线。而且这种控制的输入、输出信号只有通和断两种状态，所以这种控制是断续的，又称为断续控制。

2. 连续控制

为了使控制系统具有良好的静态特性和动态特性，常采用反馈控制系统。

反馈控制系统由连续控制元件作为反馈装置,它不仅能反映信号的通、断状态,还能反映信号大小和强弱变化。

这种由连续控制元件组成的反馈控制系统称为闭环控制系统,又称为连续控制系统。

3. 可编程无触点断续控制

20世纪60年代出现了顺序控制器,它可根据生产的需要,灵活改变程序,使控制系统具有较大的灵活性和通用性。但是,顺序控制器仍采用硬件手段(有触点),而且体积大,功能受到了一定的限制。

1968年,美国通用汽车公司(GM)为了适应生产工艺不断更新的需要,希望用电子化的新型控制器代替继电器控制装置,并对新型控制器提出了"编程简单方便、可现场修改程序、维护方便、采用插件式结构、可靠性要高于继电器控制装置"等10项具体要求。

1969年,美国数字设备公司(DEC)根据上述要求,研制出世界上第一台可编程控制器,并成功运用到美国通用汽车公司的生产线上。其后日本、德国等国相继研制出可编程控制器。

早期的可编程控制器是为了取代继电器控制系统,仅有逻辑运算、顺序控制、计时、计数等功能,因而被称为可编程逻辑控制器(PLC)。

20世纪80年代,随着大规模集成电路和计算机技术的发展,在PLC中采用微处理器,使可编程逻辑控制器的功能大大加强,远远超出了逻辑控制、顺序控制的范围,具有计算机功能,故称为可编程控制器(PC)。

为了与个人计算机PC相区别,将可编程控制器仍称为PLC。

国际电工委员会(IEC)颁布的《可编程控制器的国际标准》对PLC作了如下定义:

可编程控制器是一种数字运算的电子系统,专为工业环境应用而设计。它采用可编程的存储器,用来在内部存储执行逻辑运算、顺序控制、定时、计数和算术运算等操作指令,并通过数字式、模拟式的输入和输出,来控制各类机械或生产过程。可编程控制器及其有关外围设备都应与工业控制系统连成一个整体,以易于扩充其功能的原则进行设计。

1)PLC的存储器的发展过程

(1)ROM——只读存储器,生产厂家将程序固化到ROM芯片内。

(2)RAM——随机读取存储器,用户可随时修改应用程序,但当芯片的供电电源断电后,其所存储的信息就会丢失。

(3)CMOS-RAM——后备电池(锂电池),给电脑主板供电的电池,以保证这种低功耗的芯片电源断电后,能完整保存程序而不丢失。

(4)EPROM——紫外线可擦除、可改写的只读存储器。

(5)EEPROM——可擦除、可改写的只读存储器。

2)PLC的特点

(1)可靠性高,抗干扰能力强。

(2)通用性强,容易扩充功能。

(3)指令简单,编程易学,使用方便。

(4) 体积小、重量轻、能耗低。

(5) 系统的设计、施工和调试周期短,具有在线修改功能,且维护方便。

4. 计算机自动控制

计算机自动控制是指在整个自动控制系统中的比较器和控制器用计算机来代替,使之成为一个完整的计算机自动控制系统。

计算机自动控制在自动控制系统中的位置与关系如图2-42所示。

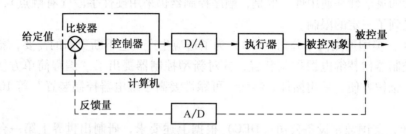

图2-42 计算机自动控制在自动控制系统中的位置与关系

计算机控制系统充分利用了计算机的运算、逻辑判断和记忆功能。在计算机控制系统中的给定值和反馈量都是二进制数字信号,因而从被控量取样的信号要经过将模拟量转换为数字量的A/D转换器。

当计算机接收给定值和反馈量后,运用计算机中微处理器的各种指令,可将两者的偏差进行运算(如PID运算)。再经过将数字信号转换成模拟信号的D/A转换器输出到执行器,完成对被控量的控制作用。

如要改变控制规律,改变计算机的程序即可,这是计算机控制的最大优点。

从本质上分析,计算机控制过程可以归纳为以下三个方面:

(1) 实时数据采集:对被控量的瞬时值进行检测,并及时输入。

(2) 实时决策:对实时的给定值与被控量的数据,按确定的控制规律来决定控制过程。

(3) 实时控制:根据决策,适时对执行器发出控制信号。

所谓实时是指信号的输入、计算和输出都在一定的时间内(采样间隙)完成。

采样—决策—控制这3个过程不断重复,使整个系统按一定的动态(过渡过程)指标进行工作,而且可对被控量和设备本身所出现的异常状态,及时进行监督并迅速作出处理。

(三) 自动控制的基础知识

1. 自动控制系统的基本概念

自动控制系统的功能及其组成是多种多样的,其结构也是有简有繁,它可以是一个具体的工程系统,也可以是一个抽象的社会系统、生态系统、经济系统,我们研究的是工业机电自动控制系统。现给出以下三个基本概念:

(1) 控制装置:通过控制装置,使生产设备或生产过程的某些物理量按特定的规律变化。

(2) 自动控制:在无人直接参与的情况下完成的控制称为自动控制;相反,在有人直接参与的情况下完成的控制称为人工控制。

(3) 自动控制系统：在无人直接参与的情况下，能使生产设备或生产过程的某些物理量按特定的规律变化的控制系统。

2. 自动控制理论

自动控制理论是研究自动控制的共同规律的技术科学。自动控制理论的发展初期是利用以反馈控制理论为基础的自动调节原理。

自动控制理论按其发展过程可分为经典控制理论和现代控制理论。

(1) 经典控制理论是20世纪50年代以前的控制理论，它利用以反馈理论为基础的自动调节原理。经典控制理论是以传递函数为基础，主要研究单输入—单输出的反馈控制理论，采用的研究方法有时域分析法、根轨迹法和频率法。

(2) 现代控制理论是20世纪60年代随着自动控制技术的发展出现的新控制理论。现代控制理论以状态空间法为基础，主要研究多变量、变参数、非线性、高精度、高性能等各种复杂的控制系统。

目前，现代控制理论正在向大系统工程、人工智能控制等方向纵深发展。经典控制理论和现代控制理论，两者相辅相成，各有其应用范围。

3. 自动控制技术常用术语

(1) 被控对象：自动控制系统需要控制设备或生产过程，它接受控制量，输出被控量，这个输出的被控量通常是系统最终输出的目标。

(2) 系统：系统是由一些部件（环节）组成，用以完成一定的任务。

(3) 环节：环节是系统的某一个组成部分，它由控制系统中的一个或多个部件组成，其任务是完成系统工作过程中的局部过程。

(4) 扰动：扰动是一种对系统输出量产生反作用的信号或因素。若扰动产生于系统内部，则称为内扰；若产生于系统外部，则称为外扰。

(5) 反馈与反馈系统：反馈是指将被控对象输出的被控量采样后的信号回传到系统的输入端，并叠加到输入信号中。反馈分为正反馈和负反馈。

由于反馈的存在，使系统的输出信号单调朝着某一方向变化，并趋于某一极限，是系统的被控量与给定值之间的偏差不断增大的反馈。这种反馈形式称为正反馈，这种系统称为正反馈系统。

如果由于反馈的存在，使系统的输出信号趋向于使被控对象的输出量稳定在期望水平上，或者说输出量与给定值之间的偏差趋于减少，这种反馈称为负反馈，这种系统称为负反馈系统。

(6) 反馈控制：在有扰动的情况下，反馈控制有减小系统输出量与给定输入量之间偏差的作用，而这种控制作用正是基于这一偏差作用来实现的。反馈控制仅仅是针对无法预料的扰动而设计的，可以预料的或者已知的扰动，可以采用补偿的方法来解决。

4. 自动控制系统的基本组成

一个控制系统由若干环节组成，每个环节有其特定的功能。一般将自动控制系统的每一个组成部分（环节）用一个方框来表示，环节与环节之间用箭头相连接，表示信号的传递方向。

自动控制系统的基本组成如图2-43所示。

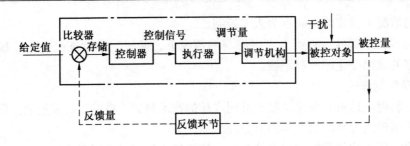

图 2-43 自动控制系统的基本组成

反馈环节：对系统的输出量实际值进行测量，将它转换成反馈信号，并使反馈信号成为与给定信号同类型、同数量级的物理量。

比较器：将给定信号和反馈信号进行比较，产生偏差信号。

控制器：根据输入的偏差信号，按一定的控制规律，产生相应的控制信号。

执行器：将控制信号进行功率放大，并带动执行机构动作。

调节机构：直接改变控制系统的输入量，使被控量恢复到给定量期望值。

被控对象：控制系统所要控制的设备或生产过程。它的输出量就是被控量。

被控量：控制对象的某个变量。

控制系统的目的：通常就是要使该变量与给定值或设定值相符。控制系统也用该变量的名称来命名，如温度控制系统、压力控制系统、速度控制系统等。

干扰：被控对象中除了调节量以外，能对被控量具有影响作用的所有变量，也称扰动。

调节量：对被控装置的被控量具有较强的直接影响，而且是便于调节的变量。

偏差：给定值与反馈量之差。

给定值：其与被控量的期望值相对应，它可以是恒定值，也可以按程序变化，也称设定值。

【例题】某贮槽的液位控制系统的反馈控制工作原理，如图 2-44 所示。

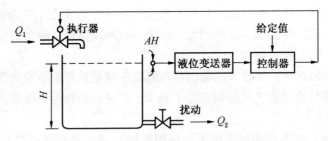

Q_1—进入贮槽的液体流量；Q_2—流出贮槽的液体流量

图 2-44 某贮槽的液位控制系统的反馈控制工作原理

控制目的：
使贮槽中的液位以一定的精度稳定在某一高度 H。

动态过程：
(1) 当外部负荷（负载）改变，即 Q_2 改变时，这时 $Q_1 \neq Q_2$，液位将上升或下降。
(2) 液位变送器（差压变送器）将自动检测液位的变化，并把液位变化情况转换为与之成比例的电气信号,该信号称为测量信号。

(3) 将测量信号送入控制器,并与控制器中的液位给定值进行比较,得出两者的差值,这一信号称为偏差信号。

(4) 控制器根据偏差信号情况,按某种运算规律计算出控制器应输出的控制信号,并将该信号送入执行器。

(5) 执行器根据信号对调节阀的开度进行调整,使流入量(Q_1)发生变化,从而使液位保持在期望值,即液位给定值(H_0)上,实现对贮槽的液位自动控制。

分析:

(1) 以上自动控制系统中,包括被控对象(贮槽储量)、检测元件(液位变送器)、控制器、执行器、调节器(阀)等5个环节。

(2) 当被控对象(贮槽储量)受到扰动时,被控量(液位)就发生变化,检测元件(液位变送器)将变化值输入控制器,与给定值进行比较,产生偏差值。

(3) 控制器根据输入的偏差值,按一定规律进行计算后,输出控制信号。

(4) 输出的控制信号经执行器控制调节器(阀),用调节阀的开度来改变Q_1的流量,使被控量恢复到原值。

(四) 三相异步电动机

三相异步电动机是指由三相交流电源供电,转速随负载变化而稍有变化的电动机。其特点是结构简单、价格低廉、工作可靠、维护方便,因此得到广泛应用。

1. 结构

三相异步电动机由定子和转子两个基本部分组成。定子为固定不动部分,转子为转动部分。

1) 定子

定子由机座、定子铁芯、定子绕组等组成。机座一般由铸铁制成,用于固定定子铁芯和定子绕组,并通过两侧端盖和轴承支撑转轴。它的外表有散热筋,可增加散热面积。

定子铁芯作为电动机磁路的一部分,要求有良好的导磁性,且剩磁要小。为了减小涡流损耗,一般采用0.5 mm厚表面涂绝缘漆的硅钢片叠成圆筒形,并压装在机座内。在定子铁芯的内圆上冲有均匀分布的槽口,用于嵌放三相定子绕组。

定子绕组是电动机的电路部分,由3个绕组构成,它们按一定的空间角度依次嵌放在定子槽内,组成完全对称的三相绕组,其首端分别为U_1、V_1、W_1、U_2、V_2、W_2,并从接线盒内引出。根据需要,它们可接成星形或三角形。

2) 转子

转子由转子铁芯、转子绕组、风扇、转轴等部分组成。

转子铁芯一般用0.5 mm厚、相互绝缘的硅钢片叠装成圆柱体,中间压装转轴,外圆上冲有均匀分布的槽孔,用以放置转子绕组。转轴用来支撑转子铁芯和绕组,并传递电动机的机械转矩。根据转子绕组的结构不同,三相异步电动机可分为笼型转子和绕线转子。

(1) 笼型转子是在转子铁芯槽内嵌放铜条,并在两端用金属环焊接成笼型,或铸铝成型。

(2) 绕线转子绕组是依照定子绕组制成的。它嵌放在转子铁芯槽内,并接成星形,3个引出端分别固定在转轴上相互绝缘的3个铜制集电环上,再通过压在集电环上的3个电刷与外电路相接。

2. 旋转原理

三相异步电动机利用旋转磁场进行工作。随着定子绕组中三相电流的不断变化，它所产生的合成磁场在空间内不断旋转，旋转磁场的转速与交流电频率成正比，与磁极对数成反比，即

$$n_1 = \frac{60f}{p} \tag{2-48}$$

式中　n_1——旋转磁场的转速，即同步转速，r/min；
　　　f——交流电源频率，Hz；
　　　p——磁极对数。

若欲使旋转磁场反转，只需将任意两相绕组的电源线互换即可。

当定子绕组接通三相电源后，则在定子、转子及其气隙间产生同步转速为 n_1 的旋转磁场。这时，旋转磁场与转子导体间产生相对运动，使转子导体能够切割磁力线，从而在转子导体中产生感应电动势。由于所有导体的两端分别被两个金属环连接在一起，相互间构成闭合回路，因此，在感应电动势的作用下，转子导体内便有了感应电流，感应电流又与旋转磁场相互作用而产生电磁力，这些电磁力对转子形成电磁转矩。电磁转矩方向与旋转磁场的旋转方向一致，这样转子就会顺着旋转磁场的旋转方向而旋转起来。转子的转向与旋转磁场的旋转方向一致，改变旋转磁场的旋转方向，转子的转向也改变。

由以上分析还可以看出，转子的转速 n 永远比同步转速 n_1 小。这是因为，如果转子的转速达到同步转速，则转子导体将不再切割磁力线，因而感应电动势、感应电流和电磁转矩均为零，转子将减速。因此，转子的转速 n 总是低于同步转速 n_1，这也是其称为异步电动机的原因。

旋转磁场的同步转速 n_1 与转子转速 n 之差称为转差。转差与同步转速 n_1 之比称为转差率，用 s 表示，即

$$s = \frac{n_1 - n}{n_1} \tag{2-49}$$

转差率 s 是三相异步电动机的一个重要参数。在电动机启动的一瞬间，转子转速 $n = 0$，转差率 $s = 1$；若转子转速 $n = n_1$，则转差率 $s = 0$。电动机在正常状态下运行，转差率 s 在 0～1 之间变化；在额定状态下运行，额定转差率约为 0.02～0.07。

3. 运行特性

1）功率及效率

三相异步电动机在稳定运行时，电源输入功率为

$$P_1 = \sqrt{3} U_L I_L \cos\varphi_1 \tag{2-50}$$

式中　U_L——线电压；
　　　I_L——线电流；
　　　$\cos\varphi_1$——电动机的功率因数。

异步电动机轴上所输出的机械功率 P_2 总是小于 P_1，这是因为它在将电能转换为机械能的过程中存在功率损耗。损耗包括定子绕组及转子绕组的铜损耗 P_{cu}，铁芯中存在的铁损耗 P_{fe}，在运行过程中克服机械摩擦、风的阻力等所形成的机械损耗 P_n。因此可得：

$$P_2 = P_1 - P_{cu} - P_{fe} - P_n \qquad (2-51)$$

三相异步电动机的效率 η 等于输出功率 P_2 与输入功率 P_1 之比,即

$$\eta = \frac{P_2}{P_1} \times 100\% \qquad (2-52)$$

2) 功率与转矩的关系

旋转体的机械功率等于作用在旋转体上的转矩 T 与它的机械角速度 Ω 的乘积,即

$$P = T\Omega \qquad (2-53)$$

因此,额定输出转矩 T_e 为

$$T_e = 9550 \times \frac{P_e}{n_e} \qquad (2-54)$$

式中 P_e——额定输出功率,kW;

n_e——额定转速,r/min。

3) 机械特性

如图 2-45 所示为电动机转速 n 与转矩 T_e 之间的关系曲线,此曲线称为机械特性曲线。

从机械特性曲线可得如下重要转矩:

(1) 启动转矩 T_{st}。电动机刚接通电源,但尚未开始转动($s=1$)的一瞬间,轴上所产生的转矩称为启动转矩 T_{st}。启动转矩必须大于电动机所带机械负载的阻力矩,否则不能启动。因此,启动转矩是电动机的一项重要指标。

(2) 最大转矩 T_m。最大转矩指电动机能够提供的极限转矩。电动机所拖动的负载阻力矩必须小于最大转矩,否则,电动机将因拖不动负载而被迫停

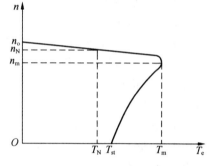

图 2-45 机械特性曲线

转。另外,若把额定转矩规定得靠近最大转矩,则电动机略一过载,也会很快停转。停转时,电动机电流很大,若时间过长,会烧坏电动机。因此,电动机必须有一定的过载能力。

对于机械特性曲线,可将它分为两个区域,即稳定区和不稳定区。最大转矩 T_m 所对应的临界转速 n_m 的上方曲线为稳定区,电动机在该区域正常运行时,该段曲线表示:当负载增大时,电动机转速略有下降,电磁转矩上升,从而与阻力矩保持平衡;n_m 下方曲线为不稳定区,该段曲线表示当负载增大到超过最大转矩,则电动机转速将急剧下降,直到停转。通常电动机启动后,会很快通过不稳定区而进入稳定区工作。

三相异步电动机的机械特性在稳定区比较平坦,即随着负载的变化,电动机转速变化很小,这样的机械性能称为硬特性。

4. 三相异步电动机的启动和调速

1) 启动

电动机接通电源后由静止状态逐步加速到稳定运行状态的过程称为启动过程,简称启动。在电动机开始启动的瞬间,由于转子的转速 $n=0$,转子导体以最大的相对速度切割旋转磁场,从而产生最大的感应电动势,转子电流也最大,这样使定子绕组在启动瞬间出

现很大的启动电流,其值约为额定电流的 4~7 倍。过大的启动电流会对电网产生冲击,使电网电压突然下降,从而影响接在同一电网上的其他用电设备的运行。若电动机需要频繁启动,则可能还使电动机因过热而损坏。

笼型三相异步电动机的启动方式有两种,即直接启动和降压启动。

直接启动:将电动机直接接到电网上进行启动的方式。直接启动的优点是设备简单、操作简便、启动时间短、启动可靠等。因此,在电动机的容量相对较小,在电源容量相对足够大的情况下,均采用直接启动,一般 10 kW 以下的电动机可采用直接启动。

降压启动:电动机启动时降低加在定子绕组上的电压,启动结束后,再恢复到电动机的额定电压运行。尽管降压启动可减小启动电流,但同时也大大减小了启动转矩。因此,降压启动仅适用于电动机在空载或轻载情况下的启动。

常用的启动方式有如下几种:

(1) 定子绕组中串电阻降压启动。在启动时,利用电阻降低加在定子绕组上的电压,待转速升高后,再将电阻短接,使电动机在额定电压下工作。

(2) Y - △降压启动。若电动机正常运行时做三角形(△)连接,则启动时先把它接成 Y 形,待转速升高后,再把它改成三角形(△)。利用这种方式启动,其启动转矩只有直接启动的 1/3。

(3) 用自耦变压器启动。启动时,电动机与自耦变压器二次侧相连进行降压启动,待转速升高后,再将电动机直接与电源相连,使其工作在额定电压下。这种方法的优点是启动转矩大、损耗小,缺点是成本高,适用于容量较大,尤其是正常运行时做 Y 形连接的电动机启动。

(4) 转子绕组中串接电阻启动。绕线转子三相异步电动机是在转子绕组中串入电阻或电抗来启动的,这不仅可以减小启动电流,同时还可提高启动转矩。

启动时,将启动电阻置于最大值,在启动过程中将所串电阻不断减小,启动结束后,串入电阻全部被切除,电动机进入正常运行状态。这种方法适用于重载启动,但所串电阻存在能量损耗,且所需设备较多。

2) 调速

在实际生产中有时需要对异步电动机的转速进行人为调节,即调速,以满足工作的需要。调速方式有以下几种:

(1) 变频调速。由于电源是固定不变的 50 Hz 交流电,因此变频调速需要专用的变频设备,以便给定子绕组提供不同频率的交流电,实现变频调速。

(2) 变极调速。这种调速方法是通过改变定子空间磁极对数的方式改变同步转速,从而达到改变转子转速,实现调速的目的。由于磁极对数只成对改变,所以这种调速方法只能按级来调节。

(3) 改变转差率调速。对于绕线转子异步电动机,可在转子回路中串联电阻调速,其电路与启动时的情况相同。当转子回路的电阻改变时,电动机的转速随转子电阻增加而下降。由于存在电阻耗能,而且转速的稳定性较差,因此调速电阻不能过大,这使调速范围较窄。

5. 三相异步电动机的制动和反转

1) 制动

当电动机切断电源后，由于惯性，使电动机总要经过一段时间才能停止转动，这往往不能适应某些生产机械工艺要求。为了缩短停止时间，提高生产率，要求电动机能迅速停转，这就需要对电动机进行制动。电动机制动的方式有两大类，即机械制动和电气制动。这里主要介绍电气制动的方法。电气制动分反接制动和能耗制动。

(1) 反接制动。反接制动利用改变电动机定子绕组中任意两相电源线的接线相序，使旋转磁场方向与电动机原来的旋转方向相反，从而产生制动作用的一种制动方法。当电动机转速接近零时，应立即切断电源，以免电动机反转。

(2) 能耗制动。在断开电动机三相电源后，立即将定子绕组的两个端子与直流电源相连，使定子绕组流过直流电流，这样会产生一恒定磁场。转子由于惯性仍继续沿原方向转动，这样转子在导体中产生转子电流，并在恒定磁场中受到电磁力的作用而产生制动转矩，使转子迅速停转。

能耗制动方法的实质是将转子的旋转功消耗在回路电阻上，故称能耗制动。其制动转矩的大小与通入直接电流的大小及电动机的转速大小有关。这种制动的优点是制动较强、制动平稳、对电网影响小，缺点是需要一套整流装置，且低速时制动转矩小，不易制停。

2) 反转

在生产中，经常需要使电动机反转。异步电动机的转动方向与旋转磁场的方向一致，因此改变旋转磁场的旋转方向，即可改变电动机的转动方向。而改变旋转磁场的旋转方向，只将三相异步电动机的任意两根电源线对调即可。

6. 三相异步电动机的铭牌

在三相异步电动机的机座上均装有一块铭牌，铭牌上标出该电动机的主要技术数据，供正确使用电动机时参考。

(1) 型号含义：

以 Y-112M-4 型三相异步电动机为例，对型号（铭牌数据）含义进行如下说明：

Y——鼠笼型异步电动机（YR——绕线型异步电动机）；

112——中心高度，112 mm；

M——机座类型（L 表示长机座，M 表示中机座，S 表示短机座）；

4——磁极数，4 极。

(2) 额定功率：电动机在额定工作状态运行时，允许输出的机械功率。

(3) 额定电流：电动机在额定状态运行时，定子电路输入的线电流。

(4) 额定电压：电动机在额定状态运行时，定子电路所加的线电压。

(5) 额定转速：电动机在额定状态运行时的转速。

(6) 接法：在额定电压下，定子绕组应采用的连接方法。4 kW 以上的 Y 系列电动机均采用三角形接法。

(7) 频率：电动机使用交流电源的频率。

(8) 工作方式：S_1 表示连续工作方式，S_2 表示短时间工作方式，S_3 表示断续工作方式。

(9) 绝缘等级：根据绝缘材料允许的最高温度，分为 Y、A、E、B、F、H、C 级，Y 系列电动机多采用 E、B 级绝缘。

(五) 直流电动机

直流电动机是将直流电能转换为机械能的一种设备。它的特点是具有较好的调速特性和较大的启动转矩。

1. 直流电动机的结构

直流电动机主要由定子和转子（又称电枢）两个基本部分组成，其具体结构如下：

1）定子

电动机固定不动部分，它包括：

（1）磁极由主磁极铁芯和励磁绕组构成，用来产生主磁场。

（2）换向磁极由换向磁极铁芯和换向极绕组构成，用来产生换向磁场，以改善换向。

（3）电刷装置是电枢绕组电流引入或引出装置。

（4）机座一般为铸钢件，它除了固定主磁极、轴向磁极和支承转子外，还是组成电动机磁路的一部分。

2）转子

转子是电动机的转动部分，它包括电枢铁芯、电枢绕组、换向器。

（1）电枢铁芯由硅钢片叠制而成，外圆表面开有很多槽，用来嵌放电枢绕组。它也是组成电动机磁路的一部分。

（2）电枢绕组产生感应电动势和电磁转矩，实现能量转换。

（3）换向器安装在转轴上，由许多换向片组成，且每两个换向片相互绝缘，其作用是把外部通入的直流电流转换成电枢绕组所需的交变电流。

2. 直流电动机的励磁方式

按照主磁极绕组与电枢绕组连接方式的不同，直流电动机的励磁方式可分为他励、并励、串励及复励4种。

（1）他励电动机：励磁绕组和电枢绕组的供电各自独立，没有电的联系。因此，改变电枢电压，不会影响励磁绕组电流。

（2）并励电动机：励磁绕组和电枢绕组并联，并用同一电源供电。并励电动机是一种转速比较稳定的电动机，因此在直流电动机中，并励电动机应用最广。

（3）串励电动机：励磁绕组和电枢绕组串联，因此励磁电流和电枢电流相等。若电动机空载或轻载，则会因转速过高而有可能损坏电动机。因此，串励电动机一般不允许在空载或轻载情况下工作。串励电动机的特点是启动转矩大，其广泛应用于电车、电力机车等方面。

（4）复励电动机。复励电动机有两个励磁绕组，其中一个绕组与电枢绕组并联，另一绕组与电枢绕组串联。

3. 直流电动机的启动、调速、制动

1）启动

直流电动机如果直接接入额定电压进行启动，电枢中的电流（即启动电流）很大，这样不仅会影响电源，而且还会损坏电动机的换向器。同时，启动转矩过大也会产生机械冲击，因此，必须限定启动电流。通常规定启动电流I_{st}为额定电流I_n的1.5~2.5倍。

限制启动电流的方法有两种：一是，电枢电路中串入启动电阻，启动时，R_{st}调至较大，随着转速的上升，逐步减小R_{st}，直至完全减小为零，电动机启动结束；二是，降低电枢绕组的电压。

对于并励电动机，当采用降低电枢绕组电压启动时，必须保证励磁绕组为额定电压，否则，可能会因为启动转矩太小，而无法启动，从而烧坏电动机。不允许励磁绕组开路。

2）调速

用人为的方法改变电动机的转速称为调速。直流电动机的调速有以下3种方法：

(1) 电枢电路串入电阻调速。在电枢电路中串入调速电阻 R_{av} 时，转速 n 下降，电动机在一个比调速前低的转速下稳定运行。当 R_{av} 减小，则电动机转速上升，其过程与上述相反。这种调速只能在额定值以下调节，且机械特性变软，存在能耗，但方法简单，应用广泛。

(2) 改变主磁通 Φ 调速。通常改变主磁通 Φ 是通过在励磁绕组中串联可变电阻 R_{fc} 来实现的。这种调速只能在额定值以上调节，因此，规定最高转速不得超过额定转速的2倍。由于这种调速方法简单、调速后机械特性较硬、能耗较低，因此应用广泛。

(3) 改变电枢电压 U 调速。这种调速方法是在励磁电流不变，即励磁绕组用一个电压恒定的直流电源供电的情况下，改变电枢的供电电压 U，来实现调速。

这种调速方法的物理过程类似于电枢串联电阻调速，其主要特点是调速范围宽，可从低速调到额定转速，且变化平滑、机械特性硬度不变、稳定性较好、无能耗，但只能在额定转速以下调节，所需设备复杂、成本较高。

3）制动

为了使电动机在切断电源后，迅速停下，必须进行制动。制动的方法很多，如能耗式、反接式、回馈式等，这里仅对能耗式制动作一简单介绍。

当切断电源电枢的同时，使电枢与电阻 R 相连构成回路。由于惯性电动机继续转动，此时，磁场未变，电枢绕组产生的感应电动势也不变，这样便向制动电阻 R 提供一电流，此电流与电动机运行时电枢绕组所流过的电流方向相反。因此，形成电磁转矩 T_e 与惯性转动方向相反，从而形成制动转矩，使电动机迅速停转。这种制动方法实际上是将电动机惯性转动时的动能转化为电能消耗在制动电阻 R 上，因此该制动方式被称为能耗式制动。

(六) 常用低压电器

低压电器是电力拖动自动控制系统的基本组成元件。控制系统的优劣与所用的低压电器性能好坏有直接关系，所以必须熟悉常用低压电器的结构、原理，掌握低压电器使用与维护等方面的知识和技能。

低压电器通常指工作在交流1140 V以下、直流1500 V以下电路中的电器。常用的低压电器主要有接触器、继电器、刀开关、断路器（自动空气开关）、转换开关、选择开关、按钮、熔断器等。

1. 刀开关（闸刀开关）

刀开关是一种手动电器，广泛用于电源的引入开关，也可用于不频繁启动的小容量电动机和照明电路的控制开关。

1）刀开关的结构

刀开关主要由手柄、熔丝、触点、瓷底座、胶盖等组成。按形式不同，刀开关可分为开启式负荷开关和封闭式负荷开关两种；按刀数的不同，可分为单极、双极和三极。

2）刀开关的型号及电器符号

(1) 型号含义。

刀开关的型号举例如下：

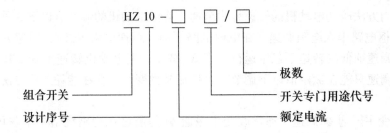

【例】HK2-15/3型刀开关表示开启式负荷开关，设计序号为2，额定电流为15 A，极数为三极。

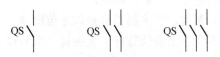

图2-46 刀开关图形、符号表示

(2) 电器符号。

刀开关的电器符号如图2-46所示。

3) 刀开关选择原则

根据使用场合选择刀开关的类型、极数及操作方式。

刀开关额定电压应大于或等于线路的额定电流。对电动机负载，开启式刀开关，电流可取电动机额定电流的3倍；封闭式刀开关额定电流可取电动机额定电流的1.5倍。

2. 低压断路器（自动开关）

低压断路器是低压配电系统和电力拖动系统中非常重要的电器，它相当于刀开关、熔断器、热继电器和欠电压继电器的组合，具有操作安全、使用方便、工作可靠、分断能力高等优点。

1) 断路器的基本结构

断路器主要由触点系统、灭弧装置、操作机构、脱扣器等部分组成。按用途和结构特点可分为框架式、塑料外壳式、漏电保护式等。

2) 低压断路器的型号含义及电器符号

(1) 型号含义。

低压断路器的型号及代表含义如下：

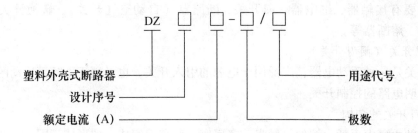

(2) 电器符号。

低压断路器的电器符号表示如图2-47所示。

3）低压断路器选择原则

（1）应根据使用场合来选择其类型。

（2）额定电压与电流应大于或等于线路、设备的正常工作电压、工作电流。

（3）极限通断能力大于或等于电路最大短路电流。

（4）欠电压脱扣器额定电压应等于线路额定电压。

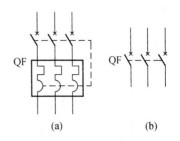

图 2-47 断路器图形、符号表示

（5）过电流脱扣器的额定电流应大于或等于线路的最大负载电流。

3. 转换开关（组合开关）

转换开关是一种多触点、多位置式、可控制多个回路的电器，其一般用于电气设备中非频繁通断电路、换接电源和负载，测量三相电压，以及控制小容量电动机。

1）转换开关的结构

转换开关由动触点、静触点、转轴、手柄、定位机构、绝缘垫板、凸轮、弹簧、接线柱、绝缘方轴及外壳等部分组成。

2）转换开关的型号含义及电器符号

（1）型号含义。

转换开关的型号及代表含义如下：

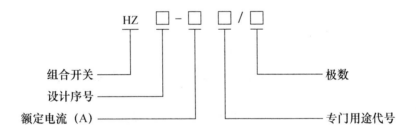

（2）电器符号。

转换开关的电器符号表示如图 2-48 所示。

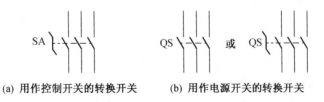

图 2-48 转换开关图形、符号表示

3）转换开关选择原则

（1）用于控制小容量电动机的启动与停止，其额定电流应为电动机额定电流的 3 倍。

（2）用于接通电源，其额定电流可稍大于电动机的额定电流。

4. 熔断器

熔断器是低压配电系统和电力拖动系统中起过载和短路保护作用的电器。

1）熔断器的结构及种类

熔断器由熔体和安装熔体的绝缘底座组成。熔断器按结构可分为开启式、半封闭式和封闭式，常用的有 RC1A 插入式、RL1 螺旋式、RT 有填料封闭管式、RM 无填料封闭管式、RS 有填料封闭式快速、RLS 有填料封闭螺旋式。

2）熔断器的型号及电器符号

（1）熔断器型号及含义。

熔断器的型号及含义如下：

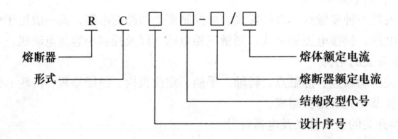

熔断器不同形式，可用如下字母表示：瓷插式用 C 表示；螺旋式用 Z 表示；无填料式用 M 表示；有填料式用 T 表示；快速式用 S 表示。

（2）电器符号。

熔断器的电器符号如图 2-49 所示。

图 2-49 熔断器图形、符号表示

3）熔断器的选择原则

选择熔断器主要是选择熔体的额定电流，熔体的额定电流选择原则：

（1）对电炉、照明等电阻性负载的短路保护，熔体的额定电流应略大于负载的额定电流。

（2）对单台电动机的短路保护，熔体的额定电流应为电动机额定电流的 1.5~2 倍。

（3）对于多台电动机的短路保护，熔体的额定电流应等于功率最大的一台电动机的额定电流的 1.5~2.5 倍，加上其余电动机的额定电流的总和。

确定了熔体额定电流后，即可选择熔断器的额定电流，熔断器的额定电流选择原则如下：

（1）熔断器的额定电压必须大于或等于线路工作电压。

（2）熔断器的额定电流必须大于或等于所装熔体的额定电流。

（3）熔断器类型应根据线路的要求、使用场合和安装条件选择。

5. 交流接触器

交流接触器是可远距离频繁接通或切断带负载的交流主电路及大容量控制电路的控制电器。

1）交流接触器结构

交流接触器主要由电磁系统、触点系统、灭弧装置和弹簧等组成。

(1) 电磁系统。电磁系统用来操作触点的闭合与断开,包括线圈、动铁芯和静铁芯。为了减少交流电在铁芯中的涡流损耗,避免铁芯过热,交流接触器的铁芯由硅钢片叠压而成。在铁芯上装有一个短路环作为减振器,使铁芯中产生不同相位的磁通量,以减少交流接触器吸合时的振动和噪声。

(2) 触点系统。触点系统用来直接接通和分断所控制的电路,分主触点和辅助触点。为了使触点接触得更紧密,减少接触电阻,并消除开始接触时发生的有害振动,在触点上安装接触弹簧,以加大触点闭合时的相互压力。

(3) 灭弧装置。灭弧装置用来熄灭主触点在切断电路时产生的电弧,保护触点不受电弧灼伤。

(4) 弹簧。弹簧有反作用弹簧、缓冲弹簧。

2) 交流接触器的结构型号及含义

(1) 型号及含义。

交流接触器的型号及含义如下:

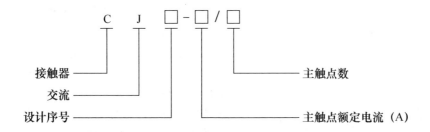

(2) 电器符号。

接触器图形、符号如图 2-50 所示。

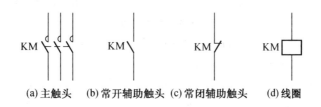

图 2-50 接触器图形、符号表示

3) 接触器的选择原则

(1) 应根据电路中负载电流的种类来选择接触器的类型。如果直流电动机或直流负载的容量较小,也可选用交流接触器来控制,但触点的额定电流应选得大一些。

(2) 根据电动机的额定电压、额定电流,选择接触器主触点的额定电压和额定电流。在频繁启动的场合,接触器的主触点额定电流应降一个等级。

(3) 选择触点的数目:主触点的数目应满足电气线路的要求。

(4) 选择的接触器吸引线圈的工作电压与控制线路、电源电压相等。

6. 热继电器

热继电器是利用电流的热效应原理来切断电路保护的电器。

1）热继电器的结构

热继电器由热元件、双金属片、触点和传动机构组成。

2）热继电器的工作原理

热继电器的热元件与主电路串联。当电动机电流超过额定电流时，双金属片受热弯曲推动操作机构，操作机构使热继电器的触点动作，常闭触点断开切断电动机的控制电路，从而实现对电动机的过载保护。

3）热继电器的型号及含义

（1）型号及含义。

热继电器的型号及含义如下：

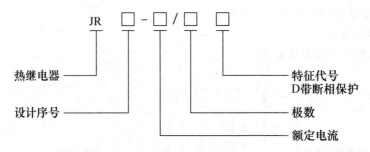

（2）电器符号。

热继电器的电器符号如图 2-51 所示。

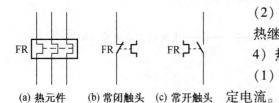

图 2-51 热继电器图形、符号表示

4）热继电器的选择原则

（1）热元件的额定电流等级略大于电动机的额定电流。

（2）热继电器的电流整定值一般整定到与电动机额定值相等。

（3）对于过载能力较差的电动机，其所选热继电器的额定电流应适当小一些，整定电流调整到电动机额定电流的 60%~80%。

（4）对于冲击性负载（如冲床等）或电动机启动时间较长及环境温度高的场所，电流整定值为电动机额定电流的 1.1~1.15 倍。

7. 主令电器

主令电器是接通和分断控制电路，用来"发命令"的控制电器。主令电器应用广泛，常用的有按钮、行程开关、万能转换开关、主令控制器等。

1）按钮

按钮是一种手动且可自动复位或人工复位的电器。按钮由按钮帽、复位弹簧、挤式触点、外壳及接线端组成。按钮具体形式有按钮式、旋钮式、钥匙式和紧急式等。

（1）型号及含义。

按钮的型号及含义如下：

按钮不同结构形式，可用如下字母表示：蘑菇钮用 J 表示；带灯钮用 D 表示；旋转钮用 X 表示；钥匙钮用 Y 表示；无字的是平钮。

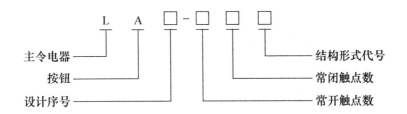

(2) 电器符号。

按钮的电器符号如图 2-52 所示。

(3) 按钮的选择原则：

①根据使用场合的不同选择控制按钮的种类，如开启式、防水式、防腐式等。

②根据用途的不同选用合适的形式，如钥匙式、紧急式、带灯式等。

图 2-52 按钮图形、符号表示

③按控制回路需要，确定不同的按钮数，如单钮、双钮、三钮、多钮等。

④按工作状态指示和工作情况的要求，选择按钮及指示灯的颜色。

2) 限位开关

限位开关由操作头、触头系统、外壳组成。操作头可分为直动式和滚动式 – 单轮或双轮；触头系统有常开和常闭触点；限位开关有 LX19、JLXK1 等系列。

(1) 型号及含义。

限位开关型号及含义如下：

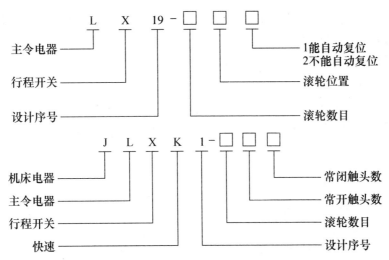

(2) 电器符号。

限位开关的电器符号如图 2-53 所示。

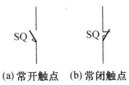

图 2-53 限位开关图形、符号表示

第二节 煤矿安全用电基础知识

一、井下电气设备的防爆

（一）煤矿井下电气防爆通用要求

1. 矿用电气设备的类型

煤矿井下使用的电气设备可分为两大类，即矿用一般型电气设备和矿用防爆型电气设备。

1）矿用一般型电气设备

矿用一般型电气设备是专为煤矿井下生产的不防爆的电气设备。对矿用一般型电气设备的基本要求是：外壳封闭、坚固，防滴、防溅、防潮性能好，能防止从外部直接触及带电部分，有专门接线盒，有防止带电打开的机械闭锁装置。

由于矿用一般型电气设备不防爆，所以只能用于没有瓦斯、煤尘爆炸危险的矿井。在有瓦斯、煤尘爆炸危险的矿井，只能用于井底车场、总进风巷等通风良好、瓦斯煤尘爆炸危险性很小的场所。

矿用一般型电气设备外壳上均有清晰的标志"KY"。

2）矿用防爆型电气设备

矿用防爆型电气设备是指按照国家标准设计制造、不会引起周围爆炸性混合物爆炸的电气设备。

根据现行国家标准（GB 3836.1—2000）《爆炸性气体环境用电气设备 第1部分：通用要求》，防爆型电气设备分为隔爆型（d）、增安型（e）、本质安全型（i）、正压型（p）、充油型（o）、充砂型（q）、浇封型（m）、无火花型（n）、气密型（h）、特殊型（s）。

隔爆型电气设备是煤矿井下使用数量最多的一种防爆电气设备。

防爆型电气设备外壳上均有清晰的标志"Ex"，矿用隔爆型电气设备的防爆标志为"ExdI"。

2. 防爆设备的类别及要求

1）类别

为了正确选用防爆电气设备，必须了解防爆电气设备的类别。防爆电气设备按使用环境的不同分为两大类：

Ⅰ类：用于煤矿井下的电气设备，主要用于含有甲烷混合物的爆炸性环境。

Ⅱ类：用于工厂的防爆电气设备，主要用于除甲烷外的其他各种爆炸性混合物环境。

2）电气间隙和爬电距离

由于煤矿井下空气潮湿、粉尘较多、环境温度较高，严重影响电气设备的绝缘性能。为了避免电气设备由于绝缘强度降低而产生短路电弧、火花放电等现象，对电气设备的爬电距离和电气间隙做出了规定。

电气间隙和爬电距离是既有区别又有联系的两个不同概念。电气间隙是指两个裸露的导体之间的最短空气距离，即在电气设备中有电位差的相邻金属之间，通过空气介质的最短距离。电气间隙通常包括带电零件之间、带电零件与接地零件之间的最短空气距离，带电零件与易碰零件之间的最短空气距离。只有满足电气间隙的要求，裸露导体之间与它们对地之间才不会发生击穿放电，才能保证电气设备的安全运行。

爬电距离是指两个导体之间沿固体绝缘材料表面的最短距离，即在电气设备中具有电位差的相邻金属零件之间，沿绝缘表面的最短距离。爬电距离是由电气设备的额定电压、绝缘材料的耐泄痕性能，以及绝缘材料表面形状变化等因素决定的。额定电压越高，爬电距离就越大；反之，就越小。

3）防爆电气设备外壳的防护等级

电气设备应具有坚固的外壳，外壳应具有一定的防护能力，达到一定的防护等级标准。防护等级以防外物和防水能力为标准进行划分。防外物具有防止外部固体进入设备内部和防止人体触及设备内部的带电或运动部分的性能。防水具有防止外部水分进入设备内部的性能。防护等级用字母 IPXX 来标志，XX 是两位数字。如：IP43 中的 IP 是外壳防护等级标志，第一位数字 4 表示防外物 4 级，第二位数字 3 表示防水 3 级。数字越大表示等级越高，要求越严格。防外物共分 7 级，防水共分 9 级。

4）防爆电气设备的通用要求

不同类型的防爆电气设备具有不同的特性，因此需要对它们做出专用规定。但作为防爆电气设备，其应具有共同的特性，这一共同特性是对防爆电气设备的通用要求。无论何种类型的电气设备都必须在符合通用要求和专用规定的前提下，才能保证其防爆性能。通用要求主要包括防爆电气设备使用的环境温度，对外壳、紧固件、连锁装置、绝缘套管、接线盒、连接件、引入装置及接地的要求等。

（1）防爆电气设备使用的环境温度为 $-20 \sim 40$ ℃，环境气压为 $(0.8 \sim 1.1) \times 10^5$ Pa。

（2）防爆电气设备如采用塑料外壳，须采用不燃性或难燃性材料制成，并保证塑料表面的绝缘电阻不大于 1×10^9 Ω，以防静电积聚；必须进行冲击试验和热稳定试验。

（3）防爆电气设备限制使用铝合金外壳，防止其与锈铁摩擦产生大量热能，形成危险温度。

（4）紧固件是防爆电气设备的主要零件。常用的紧固件是由螺栓、螺母及防松用的弹簧垫组成。对于一些防爆电气设备必须用特殊紧固件，如隔爆型电气设备外壳各部分的连接必须用护圈式紧固件，以防无关人员随意打开外壳，使外壳失去防爆性能。使用护圈式紧固件应符合以下要求：①螺栓头或螺母要放在护圈内，并且只能使用专用工具才能打开；②紧固后的螺栓头或螺母的上平面不能超出护圈；③各种规格螺栓的直径、护圈高度、护圈直径应符合有关规定；④护圈可设开口，开口的圆心角不大于 120°；⑤护圈要与主体牢固连在一起。无论何种紧固件都应采用不锈钢材料制成或经防锈处理。

（5）为防止电气设备误操作造成事故，防爆电气设备应设置连锁装置。连锁装置在设备带电时，设备可拆卸部分不能拆卸。当可拆卸部分拆开时，设备不能送电，以确保安全。

（6）对于固定在设备外壳隔板上、用来使导线穿过隔板的绝缘套管，必须用不易吸湿的绝缘材料制成，绝缘套管的使用不能改变电气设备的防爆形式。如果绝缘套管或电气设备需要使用胶结剂，胶结剂必须具有抗机械、热和化学的能力。

（7）为了保证电气设备导线和电缆连接牢固，防止电气设备运行中产生火花、电弧，引燃爆炸性混合物，对正常运行产生火花、电弧或危险温度的电气设备，功率大于250 W或电流大于5 A的Ⅰ类电气设备，其电缆和导线的连接都应使用接线盒和连接件。接线盒的形式根据使用环境及有关技术要求确定。接线盒应符合下列条件：接线盒内要留有导线弯曲半径的空间；接线盒内裸露导体间的电气间隙、爬电距离要符合相应防爆类型的有关规定；为防止电弧、闪络现象，接线盒内壁应涂耐弧漆。

（8）连接件置于接线盒内，供引入电缆或电线接线用，又称接线端子。连接件要有足够的机械强度和结构尺寸，导线连接可靠，以保证在振动和温度的影响下，连接不松动，不产生火花、过热或接触不良等现象。对于与铝芯电缆连接的连接件要用铜铝过渡接头。

（9）引入装置是防爆电气设备外电路的电缆或电线进入设备内的过渡装置，是防爆电气设备最薄弱的环节，因此引入装置的密封是十分重要的。常用引入装置的密封有三种形式：①密封圈式引入装置，该种引入方式应用最广泛，包括压盘式引入装置和压紧螺母式引入装置两种；②浇封固化填料密封式电缆引入装置；③金属密封环式引入装置。引入装置所用密封圈的材料应由弹性好、不易老化、不易龟裂的橡胶材料或其他类似材料制成，其邵尔硬度应达到45°～55°。密封圈只有硬度适宜，才能起到密封和防松作用。引入装置必须具有防松和防止拔脱功能。

（10）为了防止电气设备外壳带电时，发生人身触电或对地放电，引起周围可燃性气体混合物爆炸，防爆电气设备必须进行良好接地。电气设备的接地装置主要包括设备金属外壳的外接地端子和设备接线盒内的内接地端子。内外接地端子都应标接地符号。接地零件要用不锈钢材料制成或经防锈处理。无论是内接地端子，还是外接地端子，所选用的规格必须与电气设备容量相匹配，设备功率越大，所用接线端子直径应越大。对于便携式或运行中需要移动的电气设备，可不设置接地装置，但必须使用有接地芯线的电缆。其外壳与接地芯线连接，并与井下总接地网可靠连接。

（11）无论采用何种形式的防爆电气设备，都应有明显的防爆标志。防爆标志由防爆电气设备的类型、类别、级别、组别和防爆设备的总标志"Ex"构成。矿用电气设备没有级别和组别之分，因此，不用引出级别和组别。单一型防爆电气设备标志需标出具体防爆形式。例如，"ExdⅠ"表示是Ⅰ类隔爆型防爆电气设备；"Exi$_b$Ⅰ"表示是Ⅰ类本质安全型、i$_b$等级的防爆电气设备。复合式防爆电气设备必须先标出主体防爆形式，后标出其他防爆形式。例如，"ExdiⅠ"表示是Ⅰ类隔爆兼本质安全型防爆电气设备。复合型电气设备，还应分别在不同防爆形式的外壳上标出相应的防爆形式。防爆标志一定要制作在防爆电气设备的最明显处，其标志牌可铆接或焊接在外壳上，也可采用凹纹标志。防爆型电气设备必须设置铭牌，在铭牌的右上方标出"Ex"字样。铭牌应包括以下内容：防爆标志（形式、类别、级别、温度等）、防爆合格证编号，其他要标出的特殊条件，有关防爆形式专用标准规定的附加标志，出厂日期或产品编号。铭牌可用青铜或不锈钢制成，厚度应不小于1 mm。标志应清晰可见，经久耐用且不褪色。

5）矿用防爆电气设备的特殊要求

由于煤矿井下环境潮湿，还有煤块、岩石冒落的危险，并存在爆炸性混合物。因此用于煤矿井下的电气设备应具有以下特点：

（1）电气设备的外壳应具有一定的防护能力。

（2）具有良好的防潮性能，以确保电气设备具有良好的绝缘性能。

（3）各种类型的电气设备在满足技术要求的前提下，应尽量减小体积、减轻重量、便于操作、维修方便，以适合井下工作环境狭小的特点。

（4）无论何种形式的防爆电气设备，必须具有良好的防爆性能。

6）井下电气设备的选用

按《煤矿安全规程》的规定，选用井下电气设备必须符合表2-4的要求。

表2-4 井下电气设备选用规定

设备类别	突出矿井和瓦斯喷出区域	高瓦斯矿井、低瓦斯矿井				
		井底车场、中央变电所、总进风巷和主要进风巷		翻车机硐室	采区进风巷	总回风巷、主要回风巷、采区回风巷、采掘工作面和工作面进、回风巷
		低瓦斯矿井	高瓦斯矿井			
高低压电机和电气设备	矿用防爆型（增安型除外）	矿用一般型	矿用一般型	矿用防爆型	矿用防爆型	矿用防爆型（增安型除外）
照明灯具	矿用防爆型（增安型除外）	矿用一般型	矿用防爆型	矿用防爆型	矿用防爆型	矿用防爆型（矿用增安型除外）
检测、监测、通信、自动控制的仪表、仪器	矿用防爆型（增安型除外）	矿用一般型	矿用防爆型	矿用防爆型	矿用防爆型	矿用防爆型（增安型除外）

注：1. 使用架线电机车运输的巷道中及沿巷道的机电设备硐室内可以采用矿用一般型电气设备（包括照明灯具、检测、监测、通信、自动控制的仪表、仪器）。
2. 突出矿井的井底车场的主泵房内，可使用矿用增安型电动机。
3. 突出矿井应采用本安型矿灯。
4. 远距离传输的监控、通信信号应采用本安型，动力载波信号除外。
5. 在爆炸性环境中使用的设备应采用 EPL Ma 保护级别。非煤矿专用的便携式电气测量仪表，必须在瓦斯浓度 1.0% 以下的地点使用，并实时监测使用环境的瓦斯浓度。

（二）防爆设备的类型、标志及适用条件

1. 隔爆型电气设备的隔爆原理、防爆标志、性能及特点

1）隔爆原理

隔爆型电气设备的隔爆原理：将电气设备的带电部件放在特制的外壳内，该外壳具有将壳内电气部件产生的火花和电弧与壳外爆炸性混合物隔离的功能，并能承受进入壳内的爆炸性混合物被壳内电气设备的火花、电弧引爆时所产生的爆炸压力，而外壳不被破坏。同时，能防止壳内爆炸生成物向壳外爆炸性混合物传爆，不会引起壳外爆炸性混合物燃烧和爆炸。这种特殊的外壳称为"隔爆外壳"。具有隔爆外壳的电气设备称为隔爆型电气设备。隔爆型电气设备具有良好的隔爆和耐爆性能，被广泛用于煤矿井下等具有爆炸性的场所。

2）防爆标志

隔爆型电气设备的标志为"d"，标志全称为"ExdI"。

其中,"Ex"为防爆设备的总标志;"I"表示I类,为煤矿井下用电气设备。

3) 性能

由隔爆型电气设备的防爆原理可知,隔爆外壳应具有耐爆性能和隔爆性能。所谓耐爆性能是指外壳能承受壳内爆炸性混合物爆炸时所产生的爆炸压力,而本身不产生破坏和危险变形的能力。所谓隔爆性能是指外壳内爆炸性混合物爆炸时喷出的火焰,不引起壳外可燃性混合物爆炸的性能。为了实现隔爆外壳耐爆和隔爆性能,对隔爆外壳的形状、材质、容积、结构等均有特殊的要求。

4) 特点

隔爆型电气设备有一个坚固的外壳,这种外壳除了可将其内部的火花、电弧与隔爆外壳环境中的混合爆炸物隔离以外,还有一定的机械强度。接合面结构的形式有平面形结构、圆筒形结构、平面加圆筒结构、曲路结构、圆筒螺纹结构、衬垫结构、叠片、微孔结构和金属网结构。

2. 矿用隔爆型电气设备的失爆现象、原因及预防措施

1) 井下常见的失爆现象

矿用电气设备的隔爆外壳失去了耐爆性或隔爆性就称作失爆。一台已经失爆的防爆电气设备,如果其内部发生爆炸,必将因外壳炸坏而直接引起壳外的爆炸性气体爆炸;或者,从各部缝隙中喷出的高温气体或火焰会引起壳外的爆炸性气体爆炸。这些均是十分危险的。煤矿井下常见的失爆现象如下:

(1) 隔爆接合面严重锈蚀,有较大的机械伤痕凹坑,连接螺钉没有压紧,使隔爆电气的间隙超过规定值而失爆。

(2) 因矸石冒落下砸,支架变形挤压,搬运过程中产生严重碰撞,使外壳严重变形;因隔爆外壳上的盖板、连接嘴、接线盒的连接螺钉折断、螺扣损坏,连接螺钉不全等,使机械强度达不到规定的要求而失爆。

(3) 不经批准随便增加隔爆外壳元件或部件,使电气间隙和爬电距离小于规定值,造成经外壳相间弧光接地短路,使外壳烧穿而失爆。

(4) 连接电缆没有使用合格的密封圈或未用密封圈,电缆橡胶护套伸入内腔壁长度未达到规定值,以及不用的电缆接线孔没有使用合格的封堵挡板而引起失爆。

(5) 接线柱、绝缘座烧毁,使两个空腔连通,内部爆炸时产生过高压力,而使外壳失爆。

(6) 隔爆外壳因焊缝开焊、有裂纹而失爆。

失爆均是由于安装、运行、维修质量不符合标准,或产品质量不符合要求引起的。因此,必须严格保证质量,才能防止失爆。

2) 矿用隔爆型电气设备的失爆原因

造成电气设备隔爆外壳失爆的原因复杂多样,现从常见的原因来加以分析。

(1) 电气设备在下井前是安全可靠的,但运行到一定程度或由于维护和定期检修不妥当,防护层脱落,往往使隔爆面上出现砂泥、灰尘等杂物。某些用螺钉紧固的平面对口接合面上也会出现凹坑,有可能使隔爆面间隙增大。为此,要求检修人员定期维护、除去接合面上的砂泥、灰尘等杂物。

(2) 井下电气设备由于移动或搬运不当而发生磕碰,使外壳变形或产生严重的机械

伤痕；或在使用中也很可能发生碰击现象，严重时可能增加接合面间隙。因此，在搬运和使用中要特别小心。

（3）电气设备装配时产生严重的机械伤痕，这是由于装配前隔爆面上铁屑、焊釉等杂质未清除干净，造成隔爆面被划伤，在转盖式结构的接合面上特别容易发生这种现象。因此，在装配时要事先清除接合面上的铁屑等杂物。

（4）由于井下潮湿，隔爆面上产生锈蚀。一般井下湿度大，钢制零件容易氧化而产生锈蚀斑点，损伤光洁度，在发生瓦斯爆炸的过程中，铁锈易将灼热的火焰带出，而引起矿井瓦斯爆炸。为此，应经常加强维护，采取冷磷化处理或涂凡士林油的方法来防腐。

（5）由于不熟悉设备的性能，在装卸过程中未采用专用工具或发生误操作。如拆卸防爆电动机端盖时，为了省事而用器械敲打，可能将端盖打坏或产生不明显的裂纹，可能发生失爆现象。

（6）拆卸时零部件没有打钢印标记，待装配时没有对号而误认为是可互换的，造成间隙过小。间隙过小可能造成活动接合面摩擦，破坏隔爆面，所以，每个零部件一定要打钢印标记，装配时对号选配。

（7）螺钉紧固的隔爆面，由于螺孔深度过浅或螺钉太长，而不能很好地紧固零件。为此，装配前应检查螺孔是否有杂质、螺扣是否完好，发现问题，应及时处理。

（8）由于工作人员对防爆理论、知识掌握不牢，对各种规程不能正确贯彻执行，以及对设备的隔爆要求马虎大意，均可能造成失爆。为此，应加大对理论知识和规程的学习力度，克服麻痹大意的思想，这是检修人员和技术工作者的责任。

3）矿用隔爆型电气设备失爆的预防措施

加强隔爆型电气设备的综合管理、维修工作，及时排除故障，是防止隔爆型电气设备失爆的重要环节。忽视了这一工作，将导致设备失去防爆性能，处于"失爆"状态，就可能发生因电火花引起的瓦斯、煤尘爆炸事故，后果不堪设想。为此，对矿用隔爆型电气设备必须加强管理、认真维修，做到管好、用好、保养好。具体预防措施如下：

（1）坚持管理、装备、培训并重的原则。

（2）当设备使用时间超过寿命期或过于陈旧时，要更换新设备或进行现代化改装。

（3）定期对防爆设备进行管理，做好检查督促工作，严禁使用失爆设备。

3. 隔爆电气设备的管理

1）下井前的检查

设备出厂，除按规程规定和质量标准的要求，做好绝缘特性试验检查外，下井前，还要作一般性检查，检查内容如下：

（1）检查零、部件是否齐全、完整。

（2）检查隔爆外壳是否涂有防腐油漆，大、中修设备必须重新涂防腐油漆（铝制外壳除外）。

（3）检查隔爆外壳、接线箱、底座等是否变形、走样。轻微凹凸不平，不能超过完好标准。

（4）要通电试运转，看开、停、吸合动作是否灵敏可靠，运行是否正常，有无杂音。

（5）检查各进出线嘴是否封堵。要有合格的密封胶圈、铁垫圈和挡板，放置顺序：最里为密封胶圈，中间为挡板，最外是铁垫圈。线嘴要拧紧。

(6) 检查隔爆面是否有锈蚀和机械伤痕,是否涂有防锈油脂。隔爆面不能有锈,最好进行磷化处理,光洁度要符合要求。针孔、划痕等机械伤痕应不超过规定。

(7) 检查隔爆间隙是否符合要求,对每台设备的隔爆面都要逐一测量。

2) 搬运中应注意的事项

井下尤其是采掘工作面,因空间较小,起吊、搬运设备条件较差,所以设备装车、卸车、搬运工作比较困难,有的地方甚至全靠人力运输。因此,能否把防爆电气设备安全运送到使用地点,是保证其防爆性能关键的一环。在搬运过程中,要注意以下事项:

(1) 电气设备装车时,要轻装轻放,不要乱扔乱摔。为避免运输中电气设备在车内滚动磕碰,要用木板等物垫好、挤好。外露接合面,如采煤机电机的端面、电动机轴头,要用木板或专用铝制外罩加以保护,以免损伤。低压防爆开关等,要用闭锁螺丝将转盖锁住,避免转盖滑脱、内部进水、进灰尘。

(2) 在主运输巷内,用电机车等设备运输时,速度不宜过快,防止掉道碰车,损坏设备。

(3) 卸车时,不能"大撒把",要注意不要把接线嘴、接线盒手把、仪表碰坏。电气设备临时存放地点不能有积水、淋水。

(4) 采掘工作面内一般采用绞车、推车等运搬设备。由于巷道高矮弯直不同,极易刮碰设备的突出部分,如螺丝、轴头、手把、接线盒等,而这些部位恰恰是影响隔爆性能的关键部位。螺丝如果被刮断,有的在井下可以处理,有的则需上井处理。所以,搬运时要有专人护送,随时注意是否有刮碰发生。在坡度大的上山、工作面搬运电气设备时,要用绳索拴住设备,防止其自行滑落。

3) 使用中的管理工作

(1) 运行中的隔爆电气设备周围环境要干燥、整洁,不能堆积杂物和浮煤,保持通风良好。顶板要插严背实,有可靠的支架,防止矸石冒落砸坏设备;底板有积水的地方,要疏通水沟,及时排出。底板潮湿时,要用非可燃性材质做底架,将设备垫起。避不开的淋水,要搭设防水槽,避免淋水淋到电气设备上。设备上的煤尘要及时清扫。

(2) 备用的隔爆电气设备、零部件要齐全,螺丝拧紧,大小线嘴要有密封胶圈、垫圈,并用挡板堵好。外露螺丝要涂油防锈。隔爆面要涂防锈油。存放地点要安全、干燥,且便于运输。设备上要挂上明显的"备用"标志牌,备用设备的零件不允许任意拆用。

(3) 因急需或倒装需用拆下来、未经上井检修的隔爆电气设备时,要在井下现场进行小修。更换老旧螺丝和失效的弹簧垫圈,擦净隔爆腔内的煤尘、电弧、铜末、潮气,修理接线柱丝扣、变形的卡爪,修理或更换烧灼的触头,防爆面除锈、擦拭涂油,并用欧姆表测量其三相之间、相地之间的绝缘情况,检查是否符合规程要求。用塞尺测量隔爆间隙是否符合要求,合格后方可使用。不经检修,零件不全,螺丝折断,绝缘、防爆间隙不符合要求的设备,不准使用。

(4) 设备使用要合理,保护要齐全。增加设备容量要办理手续,要有专人掌握负荷情况。采掘生产变化大引起的负荷电流忽高忽低,这个问题要引起注意。例如刮板输送机铺设长度要适当,采煤机的牵引速度要合理控制,装煤机、装岩机的操作要合理。这样,可防止电气设备因过载而烧毁,或因保护装置失灵而引起冒火造成的重大事故。

(5) 为了及时排除设备故障,保证设备隔爆性能良好,井下使用单位必须在现场准备一定数量的备件和材料。如各种接线嘴、接线盒、接线柱、绝缘套管、卡爪、接线座、触头、螺丝、弹簧圈、密封胶圈、垫圈、按钮、漆布、胶布、砂布等。要做到备件和材料数量足够、质量合格、及时补充、专人保管。

（6）虽然设备隔爆、备件合格，但如果没有专用工具和合理的操作规程，设备仍有可能"不防爆"。所以，井下电工必须配备专用工具。不常用的特殊工具，如手摇钻、丝锥、板牙、万能套管、万能表、兆欧表等，也要以工作面为单位准备一套。要教育电工按操作规程使用，努力提高技术水平，工作符合质量标准。

4）设备上井

拆下不用的隔爆电气设备，要及时组织运往井上，进行检修，以防电气设备长期积压，造成设备的锈蚀、损坏，给检修工作带来困难。

拆下的电气设备，要保持零部件齐全，不准随意拆套，力求达到设备"完好"。电气设备的下运、装车、上井，要由专人负责，不能碰坏零件，也不能图轻巧，将设备拆散上井。电气设备有些部位要加以保护，使其完整无缺。

4. 本质安全型电气设备

1）本质安全型电气设备的防爆原理

本质安全型电气设备的防爆原理：通过限制电气设备电路的各种参数，或采取保护措施，来限制电路的火花放电能量，使其在正常工作和规定的故障状态下产生的电火花和热效应，均不能点燃周围环境中的爆炸性混合物，从而实现电气防爆。这种电气设备的电路本身就具有防爆性能，也就是从"本质"上是安全的，故称为本质安全型（以下简称本安型）电气设备。采用本安型电路的电气设备称为本质安全型电气设备。

本质安全型电气设备分为单一式和复合式两种形式。单一式本安型电气设备是指电气设备的全部电路都是由本质安全电路组成的，如便携式仪表多为单一式。复合式本质安全型电气设备是指电气设备的部分电路是本质安全电路，另一部分是非本安电路，如隔爆兼本质安全型电源。

2）本质安全型电气设备的防爆级别

本安型电气设备根据安全程度的不同分为 i_a 和 i_b 两个等级。i_a 等级是指电路在正常工作和 1 个或 2 个故障时，都不能点燃爆炸性气体混合物的电气设备。当正常工作时，安全系数为 2；1 个故障时，安全系数为 1.5，2 个故障时，安全系数为 1。i_b 等级是指正常工作和 1 个故障时，不能点燃爆炸性气体混合物的电气设备。当正常工作时，安全系数为 2；1 个故障时，安全系数为 1.5。

从安全等级划分标准中可以看出，i_a 等级的本质安全型电气设备的安全程度高于 i_b 等级。从技术要求上看，i_a 等级的本质安全型电气设备比 i_b 等级的本质安全型电气设备要求更高、更严。本质安全型电气设备的标志为"i"，标志全称为"ExiI"。

3）本质安全型电气设备的性能

本质安全型电路是设计制造本质安全型电气设备的关键所在。本质安全电路是指在电路设计时通过合理选择电气参数，使电路在规定的试验条件下，无论是正常工作，还是在规定的故障状态下，产生的电火花和热效应都不能点燃额定的爆炸性混合物的电路。

4）相关概念

（1）"规定的试验条件"是指在考虑了各种最不利因素（这包括一定的安全系数、试验介质的浓度等）的试验条件。

（2）"电火花"是指电路中触点动作火花（包括按钮、开关、接触器接点、各种控制接点等所产生的火花），电路短路、断路或接地时所产生的电火花，以及静电和摩擦产生的火花。

（3）"热效应"是指电气元件、导线过热形成的表面温度、热能量和电热体的表面温度、热能量。

（4）"正常工作"是指本质安全型电气设备在设计规定的条件下工作。

（5）"规定的故障状态"是指除"可靠元件或组件"外，所有与本质安全性能有关的电气元件损坏或电路连接发生的故障，如电气元件短接、晶体管或电容被击穿、线圈匝间短路等均为规定的故障状态。

（6）"可靠元件或组件"是指在使用、存储和运输期间不会出现影响本质安全电路安全性能的故障元件或组件。

5）本质安全型电气设备的分类、电源及特点

（1）本质安全型电气设备的分类。

本质安全型电气设备有单一式和复合式两种类型。单一式本质安全型电气设备是指电气设备的全部电路都是由本质安全电路组成的，如便携式仪表、防爆电话机等多为单一式。复合式本质安全型电气设备是指电气设备的部分电路是本质安全电路，另一部分为非本质安全电路，如隔爆兼本质安全型电源。单一式本质安全型电气设备的外壳可采用金属、塑料及合金制成。外壳必须具有一定的强度，并具备一定的防尘、防水、防外物能力。对一般环境使用的设备，其防护等级不低于 IP20；对用于有腐蚀性环境的外壳，应具有防化学腐蚀能力。对用于采掘面工作的电气设备，其外壳防护等级应达到 IP54。使用塑料外壳时，要防止产生静电，且塑料外壳的材质要采用不燃性或难燃性材料制成。采用合金外壳的材质中含镁量不超过 0.5%，以防止由于摩擦产生危险火花。

（2）本质安全型电气设备的电源。

本质安全型电气设备的电源有两种，即独立电源和外接电源。独立电源是指干电池、蓄电池、光电池和化学电池等。外接电源是指经电网引入、经电源变压器供电的电源。常用的独立电源是干电池和蓄电池，这是电阻性电路的电源。如果电池的实际最大短路电流不超过最大安全电流，那么电池可作为本质安全电源直接使用；如果最大短路电流超过了设计允许值，则应串联限流电阻后，方可使用。

煤矿井下使用的本质安全型电气设备的电源大多数是从电网引入，经电源变压器变压整流后的电源，一般为隔爆兼本质安全型。对于电源变压器的输入绕组，应设有熔断器或断路保护装置，变压器铁芯要接地。变压器的本安电路接线端子与非本安端子应分两侧布置，以防碰触和击穿，其电气间隙和爬电距离应符合具体规定。电源变压器绕组的分布可采用以下 3 种方式：①向本安电路供电的绕组与其他绕组分开布置；②向本安电路供电的绕组与其他绕组内外分布，但在两种绕组间要采取加强绝缘的措施，并按规定进行变压器的绝缘耐压试验；③本安电路供电的绕组与其他绕组内外分布，但在两绕组间要用铜质接地屏蔽层隔离，屏蔽层可用铜（或铜箔）导线绕组，且屏蔽层要一端接地，屏蔽层厚度应符合规定。

（3）本质安全型电气设备结构特点：

本质安全型电气设备结构简单、体积小、重量轻、维修方便、投资少、安全可靠。本安型电气设备是一种比较理想的防爆设备，在满足技术要求的情况下，应优先选用。

（三）隔爆电气设备的完好标准

1. 低压隔爆开关防爆性能标准

1）隔爆接合面完好标准

隔爆接合面完好标准必须符合表2-5和表2-6的要求。

表2-5 静止隔爆接合面的规定尺寸

隔爆空腔净容积/L	<0.5	0.5~2	>2
间隙/mm	≤0.3	≤0.4	≤0.5
接合面长度/mm	≥8	≥12.5	≥25
接合面内缘至螺栓孔距/mm	≥6	≥8	≥10

表2-6 活动隔爆接合面的规定尺寸

隔爆空腔净容积/L		<0.5	≥0.5
接合面长度/mm		≥12.5	≥25
接合面直径差/mm	操纵杆及孔	≤0.3	≤0.5
	电机轴及轴孔	≤0.4	≤0.6

2）操纵杆（圆筒）直径与隔爆接合面长度

操纵杆（圆筒）直径与隔爆接合面长度，必须符合表2-7的规定。

表2-7 操纵杆（圆筒）直径与隔爆接合面的结构参数　　　　　　　　mm

操纵杆直径 d	隔爆接合面长度 L	操纵杆直径 d	隔爆接合面长度 L
$d≤6$	$L≥6$	$d>25$	$L≥25$
$6<d≤25$	$L≥d$		

3）表面粗糙度

隔爆接合面表面粗糙度不大于6.3，操纵杆的表面粗糙度不大于3.2。

4）螺纹隔爆结构

螺纹隔爆结构：螺纹精度不低于3级，螺距不小于0.7mm，螺纹的最小啮合扣数、最小拧入深度符合表2-8的规定。

表2-8 螺纹的最小啮合扣数、最小拧入深度

外壳净容积 V/L	最小拧入深度/mm	最小啮合扣数
$V≤0.1$	5.0	
$0.1<V≤2.0$	9.5	6
$V>2.0$	12.5	

5）隔爆接合面的法兰减薄厚度

隔爆接合面的法兰减薄厚度，应不大于原设计规定的维修余量。

6）缺陷或机械伤痕两侧凸起部分磨平厚度

将隔爆接合面的缺陷或机械伤痕两侧高于无伤表面的凸起部分磨平，不得超过下列规定：

（1）局部出现的直径不大于 1 mm、深度不大于 2 mm 的砂眼。在 40、25、15 mm 宽的隔爆面上，每平方厘米不得超过 5 个砂眼；10 mm 宽的隔爆面上，不得超过 2 个砂眼。

（2）产生的机械伤痕，宽度与深度不大于 0.5 mm，长度应保证剩余无伤隔爆面有效长度不小于规定长度的 2/3。

7）隔爆面要求

隔爆面不得有锈蚀或污染，应涂防锈油或进行磷化处理。如有锈迹，用棉纱擦拭后，留有呈青褐色氧化亚铁痕迹，用手摸无感觉者算合格。

8）隔爆接合面的固定

用螺栓固定的隔爆接合面，其紧固程度应以压平弹簧垫圈不松动为合格。

9）窗孔胶封

观察窗孔胶封，其透明度良好、无破损、无裂纹。

2. 矿用防爆型低压交流真空开关检修标准

矿用防爆型低压交流真空开关，包括矿用隔爆型低压交流真空馈电开关和矿用隔爆型低压交流真空电磁启动器。

1）隔爆面的冷磷化

电气设备隔爆面的冷磷化处理，就是在金属表面用磷酸盐溶液进行金属磷化，使其表面形成一层磷化薄膜来防止井下各种有害气体对金属表面的锈蚀，起到保护隔爆面的作用。

冷磷化的方法：清理隔爆面，使其全部露出金属本色，将磷化膏在金属表面均匀涂一层，然后再均匀加厚 2~3 mm（不能留气孔、气泡），再在 10~20 ℃ 的温度下保持 90~130 min（环境温度高时取较短时间）后，先将磷化膏刮下一块观察颜色，正常后（棕色或粉红色）再全部刮去并清理干净，使金属表面呈现一层色泽均匀的磷化膜。为提高防腐蚀能力，可再涂一层很薄的防锈油脂。

2）主电路及控制电路

（1）真空断路器三相触头接触的不同期性应符合生产厂家技术文件要求。

（2）真空断路器触头允许最大磨损量不大于 2 mm。

（3）控制变压器变比，符合设计要求，铁芯无松动、无局部过热现象。

（4）控制电路接线正确、整齐、紧固、标识清晰。

（5）抽屉式开关芯架滑动灵活，机械闭锁可靠。

（6）开关内部电源侧应设置有"带电危险"警示标志的绝缘隔离盖板，隔离盖板完整、可靠。

3）外形结构

（1）开关所有黑色金属部件（电磁铁的工作面除外）均应有可靠的防锈蚀措施。主腔与接线盒内壁涂耐弧漆。

（2）开关操作手柄闭合和断开位置有清晰的指示标志，并且能实现可靠的定位。

（3）开关的分闸（停止）按钮应为红色。

（4）连锁装置：

①馈电开关门盖与断路器之间的连锁机构完好可靠，必须保证只有馈电开关处于断开位置，主腔才能打开；主腔打开后，正规操作，不能使馈电开关闭合送电。

②电磁启动器的隔离或隔离换向开关与隔爆外壳的机械连锁，保证隔离处于断开位置时，主腔才能打开；主腔打开后，正规操作，不能使隔离开关闭合；隔离开关与真空接触器之间的电气连锁，保证只有真空接触器控制电路断开时，隔离开关才能转换位置。

4）保护装置

（1）固定式熔断器无灼痕，铜帽接合严密，铆钉无松动。刀闸接触长度不小于刀闸宽度的80%，螺纹接合式熔断器应旋合紧固。

（2）电磁启动器用热继电器做过载保护时，其特性应符合表2-9的规定。用电子保护器做过载保护时，电磁元件分断时间为8~12 ms。

表2-9 热继电器过载保护技术要求

过载电流/整定电流	动作时间（热元件）	起 始 状 态	周围环境温度/℃
1.05	>1 h（I_e≤63 A） >1 h（I_e>63 A）	冷态	A
1.20	<20 min	热态	
1.5	<3 min	热态	A±20
6	≥5 s	冷态	A±20

（3）电磁启动器的断相保护技术要求应符合表2-10的规定。

表2-10 电磁启动器的断相保护技术要求

序号	过载电流/整定电流		动作时间（热元件）	起 始 状 态	周围环境温度/℃
	任意两相	第三相			
1	1.0	0.9	>1 h（I_e≤63 A） >2 h（I_e>63 A）	冷态	±20
2	1.15	0	<20 min	热态	±20

（4）主电路漏电保护和闭锁保护：

①真空启动器的漏电闭锁保护：当主电路对地绝缘电阻降到表2-11动作值时，应实现主电路漏电闭锁；当对地绝缘电阻上升到动作值的1.5倍时，应解除主电路漏电闭锁。

②馈电开关的漏电保护和漏电闭锁保护性能符合表2-11规定。

表 2-11 漏电保护和漏电闭锁保护技术要求

主电路额定工作电压/V	漏电动作电阻整定值/kΩ	单相漏电闭锁整定值/kΩ	1 kΩ 电阻动作时间/ms	动作值允许误差/%
380	3.5	7	≤80	±20
660	11	22	≤80	±20
1140	22	44	≤50	±20

5）馈电开关脱扣器

（1）过电流脱扣。馈电开关的定时限或瞬动过电流脱扣器的动作特性应符合表 2-12 规定，动作值与整定值的误差不大于 ±10%。

表 2-12 整定脱扣器的动作特性

脱扣器类别	过电流整定值的倍数	动作时间/s
瞬动脱扣	0.8	>0.03 不动作
	1.2	≤0.03 动作
定时限脱扣	0.8	定时限延时的 2 倍不动作
	1.2	定时限延时的 2 倍内动作

（2）反时限过载脱扣。电子脱扣器的整定值应为脱扣器额定电流的 0.4~1 倍，动作特性符合表 2-13 规定。

表 2-13 反时限脱扣器的动作特性

过载电流/整定电流	动作时间	脱扣器状态
1.05	2 h 不动作	冷态
1.2	0.2~1 h	热态
1.5	90~180 s	热态
2.0	45~90 s	热态
4.0	14~45 s	热态
6.0	8~14 s	冷态

热过载长延时脱扣器的整定范围应为脱扣器额定电流的 0.7~1 倍，动作特性应符合表 2-14 规定，并根据环境温度，按产品技术要求进行修正。

（3）分励脱扣。在额定控制电压的 70%~110% 范围内，分励脱扣能使馈电开关跳闸。

（4）欠电压脱扣。当欠电压脱扣器的电压在其额定控制电压的 70%~35% 范围内时，能使馈电开关跳闸。延时可调范围分为 1 s、2 s、3 s 三种，其准确等级分 10%、20%、30% 三种。

（5）操作过电压保护。电磁启动器采用阻容保护等形式，过电压值（应为 $2U_e$）符合生产厂家技术文件要求。馈电开关过电压峰值不应大于用电设备额定电压的2.6倍。

表2-14 热过载长延时脱扣器的动作特性

过载电流/整定电流	动作时间	脱扣器状态
1.05	1 h 不动作（$I_e \leq 63$ A） 2 h 不动作（$I_e > 63$ A）	冷态（30 ℃）
1.5	1 h 内动作（$I_e \leq 63$ A） 2 h 内动作（$I_e > 63$ A）	热态

6) 主腔内电气间隙和爬电距离

（1）电气间隙。馈电开关和电磁启动器主腔内主电路的电气间隙符合表2-15的规定。

表2-15 馈电开关和电磁启动器主腔内主电路的电气间隙

由电源系统额定电压确定的相对相电压（交流有效值）/V	额定冲击耐受电压推荐值（1.2/50 μs，200 m 的 U_{imp}）/kV	电磁启动器主腔最小电气间隙/mm	馈电开关主腔最小电气间隙/mm
50	0.5	0.8	0.8
100	0.8	0.8	0.8
150	1.5	1.5	0.8
300	2.5	3.0	1.5
600	4.0	5.5	3.0
1000	6.0	8.0	5.5
1200	8.0	14.0	8.0

（2）爬电距离。馈电开关和电磁启动器的主腔内爬电距离不小于表2-16的规定。

表2-16 馈电开关和电磁启动器的主腔内爬电距离

额定绝缘电压或工作电压（交流有效值）/V	爬电距离/mm		
	Ⅰ*	Ⅱ*	Ⅲ$_a$*
$U_i \leq 40$	1.4	1.6	1.8
$40 < U_i \leq 63$	1.6	1.8	2.0
$63 < U_i \leq 127$（125）	1.9	2.1	2.4
127（125）$< U_i \leq 250$	3.2	3.6	4.0
$250 < U_i \leq 400$	5.0	5.6	6.3
$400 < U_i \leq 660$	8.0	9.0	10.0
$660 < U_i \leq 1200$	16.0	18.0	20.0

注：Ⅰ*、Ⅱ*、Ⅲ$_a$*为绝缘材料按它们的相比漏电起痕指数（CTI）划分的组别。当 CTI>600，为Ⅰ*级；当 400<CTI<600，为Ⅱ*组；当 175<CTI<400，为Ⅲ$_a$*组。

(3) 应检验 JDB 型综合保护器保护特性,使其符合生产厂家技术文件要求,动作灵敏可靠。

7) 操作与试验

(1) 主电路和绝缘电阻值:用 500 V 或 1000 V 兆欧表测得数值。380 V 及 660 V,不低于 100 MΩ;1140 V,不低于 200 MΩ。用 500 V 兆欧表测量 36 V 控制电路,不低于 5 MΩ。

(2) 交流耐压试验:主电路额定电压为 380 V 时,试验电压为 2000 V;660 V 时,为 2500 V;1140 V 时,为 3000 V。控制电路的试验电压为 1000 V,在 1 min 内无击穿现象为合格。

(3) 在额定控制电源电压的 75%~110% 之间热态范围内的任何值,真空启动器应能可靠闭合。在额定控制电源电压的 20%~60%,真空启动器应能释放。

(4) 在额定容量下,通电 30 min,介质温度在 25 ℃ 时,各导电部分的温度不超过 70 ℃。

(5) 矿用防爆型开关应按开关原有的多种保护功能进行试验,并应达到保护性能要求。

3. 低压隔爆真空开关检修、验收标准

1) 紧固件

(1) 螺纹连接件和锁紧件必须齐全、牢固可靠,螺栓头部和螺母不得有铲伤或棱角严重变形情况。

(2) 螺母必须拧紧。螺栓的螺纹应露出螺母 1~3 个螺距,不得在螺母下加垫多余的垫圈,来减少螺栓的伸出长度。

(3) 同一部位的紧固件规格必须一致。易松动部位的螺母,必须加弹簧垫圈或采取其他防松措施。

(4) 弹簧垫圈应有足够的弹性。

2) 机体部分

(1) 外壳无变形、无开焊、无锈蚀,托架无严重变形。

(2) 操作手柄位置正确、扳动灵活,与操作轴连接牢固,无虚动作。

(3) 磁力启动器的按钮与手柄、壳盖的闭锁关系正确可靠,并有警告标志。

(4) 接地螺栓、接地线完整、齐全,接地标志明显。

3) 隔爆性能

(1) 隔爆接合面的表面粗糙度不大于 6.3。

(2) 隔爆接合面的法兰减薄厚度,应不大于原设计规定的维修余量。

(3) 隔爆接合面的缺陷或机械伤痕有关要求。将隔爆接合面伤痕两侧高于无伤表面的凸起部分磨平后,不得超过下列规定:

①隔爆面上对局部出现的直径不大于 1 mm、深度不大于 2 mm 的砂眼,在 40、25、15 mm 宽的隔爆面上,每平方厘米不得超过 5 个;10 mm 宽的隔爆面上,不得超过 2 个。

②产生的机械伤痕的宽度与深度不大于 0.5 mm,其长度应保证剩余无伤隔爆面有效长度不小于规定长度的 2/3。

(4) 隔爆接合面不得有锈蚀及油漆,应涂防锈油或进行磷化处理。如有锈迹,用棉纱擦净后，若留有呈青褐色氧化亚铁云状痕迹，用手摸无感觉者仍算合格。

(5) 用螺栓固定的隔爆接合面，其紧固程度应以压平弹簧垫圈不松动为合格。

4) 触头

(1) 主触头、辅助触头接触良好，接触面积不小于60%，触头接触不同期性不大于0.2 ms。

(2) 触头无严重烧损。

(3) 真空管开距、超行程符合出厂要求，无变色、无漏气。

5) 消弧罩

(1) 零件齐全、完整，无裂纹。

(2) 消弧片数量符合出厂规定。

6) 隔离刀闸开关

(1) 隔离刀闸开关接触良好，插入深度不小于闸刀宽度的2/3，接触面积应不小于刀闸的75%。

(2) 刀闸的开合位置、动作方向与手柄协调一致。

7) 导线、带电螺栓

(1) 导线绝缘无破损老化，绝缘性能良好。绝缘电阻：电压1140 V时，不低于5 MΩ；电压660 V时，不低于2 MΩ；电压380 V时，不低于1 MΩ。

(2) 配线整齐、清楚，开关内部导线不得有接头。

(3) 开关漏出的带电螺栓应用绝缘材料封堵好。

8) 保护装置

(1) 继电保护装置动作灵敏可靠，试验整定合格。

(2) 熔断管无严重烧焦痕迹，无裂纹。熔体容量选用合适。

9) 标志

MA等铭牌及其他各类标志，完好清晰。

二、井下电网保护

(一)《煤矿安全规程》对井下电网的相关规定

(1) 井下电力网的短路电流不得超过其控制用的断路器的开断能力，并应校验电缆的热稳定性。

(2) 井下高压电动机、动力变压器的高压控制设备，应具有短路、过负荷、接地和欠压释放保护。井下由采区变电所、移动变电站或配电点引出的馈电线上，必须具有短路、过负荷和漏电保护。低压电动机的控制设备，必须具备短路、过负荷、单相断线、漏电闭锁保护及远程控制功能。

(3) 井下配电网路（变压器馈出线路、电动机等）必须具有过流、短路保护装置；必须用该配电网路的最大三相短路电流校验开关设备的分断能力和动、热稳定性以及电缆的热稳定性；采用速熔保护的必须正确选择熔断器的熔体。

必须用最小两相短路电流校验保护装置的可靠动作系数。保护装置必须保证配电网路中最大容量的电气设备或同时工作成组的电气设备能够启动。

(4) 矿井6000 V及以上高压电网，必须采取措施限制单相接地电容电流，生产矿井不超过 20 A，新建矿井不超过 10 A。

井上、下变电所的高压馈电线上，必须具备有选择性的单相接地保护；向移动变电站和电动机供电的高压馈电线上，必须具有选择性的动作于跳闸的单相接地保护。

井下低压馈电线上，必须装设检漏保护装置或有选择性的漏电保护装置，保证自动切断漏电的馈电线路。

每天必须对低压漏电保护进行 1 次跳闸试验。

(5) 直接向井下供电的馈电线路上，严禁装设自动重合闸。手动合闸时，必须事先同井下联系。

(6) 电压在 36 V 以上和由于绝缘损坏可能带有危险电压的电气设备的金属外壳、构架，铠装电缆的钢带（或钢丝）、铅皮或屏蔽护套等必须有保护接地。

(7) 任一组主接地极断开时，井下总接地网上任一保护接地点的接地电阻值，不得超过 2 Ω。每一移动式和手持式电气设备至局部接地极之间的保护接地用的电缆芯线和接地连接导线的电阻值，不得超过 1 Ω。

(8) 所有电气设备的保护接地装置（包括电缆的铠装、铅皮、接地芯线）和局部接地装置，应与主接地极连接成 1 个总接地网。

主接地极应在主、副水仓中各埋设 1 块。主接地极应用耐腐蚀的钢板制成，其面积不得小于 0.75 m²、厚度不得小于 5 mm。

在钻孔中敷设的电缆和地面直接分区供电的电缆，不能与井下主接地极连接时，应单独形成分区总接地网，其接地电阻值不得超过 2 Ω。

(9) 下列地点应装设局部接地极：

①采区变电所（包括移动变电站和移动变压器）。

②装有电气设备的硐室和单独装设的高压电气设备。

③低压配电点或装有 3 台以上电气设备的地点。

④无低压配电点的采煤工作面的运输巷、回风巷、胶带运输巷以及由变电所单独供电的掘进工作面，至少应分别设置 1 个局部接地极。

⑤连接高压动力电缆的金属连接装置。

局部接地极可设置于巷道水沟内或其他就近的潮湿处。

设置在水沟中的局部接地极应用面积不小于 0.6 m²、厚度不小于 3 mm 的钢板或具有同等有效面积的钢管制成，并应平放于水沟深处。

设置在其他地点的局部接地极，可用直径不小于 35 mm、长度不小于 1.5 m 的钢管制成，管上应至少钻 20 个直径不小于 5 mm 的透孔，并垂直全部埋入底板；也可用直径不小于 22 mm、长度为 1 m 的 2 根钢管制成，每根管上应钻 10 个直径不小于 5 mm 的透孔，2 根钢管相距不得小于 5 m，并联后垂直埋入底板，垂直埋深不得小于 0.75 m。

(10) 连接主接地极母线，应采用截面不小于 50 mm² 的铜线，或截面不小于 100 mm² 耐腐蚀的铁线，或厚度不小于 4 mm、截面不小于 100 mm² 耐腐蚀的扁钢。

电气设备的外壳与接地母线、辅助接地母线或局部接地极的连接，电缆连接装置两头的铠装、铅皮的连接，应采用截面不小于 25 mm² 的铜线，或截面不小于 50 mm² 耐腐蚀的铁线，或厚度不小于 4 mm、截面不小于 50 mm² 耐腐蚀的扁钢。

(二) 煤矿井下三大保护

1. 漏电保护

随着煤矿井下用电设备数量的增多和电压的升级，供电与用电的安全问题日益突出。其中，漏电故障具有危害大、发生率高、突发性强、分布范围广、不易察觉等特点，成为影响电力系统安全运行的重要因素。漏电保护设施可以监测电力系统的运行状况，一旦漏电发生，保护设施可以有效控制故障的发展，避免事态进一步恶化。

1) 漏电故障

(1) 漏电的原因。

①电缆、电气设备自身的原因。该漏电原因对应的外在表象有：

a. 电缆在井下长期运行时，绝缘老化、受潮，导致绝缘性能下降。

b. 电动机工作时，绕组绝缘受热膨胀，停机后的绕组绝缘冷却收缩，长期使用的结果是绝缘材料出现缝隙，潮气容易侵入，导致对地绝缘电阻降低。

②操作、维修不当。该漏电原因对应的外在表象有：

a. 采掘机械迁移时，对电缆防护不当，导致电缆受到挤、压等外力，影响其绝缘性能。

b. 对检修后的电气设备送电时，由于内部残留多余的零部件或遗留金属工具，导致带电部分和外壳之间的电气距离过小，或二者直接接触。

c. 过载保护动作整定值不合理，导致过载长期存在，使绝缘受损。

③施工、安装不当。该漏电原因对应的外在表象有：

a. 电缆与设备连接时，相线与地线接反。

b. 电缆冷补或热补时，操作工艺有误或使用的材质低下，影响绝缘性能。

c. 将电气设备安设在有淋水或其他易使设备受潮的地方。

④管理不当。该漏电原因对应的外在表象有：

a. 购入并使用质量低劣的设备、电缆，其绝缘性能往往不能满足要求。

b. 电缆长期浸泡在水中或被埋压，没有及时处理。

(2) 漏电对煤矿安全生产的危害。

①产生过电压或造成相间短路。当发生单相间歇性电弧接地时，由于接地电流不大，往往不能产生稳定的电弧。当电流经过零点而暂时熄弧后，在故障相的电压恢复上升到足够高的时候，电弧又立即重燃。这种间歇性电弧现象会导致电磁能量的振荡和积聚，并在正常相及系统中性点间产生弧光接地过电压，危及电网与设备的绝缘。在间歇性电弦现象持续过程中，单相接地还可能发展成两相接地短路。

②造成人身触电。漏电故障具有隐蔽性，如果保护功能不完善，容易导致人身触电。

③提前引爆雷管。当漏电发生在爆破作业场所附近，且漏电电流足够大时，有可能提前引爆雷管，并造成严重的人员伤亡。

④引爆瓦斯。在 660 V 供电系统中，漏电电流达到 42 mA 时，其产生的电火花的能量足以引爆超限的瓦斯。

(3) 预防漏电故障的措施。

①严禁电气设备及电缆长期过负荷运行。

②导线连接要牢固，无毛刺，防松装置要完好，连接方式要正确。

③维修电气设备时要按规程操作，检修结束后要认真检查，严禁将工具和材料等导电

体遗留在电气设备中。

④避免电缆、电气设备浸泡在水中,防止电缆受到挤压、碰撞、过度弯曲、划伤、刺伤等机械损伤。

⑤不在电气设备中增加额外部件,若必须设置时,需符合有关规定要求。

⑥设置保护接地装置。

⑦设置漏电保护装置。漏电保护装置应能连续监测电网的绝缘状态,并且只监视电网对地的绝缘电阻值,而不反映其绝缘电阻值。当电网绝缘电阻降低到规定值时,快速切断供电电源。当电网的绝缘电阻对称下降或不对称下降时,其动作电阻值不变。其动作电阻值不应受电源电压波动的影响,并具有自检功能。漏电保护装置的检测电路的电阻应足够大,不应降低电网对地的阻抗和不增加人身触电危险。漏电保护装置必须灵敏可靠,既不能拒动,也不能误动。漏电保护装置应能对电网对地电容电流进行补偿,减小人体触电电流。漏电保护装置在电网送电之前应对电网的绝缘状态进行监测,一旦发现漏电,将电源开关闭锁。漏电保护装置动作应有选择性,以缩小停电范围。将漏电保护装置与屏蔽电缆配合使用,当相线绝缘损坏发生漏电时,通过屏蔽层接地,而且屏蔽层外部有绝缘外护套保护。因此,在漏电火花还未外露之前,漏电保护装置就已动作,切断电源,从根本上杜绝在空气中出现漏电火花的可能性,即实现了超前切断功能。

2)漏电保护

漏电保护是煤矿井下安全供电的三大保护之一,在控制漏电的危害方面,其地位举足轻重。

(1)漏电保护方式:

从漏电保护的基本原理上看,常见的漏电保护方式主要有两种,即附加直流电源保护方式和零序电流保护方式。

①附加直流电源保护方式。

a. 基本原理:

当电网中发生人身触电时,检测回路发生变化。由于触电人体对电网对地绝缘电阻的影响,导致检测电流数值增大,并使直流继电器动作,最终检漏继电器通过控制开关切断电源,实现漏电保护。

b. 电容电流补偿:

矿用低压电缆用橡胶、聚氯乙烯塑料或其他高分子聚合物(也成电介质)作护套。电介质在外电场的作用下会发生分布电容现象,形成电网分布电容。电网分布电容与电缆长度成正比。流经交流电网分布电容的电流称为电网的电容电流。

当电缆长度小于 1 km 时,电网分布电容的影响很小,可以忽略。但实际工作中,矿井中使用的电缆数量大,分布电容的影响不可忽视。

检漏继电器中的零序电感器的作用是形成感性电流,利用容性电流与感性电流在相位上的关系,实现补偿。补偿方法:检查瓦斯后,断电打开继电器盒,在电源进线端子的任何一相与大地之间接入一交流毫安表(量程 0~500 mA)和 1 kΩ 电阻。送上电源后,调节零序电感器抽头,使毫安表的读数逐步减小,直至最小,此时达到最佳补偿状态。

上述属于静态补偿,由于补偿滞后,不能实现与电网分布电容变化的同步,因此补偿效果不理想。动态补偿可克服静态补偿的不足,即利用计算机进行自动检测和补偿。在正常情况下，由计算机对电网分布电容进行检测。从电网取得的分布电容信号，一路送到由反馈电路组成的细调补偿电路，另一路送到计算机检测系统的粗调补偿电路。细调补偿电路是由反馈电路直接去调节磁放大器的激磁电流来改变其电感，从而适应分布电容小幅度的变化。当电网分布电容变化超出细调范围时，计算机通过指令使执行电路的继电器动作，改变磁放大器的抽头，进行粗调补偿。

②零序电流保护方式。

a. 基本原理。

零序电流保护方式可以实现对漏电故障有选择地处理，在变压器中性点不接地的供电系统中，正常状态下电网三相电压对称，三相对地绝缘电阻和分布电容相同，变压器中性点对地电压为零。此时，电网中没有零序电压和零序电流产生。电网中的某条支路发生单相接地时，接地点通过其他两相对地绝缘电阻和分布电容返回电网。此时，故障相对地电压为零，其他两相对地电压等于线电压。单相接地时，电网线电压仍然平衡，不影响负荷的运行。由于三相对地电压不平衡，电网中出现零序电压和零序电流，零序电流在正常支路和故障支路中同时存在。其中，正常支路上的零序电流通过本支路对地电阻抗的零序电流，故障支路上的零序电流是本支路与正常支路的零序电流之和，并且正常支路与故障支路上零序电流的方向相反，由此可判断故障支路。在零序电流保护方式的实际运用中，综合利用了零序电压和零序电流两种采样信号，最终实现漏电故障的选择判断。

b. 旁路接地分流技术。

在利用零序电流保护方式实施漏电保护时，没有零序电感器，不能进行电容电流的补偿。为了提高漏电保护的安全性，通常采用旁路接地分流技术。

人身触及电网一相时，检测选相电路准确选定故障相，然后驱动故障相继电器动作，使故障相迅速通过电阻接地，起到旁路分流作用，使流经人体的电流大幅度减小，降低触电的危险。

（2）漏电闭锁：

漏电闭锁是指在开关合闸前对电网进行绝缘监测，当电网对地绝缘电阻值低于闭锁值时开关不能合闸，起闭锁作用。

（3）漏电保护装置的整定：

漏电继电器动作电阻值是以网路绝缘电阻为基准确定的，即当低压电网绝缘水平下降到对人触电有危险时，漏电继电器应动作，并切断电源。因此，把对人身触电有危险的电网极限绝缘电阻，定为漏电继电器的动作电阻。漏电保护和漏电闭锁装置的动作电阻按表2-17整定。

表2-17 漏电保护和漏电闭锁装置的动作电阻整定值

电压/V	漏电保护/kΩ	漏电闭锁/kΩ
1140	20	40
660	11	22
380	3.5	7
127	1.5	3

(4) 检漏保护装置的运行、维护和检修：

①值班电钳工应每天对检漏保护装置的运行情况进行检查和试验，并作记录。检查试验内容：观察欧姆表指示数值是否正常；安装位置是否平稳可靠，周围是否清洁，有无淋水；局部接地极和辅助接地极安设是否良好；外观检查防爆性能是否合格；用试验按钮对保护装置进行跳闸试验。

②电气维修工每月至少进行1次详细检查和修理，除了第①条规定的内容外，还应检查各处导线、元件是否良好，闭锁装置及继电器动作是否可靠，接头和触头是否良好，补偿是否达到最佳效果，防爆性能是否符合规定。

③在瓦斯检查员配合下，对运行中的检漏保护装置每月至少进行一次远方人工漏电跳闸试验。

④每年升井进行一次检漏保护装置的全面检修，检修后必须在地面进行详细检查、试验，符合要求后，方可下井使用。

⑤检漏保护装置的维护、检修及调试工作，应记入专门的运行记录本内。

2. 过电流保护

1) 过电流故障

过电流故障是指实际通过电气设备或电缆的工作电流超过额定电流值。常见的过电流故障有短路、过负荷、断相3种。

(1) 短路的危害与原因：

在煤矿井下发生的故障有两相短路和三相短路故障。短路属于最严重的过电流故障，对故障点周围的其他设备的正常运行造成很大的影响。短路点电弧中心温度达2500～4000℃，短时间可能会烧毁设备或电缆，引起电气火灾，甚至可导致瓦斯、煤尘爆炸。

造成短路的主要原因：

①绝缘击穿。由于绝缘老化、受潮，或接线头工艺不符合要求等问题，可能导致电缆绝缘被击穿。

②机械损伤。如对电缆或电气设备防护不当，致使其受外力作用而损伤。

③误操作。如将未停电线路当成停电线路，进行短路接地；对刚检修完毕的设备送电时，忘记拆除短路接地线。

(2) 过负荷的危害与原因：

过负荷是指电气设备或电缆的实际工作电流超过了额定电流值，而且超过了允许的过负荷时间。在煤矿井下，电动机长时间的过负荷会导致绝缘性能下降，进而影响电动机的使用寿命，它是造成井下中小型电动机烧毁的主要原因。

造成电动机过负荷的主要原因：

①电源电压过低。电源电压过低，会造成电动机工作电流加大。

②机械性堵转。如电动机轴承损坏或电动机所带负荷被卡，会造成过负荷。

③重载启动。重载启动时，启动时间长，会导致电动机温度升高。

(3) 断相的危害及原因：

断相是指三相供电线路或设备出现一相断线，多见于电动机断相。电动机在运行中断相后，仍会运转。由于机械负载不变，电动机的工作电流会比正常的工作电流大，引起过负荷。为与三相对称过负荷相区别，将断相也称作单相断线故障。

造成断相的主要原因有：
①熔断器一相熔断。
②电缆与电缆或电缆与设备未可靠连接。
③电缆芯线中有一相断电。

2）过电流保护装置

过电流保护包括短路保护、过负荷保护和断相保护等。目前，煤矿井下低压电网过流保护装置主要有电磁式过流继电器、热继电器、熔断器等。

矿井低压供电系统中短路电流、过载电流和持续时间，决定了对供电系统中电气设备的危害程度，必须采取有效措施，将短路电流、过载电流的危害降低。为此，应采取以下措施：①正确选择和校验电气设备，其短路分断能力要大于所保护供电系统可能产生的最大短路电流；②正确整定过电流、短路电流保护装置，使其在短路故障发生时，保证过流装置能准确、可靠、迅速地切断故障。

对各种过流故障虽采用预防措施但仍有可能发生，所以对电气设备和馈电线路还必须设置过流保护装置。过流保护装置的额定电流或动作电流必须进行正确选择或整定，否则，不仅起不到保护作用，还能引起严重事故。

（1）熔断器：

熔断器的熔体通常用低熔点的铅、锡、锌合金制成，串接在被保护的电气设备的主回路中。当电气设备发生短路时，流过熔体的电流使熔体温度急剧升高并使它熔断，这样将故障路线与电源分开，达到保护的目的。严禁使用熔点较高的铁丝、铜丝等代替熔体，以防失去保护作用，造成电气设备烧毁等事故。

熔体额定电流的选择方法：

①对保护电缆支线的熔体，熔体额定电流可按下式进行计算：

$$I_R = \frac{I_{Qe}}{1.8 \sim 2.5} \qquad (2-55)$$

式中　　I_R——熔体额定电流，A；

　　　　I_{Qe}——电动机的额定启动电流（若被保护的是若干台同时启动的电动机，则应为这些电动机额定启动电流之和），A；

　　　　1.8～2.5——容量最大的电动机启动时保证熔体不熔化的系数：对不经常启动和轻载启动的电动机取 2.5，对频繁启动或带负载启动的电动机可取 1.8～2。

②对保护电缆干线的熔体，熔体额定电流可按下式进行计算：

$$I_R = \frac{I_{Qe}}{1.8 \sim 2.5} + \sum I_e \qquad (2-56)$$

式中　　I_{Qe}——容量最大的 1 台鼠笼电动机的额定启动电流，A；

　　　　$\sum I_e$——其余电动机额定电流之和，A。

③对保护照明负荷的熔体，熔体额定电流可按下式计算：

$$I_R \approx I_e \qquad (2-57)$$

式中　　I_e——照明负荷的额定电流，A。

为保证在熔断器保护范围内出现最小短路电流时熔体能可靠熔断，可按下式进行短路电流校验：

$$\frac{I_\mathrm{d}(2)}{I_\mathrm{R}} \geqslant (4 \sim 7) \tag{2-58}$$

式中　$I_\mathrm{d}(2)$——被保护范围末端的最小两相短路电流，A；

$(4\sim7)$——保证熔体及时熔断的系数。电压为380、660 V，熔体额定电流100 A及以下时，系数取7；熔体额定电流125 A时，系数取6.4；熔体额定电流160 A时，系数取5；熔体额定电流200 A及以上时，系数取4；电压为127 V时，系数取4。

（2）电磁式过电流继电器：

电磁式过电流继电器主要装设在DW系列框架式空气断路器，以及DZ系列空气断路器组成的矿用隔爆型馈电开关中，是一种直接动作的一次式过流继电器。其作为电压器二次侧总的或配出线路的短路保护装置，它的动作电流整定值，是靠改变弹簧的拉力进行均匀调节的，其调节范围一般是开关额定电流的1~3倍。当继电器的动作电流整定好后，只要流过继电器线圈的电流达到或超过整定值时，继电器就迅速动作。

①保护电缆支线的装置，熔体额定电流可按下式计算：

$$I_\mathrm{z} \geqslant I_{\mathrm{Qe}} \tag{2-59}$$

式中　I_z——电磁式过流继电器的整定动作电流，A；

I_{Qe}——电动机的额定启动电流，A。

②保护电缆干线的装置，熔体额定电流可按下式计算：

$$I_{\mathrm{dmin}(2)} > I_\mathrm{z} \geqslant I_{\mathrm{Qem}} + \sum I_\mathrm{d} \tag{2-60}$$

式中　I_{Qem}——容量最大的电动机额定启动电流，A；

I_z——过流继电器动作电流整定值，A；

$\sum I_\mathrm{d}$——其余电动机的额定电流之和，A。

③灵敏度校验：

$$K_\mathrm{s} = \frac{I_{\mathrm{dmin}(2)}}{I_\mathrm{R}} \geqslant 1.5 \tag{2-61}$$

式中　$I_{\mathrm{dmin}(2)}$——被保护范围末端的最小两相短路电流，A；

K_s——保证保护装置可靠动作的灵敏度系数。

（3）热继电器：

热继电器作为过载保护装置，对其基本要求是要有反时限的保护特性。所谓反时限保护特性是指过载程度越重，允许过载时间越短，反之，允许过载时间越长。动作延时随过载程度的增加而减少。为了取得反时限保护特性，在井下常用的是以双金属片为主体构成的热继电器。一方面，因为双金属片有热惯性，从设备开始出现过载到双金属片因受热而产生显著变形，以至于断开触点起保护作用，需要经过一段延时时间。另一方面，过载程度越高，双金属片的温度升高越快，动作延时时间越短；反之，则动作延时时间越长。

热继电器的整定电流计算：

①保护单台电动机时，整定电流按下式计算：

$$I_\mathrm{z} = I_\mathrm{e} \tag{2-62}$$

式中 I_z——热继电器的整定电流，A；

　　　I_e——电动机的额定电流，A。

②保护多台电动机时，整定电流按下式计算：

$$I_z = \sum I_e \tag{2-63}$$

式中 $\sum I_e$——各电动机的额定电流，A。

3）综合保护装置

(1) 电动机综合保护装置：

电动机综合保护装置是保证电动机安全运转的多功能综合保护装置。《煤矿安全规程》规定，低压电动机的控制设备，必须具备短路、过负荷、单相断线、漏电闭锁保护及远程控制功能。如 JDB 系列电动机综合保护器，具有过载反时限保护、断相保护、短路速动保护及漏电闭锁保护等功能。

JDB-120、JDB-225 型电动机综合保护器具有短路、过负荷、断相、漏电闭锁功能，可与 QBZ-80、QBZ-80N、QBZ-120、QBZ-200 型矿用隔爆型真空电磁启动器配合使用。它包括直流稳定电源、电压形成电路、过负荷保护电路、短路保护电路、断相保护电路，以及执行继电器电路等部分。

①JDB-120、JDB-225 型综合保护器的主要技术性能：

JDB-120、JDB-225 型综合保护器的主要技术性能见表 2-18。此外，该保护器的断电保护电路还具有三相电流不平衡保护能力。

表 2-18 JDB-120、JDB-225 型综合保护器的主要技术性能

名　称	刻度电流倍数	动作时间	复位方式	复位时间/min
过载保护	1.0	长期不动作	—	—
	1.2	3 min < t < 20 min	自动	小于 2
	1.5	1 min < t < 3 min	自动	小于 2
	6	8 s < t < 16 s	自动	小于 2
断相保护	1.05	t < 3 min	自动	小于 2
短路保护	8~10	0.25 s < t < 7.24 s	手动	—
漏电闭锁	660 V 时，一相对地绝缘电阻低于 (22±5) kΩ 时，拒绝启动			
	380 V 时，一相对地绝缘电阻低于 (7±2) kΩ 时，拒绝启动			
	漏电检测电流小于 1 mA			

②JDB-120、JDB-225 型综合保护器的电流速断：

利用端子和分压电阻，可改变综合保护器的电流保护范围，其值见表 2-19。

(2) 照明信号综合保护装置：

井下的照明装置除了矿工随身携带的矿灯以外，还有安装在巷道内的固定照明设施，即防爆灯，这些防爆灯的电压都是 127 V。由于井下的电源均是 660 V、1140 V，所以要为这些防爆灯提供电源，还需要一个降压变压器。由于井下环境特殊，除了要为这些防爆灯提供电源以外，还要进行短路、漏电等故障保护，由此照明信号综合保护装置，便应运而

表 2-19 综合保护器的电流保护范围

型 号	分挡电流/A	刻度电流/A										
		1	2	3	4	5	6	7	8	9	10	11
JDB-120	30~60	30	33	36	39	42	45	48	51	54	57	60
	60~120	60	66	72	78	84	90	96	102	108	114	120
JDB-225	55~110	55	60	65	70	75	80	85	90	95	100	110
	110~220	110	120	130	140	150	160	170	180	190	200	220

生。我们也常称照明信号综合保护装置为照明综保。照明综保除了向照明灯提供电源以外，它还可以向井下语音信号装置提供电源和保护。

照明综保的内部主要由两大部分组成，一个是降压变压器，另一个是具有漏电、短路、过载等保护功能的磁力启动器。

降压变压器，即主变压器。照明综保的主变压器有 4 kV·A 和 2.5 kV·A 两种。它们只是容量上的区别，其外形结构均一样。容量大的，可以带更多的负载。照明综保的型号有 ZXB-2.5 型、ZXB-4 型，型号中的 2.5 和 4 指主变压器的容量。

照明综保主变压器安装在壳体的最里面。其接线端子标有高压 380 V/660 V 的为一次侧，使用电缆线连接到隔离开关上；标有低压 127 V 的为低压侧，使用电缆线连接到照明综保本体上。

照明综保接线图如图 2-54 所示。

照明综保的工作电路包括主回路和控制回路。主回路有变压器、交流接触器、隔离开关等，为照明和信号提供 127 V 电源，在接线室有 5 个接线柱，照明用 3 个，信号用 2 个；控制回路能够在漏电、短路、过载、绝缘下降等故障时动作，进行闭锁保护。

现代化矿井应用较多的智能型矿用隔爆照明信号综保装置，使用 WZB-7 型计算机监控保护装置，其主要用于煤矿井下交流 50 Hz，额定电压 380、660、1140 V，额定电流值为 400 A 三相中性点不接地电网中，作为总开关、分支开关或大容量电动机不频繁启动控制。作为总开关使用时，具有三相对称性漏电和漏电闭锁保护功能，作为分开关漏电保护的后备保护；作为分开关使用时，具有选择性漏电保护与漏电闭锁保护功能；过流保护具有反时限特性，近端出口短路采用大电流、无压释放保护电路。装置集控制、保护、监测、通信于一体，通信规则灵活，可与其他自动化设备或系统接口。其主要特点如下：

以 16 片单片机为核心，辅以工业级外围芯片，精密小型互感器，小型专用继电器，以及科学的算法，保护可靠灵敏，测量精度高。采用多种抗干扰措施，使装置具有极高的抗干扰能力。在装置的设计上，采用标准化、模块化硬件设计，高精度的 A/D 转换，电源为交流电，电压为 50~265 V。在用户界面上，采用大屏幕液晶、汉化显示、自动背光、菜单式操作指示，对重要操作均授权密码，极大地方便了用户操作，有效防止了误操作的发生。智能型照明信号综保装置能存储两套电流整定值供用户选择，并可实现在线查询、修改功能；具备事件顺序记录及事件遥测、遥信远传等功能；具备完备的自检功能，可将故障定位到主要芯片。装置分别配有带隔离 RS-485/RS-232 标准异步通信接口，通信可采用通信电缆线。

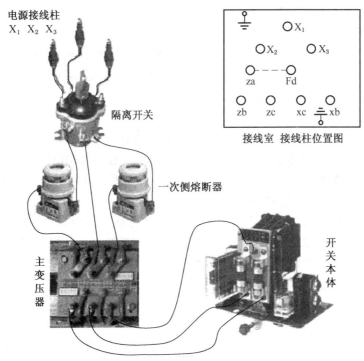

图 2-54 照明综保接线图

智能型照明信号综保装置操作程序：合上隔离开关，主变压器得电，二次输出交流 127 V 电压，一方面为照明和信号回路提供工作电源，另一方面为控制回路和 WZB-7 保护器供电。这时综合保护器 WZB-7 得电，工作灯亮，给出信号指示，进行各项功能的自检。若线路正常，其保护触点闭合，为启动做好准备。按下启动按钮，真空接触器得电吸合并自保。合位灯亮，给出相应的信号指示。127 V 主线路接通，照明和信号回路正常工作。按下停止按钮，切断控制回路，真空接触器跳闸。合位和事件灯熄灭，工作灯亮，给出相应的信号指示。127 V 主线路断开，照明和信号回路被切断。

3. 保护接地

1) 保护接地的作用

运行中的电气设备，其外壳对地不应出现电位。如果内部出现绝缘损坏，导致一相碰壳漏电，会使其金属外壳出现对地电压。同时，与电气设备接触的其他金属物上也会出现这类情况，对周围工作人员的安全构成威胁。在这种情况下，安装保护接地是一种有效的安全措施。保护接地是将电气设备在正常情况下不带电、但有可能带危险电压（36 V以上）的金属外壳、构架等，与埋设在地下或水沟中的接地极连接，这样，可减小漏电时外壳、构架等对地电压。在煤矿井下，保护接地通过分流作用，可以有效降低人身触电危险，减少漏电故障引起瓦斯爆炸的概率。

2）井下保护接地系统

井下单独装设的保护接地装置接地电阻大、可靠性低，没有完全避免人体触电的危险。因此，《煤矿安全规程》规定，所有电气设备的保护接地装置（包括电缆的铠装、铅皮、接地芯线）和局部接地装置，应与主接地极连接成1个总接地网。

形成井下保护接地系统后，接地电阻大幅降低。接地电阻越小，分流作用越明显。

(1) 主接地极的安装。

主接地极应在主、副水仓中各埋设一块，采用耐腐蚀钢板制成，其面积不得小于 0.75 m^2，厚度不得小于5 mm。考虑井下水呈酸性，应视腐蚀情况，适当加大钢板厚度或镀上耐酸金属。主接地极与接地导线必须焊接。

(2) 局部接地极的安装

除了在主、副水仓中设置主接地极外，在其他地点设置的接地极统称为局部接地极。局部接地极可设置在巷道水沟内或其他就近潮湿处。设置在水沟内的局部接地极，应用面积不小于 0.6 m^2、厚度不小于3 mm的钢板，或具有同等有效面积的钢管制成，并应平放于水沟深处。设置在其他地点的局部接地极，可用直径不小于35 mm、埋在地下部分的长度不小于1.5 m的钢管制成，管上应至少钻20个直径不小于5 mm的透孔，并垂直埋在底板。也可用直径不小于22 mm、长度为1 m的两根钢管制成，每根钢管上应钻10个直径不小于5 mm的透孔，两根钢管相距不得小于5 m，并联后垂直埋入底板，垂直埋深不得小于0.75 m。双接地极提高了局部接地极的安全性，特别是在狭窄的巷道中，敷设更简单易行。

(3) 接地线的连接。

①接地母线。接地母线用来连接主接地极，应采用截面面积不小于50 mm^2 的铜线，或截面面积不小于100 mm^2 的镀锌铁线，或厚度不小于4 mm、截面面积不小于100 mm^2 的扁钢。

②接地导线、连接导线。电气设备的外壳与接地母线或局部接地极连接，电缆装置两头的铠装、铅皮的连接，应采用截面面积不小于25 mm^2 的铜线，或截面面积不小于50 mm^2 的镀锌铁线，或厚度不小于4 mm、截面面积不小于50 mm^2 的扁钢。

橡套电缆的接地芯线，除用作监测接地回路外，不得兼作他用。

3）接地装置的检查与测定

(1) 接地装置的检查：

①安装后的检查：

a. 检查各部分的选材是否符合规定，井下禁用铝导体做接地极、接地导线等。材质无误后，进一步检查极板面积、厚度、接地线截面是否符合要求。

b. 检查各连接处连接是否符合规定要求。采用焊接的，检查焊接有无缺陷，焊接长度是否符合要求，螺栓的规格是否符合要求，是否有弹簧垫圈，螺母是否拧紧。

c. 检查各电气设备的接地连接方法是否正确，保护固定设备、移动设备。严禁串联接地。

d. 测量接地网总电阻是否在规定的范围内。在任意一点测得的数值反映的接地网的接地电阻值，而不是局部接地网电阻值。若在某点测得值大于 2 Ω，则需要在附近并入一接地极，使测量结果控制在 2 Ω 以内。

② 运行中重点检查保护接地装置的连接和锈蚀情况：

凡有人值班的机电硐室和有专职司机负责的电气设备，交接班时必须由值班人员和专职司机对保护接地进行一次表面检查。其他设备的保护接地，则由维修人员每周进行一次表面检查。每年至少要将主接地极和局部接地极，从水仓或水沟中提出，详细检查一次。矿井水酸性较大时，应适当增加检查次数。对移动频繁或振动大的电气设备，应随时抽查。

发现电气设备的保护接地装置损坏，或有其他影响其保护性能的问题时，在没有修复前，禁止送电使用。

（2）接地电阻值的测定：

井下保护接地系统接地电阻值的测定，要由专人负责，每季至少检查一次，并将测量结果记入记录本内，以便查阅。

在井下测量时，应使用本安型测量表，如 ZC-18 型本安型接地电阻测量仪，若使用普通仪表，只准在瓦斯浓度在 1% 以下的地点使用，并采取一定的安全措施，报有关部门批准。

4）对保护接地的要求

接地电阻的大小，将直接影响到电气设备金属外壳对地电压的高低，而单个接地极很难达到安全的要求。因此，井下采用保护接地网，以尽量减小接地电阻的数值。《煤矿安全规程》对保护接地有如下要求：

（1）电压在 36 V 以上和由于绝缘损坏可能带有危险电压的电气设备的金属外壳、构架，铠装电缆的钢带（或钢丝）、铅皮或屏蔽护套等必须有保护接地。

（2）任一组主接地极断开时，井下总接地网上任一保护接地点的接地电阻值，不得超过 2 Ω。每一移动式和手持式电气设备至局部接地极之间的保护接地用的电缆芯线和接地连接导线的电阻值，不得超过 1 Ω。

（3）所有电气设备的保护接地装置（包括电缆的铠装、铅皮、接地芯线）和局部接地装置，应与主接地极连接成 1 个总接地网。

主接地极应在主、副水仓中各埋设 1 块。主接地极应用耐腐蚀的钢板制成，其面积不得小于 0.75 m^2、厚度不得小于 5 mm。

在钻孔中敷设的电缆和地面直接分区供电的电缆，不能与井下主接地极连接时，应单独形成分区总接地网，其接地电阻值不得超过 2 Ω。

（4）下列地点应装设局部接地极：

① 采区变电所（包括移动变电站和移动变压器）。

② 装有电气设备的硐室和单独装设的高压电气设备。

③低压配电点或装有 3 台以上电气设备的地点。

④无低压配电点的采煤工作面的运输巷、回风巷、胶带运输巷以及由变电所单独供电的掘进工作面,至少应分别设置 1 个局部接地极。

⑤连接高压动力电缆的金属连接装置。

局部接地极可设置在巷道水沟内或其他就近的潮湿处。

设置在水沟中的局部接地极应用面积不小于 0.6 m^2、厚度不小于 3 mm 的钢板或具有同等有效面积的钢管制成,并平放在水沟深处。

设置在其他地点的局部接地极,可用直径不小于 35 mm、长度不小于 1.5 m 的钢管制成,钢管上应至少钻 20 个直径不小于 5 mm 的透孔,并全部垂直埋入底板;也可用直径不小于 22 mm、长度为 1 m 的 2 根钢管制成,每根钢管上应钻 10 个直径不小于 5 mm 的透孔,2 根钢管间距不得小于 5 m,并联后垂直埋入底板,垂直埋深不得小于 0.75 m。

(5) 连接主接地极母线,应采用截面积不小于 50 mm^2 的铜线,或截面积不小于 100 mm^2 耐腐蚀的铁线,或厚度不小于 4 mm、截面积不小于 100 mm^2 耐腐蚀的扁钢。

电气设备的外壳与接地母线、辅助接地母线或局部接地极的连接,电缆连接装置两头的铠装、铅皮的连接,应采用截面积不小于 25 mm^2 的铜线,或截面积不小于 50 mm^2 耐腐蚀的铁线,或厚度不小于 4 mm、截面积不小于 50 mm^2 耐腐蚀的扁钢。

(6) 橡套电缆的接地芯线,除用作监测接地回路外,不得兼作他用。

三、触电与急救

(一) 触电

人的身体触及裸露的带电导体或因绝缘损坏而带电的电气设备的外壳、构架等,都会造成人身触电事故。触电对人体会造成严重危害,其直接危害可分为电伤和电击两种。

(1) 电伤是指电流通过人体某一局部时电弧烧伤人体,造成人体外部局部性伤害,一般容易治愈,严重时可使人致残,但一般不会致人死亡。

(2) 电击是指触电时电流流过人体内部器官和中枢神经,使内部器官的生理功能受到损害,如使心脏功能紊乱、呼吸活动变慢、肌肉强烈收缩、窒息等。发生电击,若抢救不及时或抢救方法不当,多数会致人死亡。

(二) 触电方式

人体触电的方式有多种,主要可分为直接接触触电和间接接触触电两种。

1. 直接接触触电

人体直接触及或过分靠近电气设备及线路的带电导体,而发生的触电现象称为直接接触触电。单相触电、两相触电、电弧伤害都属于直接接触触电。下面重点介绍前两种触电形式。

1) 单相触电

当人体直接接触带电的设备或线路的一相导体时,电流通过人体而发生的触电现象称为单相触电。根据电网中性点的接地方式,单相触电可分为两种情况:

(1) 中性点直接接地的电网条件下的单相触电。假设人体与大地接触良好,土壤电阻忽略不计。由于人体电阻比中性点工作接地电阻大得多,人体的电压几乎等于电网相电压,触电导致的结果将是十分严重的。

(2) 中性点不接地的电网条件下的单相触电。电流将从电源相线经人体、其他两相的对地阻抗（其由线路的绝缘电阻和对地电容构成）回到电源的中性点，从而形成回路。此时，通过人体的电流与线路的绝缘电阻和对地电容的数值有关。在低压电网中，对地电容很小，通过人体的电流主要取决于线路绝缘电阻。正常情况下，设备的绝缘电阻相当大，通过人体的电流很小，一般不至于对人体造成伤害。但当线路绝缘下降时，单相触电对人体的伤害依然存在。而在高压中性点不接地电网中，通过人体的电容电流将危及触电者的安全。

2）两相触电

人的身体同时接触两相电源导线，电流从一根导线经过人体流到另一根导线。此时，加在人体上的电压是线电压，这种情况最危险。

2. 间接接触触电

电气设备在正常运行时，其金属外壳或结构不带电。但当电气设备因绝缘损坏而发生接地短路故障时（俗称"碰壳"或"漏电"），其金属外壳或结构便带电压，此时人体触及就会发生触电，这种触电称为间接接触触电。

(三) 决定触电伤害程度的因素

通过对触电事故的分析和有关实验资料表明，触电对人体的伤害程度与以下几个因素有关：

(1) 通过人体的电流。触电时，通过人体的电流大小是决定对人体伤害程度高低的主要因素之一。通过人体的电流越大，人体的生理反应越强烈，对人体的伤害就越大。按照人体对电流的生理反应强弱和电流对人体的伤害程度，可将电流分为感知电流、摆脱电流和致命电流3种。

试验表明，通过人体的交流电超过 15 mA 时，会使人抽筋；到 50 mA 时，对人的生命已构成威胁；若增加到 100 mA 时，就会很快致人死亡。煤矿井下取 30 mA 作为人身触电电流的安全值。

(2) 电流通过人体的持续时间。在其他条件都相同时，电流通过人体的持续时间越长，对人体的伤害程度就越高。

(3) 电流通过人体的途径。电流通过人体的任一部位，都可能致人死亡。电流通过心脏、中枢神经（脑部和脊髓）、呼吸系统是最危险的。因此，从左手到前胸是最危险的电流路径，这时心脏、肺部、脊椎等重要器官都处于电路内，很容易因电流引起心室颤动和中枢神经失调而死亡。从右手到脚的路径，危险性小些。危险性最小的电流路径是从一只脚到另一只脚，但触电者可能会因痉挛而摔倒，导致电流通过全身或造成二次触电事故。

(4) 电流频率。通常来说，电流的频率不同，触电的伤害程度也不一样。直流电对人体的伤害较轻；$30 \sim 300$ Hz 的交流电，危害最大；超过 1000 Hz，其危险性会显著减小。频率在 20 kHz 以上的交流电对人体已无危害，所以在医疗临床上利用高频电流做理疗。电压过高的高频电流会使人触电致死。

(5) 人体状况。试验研究表明，触电危害性与人体状况有关。触电者的性别、年龄、健康状况、精神状态和人体电阻都会对触电后果产生影响。

(6) 电压状况。电压等级越高，危险性越大。

总之，在上述因素中，电流和持续时间是主要因素。为了确保人身安全，我国煤矿井下取 30 mA 作为人身触电时的极限安全电流，允许安秒值（即电流与时间的乘积）为 30 mA·s。

（四）安全电压

所谓安全电压，是指为防止触电事故而由特定电源供电时所采用的电压。这个电压系列的上限值，在任何情况下都不超过交流（50~500 Hz）有效值 50 V，具体电压数值，视环境条件确定。

由于电击的伤害程度高低是以电流的大小来衡量的，而人体电阻又各不相同，所以安全电压在一定范围内。对于一般环境，安全电压不应超过 36 V；存在高度触电危险的环境，以及特别潮湿的场所，安全电压为 12 V。我国煤矿井下的安全电压为 36 V。

（五）触电的预防

由于煤矿井下所处的特殊环境，触电可能性很大。因此，必须采用有效措施，预防触电事故的发生。

（1）加强井下电气设备的管理和维护，定期对电气设备进行检查和试验，性能指标达不到要求的，应立即更换。

（2）使人体不接触或接近带电体。将电气设备裸露导线安装在一定高度，避免触电。如井下巷道中敷设的电机车架空线高度不低于 2 m，在井底车场不低于 2.2 m。井下电气设备及线路接头要封闭在坚固的外壳内，外壳要设置安全闭锁装置。

（3）在供电系统中，要消灭"鸡爪子""羊尾巴""明接头"，保持电网对地的良好绝缘。

（4）井下电气系统必须采取保护接地措施。

（5）井下配电变压器，以及向井下供电的变压器和发电机的中性点，禁止直接接地。

（6）矿井变电所的高压馈电线及井下低压馈电线应装设漏电保护装置。

（7）各变（配）电所入口处都要悬挂"非工作人员，禁止入内"的警示牌。无人值班的变（配）电所，必须关门加锁。

（8）井下电缆的敷设要符合规定，并加强管理。

（9）降低使用电压，对人员经常接触的电气设备采用较低的工作电压。《煤矿安全规程》规定：井下照明和手持式电气设备的供电额定电压，不超过 127 V；远距离控制线路的额定电压，不超过 36 V。

（10）遵守各项安全用电作业制度。井下各项安全用电作业制度是预防人身触电的有效保障。如井下严禁带电检修和搬迁电气设备的规定、非专职电气人员不得擅自操作电气设备的规定、停送电制度、坚持使用漏电继电器及井下电气设备保护接地规定等，这些安全作业制度，都必须严格执行。

（六）触电急救

1. 触电急救要点

触电急救的要点：抢救迅速与救护得法，即用最快的速度在现场采取积极措施，保护伤员生命，并根据伤情情况，迅速联系医疗部门进行救治。即便触电者失去知觉、心跳停止，也不能轻率地认定触电者死亡，而应看作是假死，施行急救。

发现有人触电后，首先要尽快使其脱离电源，然后根据具体情况，迅速对症救护。

2. 使触电者脱离电源的方法

触电急救的第一步是使触电者迅速脱离电源，因为电流对人体的作用时间越长，对生命的威胁越大。

1）脱离低压电源的方法

在低压供电系统中，脱离低压电源可用拉、切、挑、拽、垫 5 个字来概括。

（1）拉。就近拉开电源开关，拔出插头或瓷插式熔断器。

（2）切。当电源开关、插座或瓷插式熔断器距离触电现场较远时，可用带有绝缘柄的利器切断电源线。切断时，应防止带电导线断落，触及周围的人体。

（3）挑。如果导线搭落在触电者身上或压在身下，这时可用干燥的木棒、竹竿等挑开导线，或用干燥的绝缘绳套拉导线或触电者，使触电者脱离电源。

（4）拽。救护人员可戴上绝缘手套或在手上包缠干燥的衣服等绝缘物拖拽触电者，使之脱离电源。如触电者的衣裤干燥，又未紧缠在身上，救护人员可用一只手直接抓住触电者不贴身的衣裤，拉拖衣裤，使触电者脱离电源，但应注意拉拖时切勿触及触电者的皮肤。

（5）垫。如果触电者由于痉挛，手指紧握导线，或导线缠绕在身上，可先用干燥的木板垫在触电者身下，使其与地绝缘，然后尽快将电源切断。

2）脱离高压电源的方法

由于高压电源电压等级高，一般绝缘物不能保证救护人员的安全，而且通常情况下，高压电源开关距离现场较远，不便拉闸。因此，使触电者脱离高压电源的方法与脱离低压电源的方法有所不同。通常的做法是：

（1）立即电话通知有关供电部门拉闸停电。

（2）如果电源开关离触电现场不太远，则可戴上绝缘手套，穿上绝缘靴，拉开高压断路器，或用绝缘棒拉开高压跌落式熔断器，来切断电源。

（3）向架空线路抛挂裸金属导线，人为造成线路短路，迫使继电保护装置动作，从而使电源开关跳闸。抛挂前，将短路的一端先固定在铁塔或接地引下线上，另一端系重物。抛掷短路线时，应注意防止电弧伤人或断线危及人员安全，也要防止重物砸伤人。

（4）如果触电者触及断落在地上的带电高压导线，且尚未确认线路无电之前，救护人员不可进入断线落地点 8～10 m 的范围内，以防跨步电压触电。进入该范围的救护人员，应穿上绝缘靴或临时双脚并拢跳跃靠近触电者。触电者脱离带电导线后，应迅速将其带至 8～10 m 以外，立即进行触电急救。只有在确认线路已经无电时，才可在触电者离开导线后就地急救。

3. 现场救护

根据触电者受伤害的轻重程度，现场救护可采取以下措施：

（1）触电者未失去知觉的救护措施。对于伤害不太严重，神志尚清醒的触电者，可先让触电者在通风良好、暖和的地方静卧休息，并派人严密观察，同时请医生或送往医院救治。

（2）触电者已失去知觉的急救措施。如果触电者已经失去知觉，但是呼吸和心跳尚正常，则应使其舒适地平躺，解开衣服以利呼吸，保持空气流通，天冷时应注意保暖。同时，立即请医生或送往医院救治。若发现呼吸困难或心跳失常，应立即施行人工呼吸和胸外心脏按压。

（3）对假死者的急救措施。假死现象，指如下3种临床症状：一是心跳停止，但尚能呼吸；二是呼吸停止，但心跳尚存（脉搏很弱）；三是呼吸和心跳均已停止。假死症状的判定方法是看、听、试。"看"是观察触电者的胸部、腹部有无起伏动作；"听"是用耳贴近触电者的口鼻处，听有无呼吸声音；"试"是用手或小纸条测试口鼻有无呼吸的气流，再用两手指轻压颈动脉有无搏动感觉。若既无呼吸又无颈动脉搏动感觉，则可判定触电者呼吸停止或心跳停止，或呼吸、心跳均停止。

4. 人工呼吸法

对于有呼吸而心跳停止的触电者，用人工呼吸法进行抢救。最常用且有效的抢救方法是口对口人工呼吸法，具体的操作方法如下：

（1）使触电者仰卧，用手扳开触电者的嘴巴，清除口腔内的血块、假牙和呕吐物等异物，使呼吸道畅通。同时，解开其衣领，松开紧身衣服，使胸部自然扩张。

（2）抢救人员在触电者的一侧，一手捏紧触电者的鼻孔，避免漏气，用手掌的外缘顺势压住额部。抢救人员深吸一口气，紧贴触电者的嘴向内吹气，时间约2 s。

（3）吹完后，立即离开触电者的嘴，并放松捏紧鼻孔的手，这是触电者胸部自然回缩，时间约2 s。

人工呼吸应坚持至触电者恢复呼吸，或抢救无效出现尸僵、尸斑时为止。如果触电者张嘴有困难，抢救人员可紧闭其嘴唇，紧贴其鼻孔吹气。

5. 胸外心脏按压法

如果触电者心跳停止，就必须进行心脏按压即胸外心脏按压，如图2-55所示。该方法具体操作步骤如下：

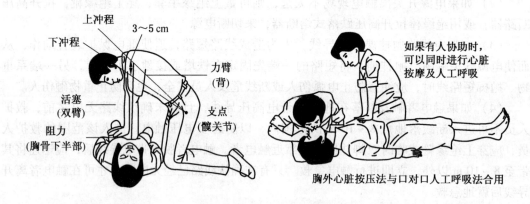

图2-55 胸外心脏按压法

（1）抢救人员跪跨在触电者臀部位置，两手相叠，手掌根部放在心窝稍高一点的地方。

（2）抢救人员用两手向触电者胸下按压3~4 cm，压出心脏内的血液。

（3）按压后的掌根迅速全部放松，让触电者胸廓自动复原，使血液充满心脏。按压与放松动作要有节奏，以每分钟60次为宜。

按照上述步骤连续进行操作，按压时用力要适当，以免造成内伤。

6. 抢救注意事项

在抢救触电人员时,应注意如下事项:

(1) 坚持先断电,后抢救的原则。在断开电源时操作方法要适宜,千万不能用手直接去拉触电者。

(2) 如伤员有外伤,要保持伤口干燥,不可用水清洗创伤面,应按烧伤进行处理。

(3) 触电人员有的会出现长时间"假死",因此,在抢救时,一定要充满信心。人工呼吸和胸外心脏按压要连续进行,不可半途中断。有时需连续进行几小时抢救,直到伤员恢复呼吸和心跳,或经医生诊断,确定死亡为止。

四、安全用电有关规定

(一) 煤矿对供电的基本要求

1. 供电可靠

煤矿供电必须连续,不能中断。煤矿一旦中断供电,不仅造成全矿停产,而且由于主排水泵、主要通风机、瓦斯抽放泵、主提升机等机电设备停运,将危及井下工作人员,甚至全矿井的安全。因此,为了确保矿井安全生产,煤矿供电必须可靠。

2. 供电安全

由于煤矿井下特殊的环境条件,使供电线路和电气设备易受损坏,可能造成人身触电和电火花引起的火灾、瓦斯、煤尘爆炸等严重事故。因此,煤矿井下供电必须采取安全技术措施,严格遵守《煤矿安全规程》的有关规定,确保供电安全。

3. 技术合理

在满足供电可靠与安全的前提下,还应保证供电技术合理,即保证良好的供电质量。良好的供电质量要求供电电压和频率保持稳定,其偏离额定值的幅度不超过允许的范围。其目的是保证电气设备正常安全运行,否则,电气设备运行情况将会显著恶化,甚至损坏设备。

4. 供电经济

在满足以上要求的基础上,应尽量做到供电系统简单、设备选型合理、安装操作方便、基本建设投资和运行费用低,从而节约开支,降低成本,提高经济效益。

(二) 井下安全用电基本知识

1. 井下安全用电有关规定

(1) 严禁井下配电变压器中性点直接接地。地面中性点直接接地的变压器或发电机严禁直接向井下供电。

(2) 普通型携带式电气测量仪表,必须在瓦斯浓度在1.0%以下的地点使用,并实时监测使用环境的瓦斯浓度。

(3) 井下不得带电检修、搬迁电气设备、电缆和电线。检修或搬迁前,必须切断电源,检查瓦斯,在其巷道风流中瓦斯浓度低于1.0%时,再用与电源电压相适应的验电笔检验;检验无电后,方可进行导体对地放电。控制设备内部安有放电装置的,不受此限。所有开关的闭锁装置必须具备可靠防止擅自送电功能;防止擅自开盖操作,开关把手在切断电源时必须闭锁,并悬挂"有人工作,不准送电"字样的警示牌,只有执行这项工作的人员,才有权取下此牌送电。

（4）非专职人员或非值班电气人员不得擅自操作电气设备。

（5）操作高压电气设备主回路时，操作人员必须戴绝缘手套，并穿电工绝缘靴或站在绝缘台上。

（6）手持式电气设备的操作手柄和工作中必须接触的部分必须绝缘良好。

（7）容易碰到、裸露的带电体及机械外露的转动和传动部分，必须加装护罩或遮拦等防护设施。

（8）电气设备的检查、维护和调整，必须由电气维护工进行。

（9）井下防爆电气设备的运行、维护和修理，必须符合防爆性能的各项要求。

2. 井下安全用电要求（十不准）

（1）不准带电检修。

（2）不准甩掉无压释放器、过电流保护装置。

（3）不准甩掉漏电继电器、煤电钻综合保护和局部通风机风电、瓦斯电闭锁装置。

（4）不准明火操作、明火打点、明火爆破。

（5）不准用铜、铝、铁丝等代替保险丝。

（6）停风、停电的采掘工作面，未经检查瓦斯，不准送电。

（7）有故障的供电线路，不准强行送电。

（8）电气设备的保护装置失灵后，不准送电。

（9）失爆电气设备，不准使用。

（10）不准在井下拆卸和敲打矿灯。

3. 安全用电作业制度

1）停、送电制度

严格执行停、送电制度，停送电期间不得换人。在无人值班的变电所，停电后应设专人看守。严禁约定时间停、送电，严禁约定信号停、送电。

2）验电、放电、接地、挂牌制

（1）验电前，应先检查周围的瓦斯浓度，当瓦斯浓度低于1%时，用与电源电压相适应的验电笔验电。

（2）当验明确实停电后，用短路接地线先接地，然后将被检修的设备、导线三相短路。

（3）工作前，应将电气设备的闭锁装置锁好，并挂上"有人工作，禁止合闸"警示牌。

（三）井下电气火花事故的预防

1. 电缆火花

1）产生的原因

（1）电缆的接法不正确，发生短路。

（2）电缆使用时，受挤、压、碰、砸而损伤，造成短路。

2）预防措施

（1）加强对电缆的维护与管理。应建立专职巡回检查制度，由专职电工按标准定期检查电缆悬挂、负载电流、绝缘电阻及损伤等情况。

（2）加强对继电器的维护与管理。检漏继电器，照明信号综合保护装置，局部通风机风、电瓦斯闭锁，严禁甩掉不用。过负荷和短路保护装置，要动作灵敏可靠，整定正确。

（3）屏蔽电缆与检漏继电器配合作用。

（4）电缆发生故障不可采取强送电的方法，进行寻找。

（5）低压橡套电缆采用冷压连接。

2. 带电作业产生电火花

防止违章带电作业和带电搬迁电气设备产生电火花的措施：

（1）严格执行不带电检修的规定。检修和处理故障前必须切断电源；开关把手，在切断电源后都要闭锁，并要悬挂"有人工作，不准送电"的警示牌。作业点前方必须有明显的断开点。

（2）不准带电搬迁电气设备。如必须带电搬迁时，必须制定安全措施，矿技术负责人批准后，才能进行。

（3）停、送电要有明确的规定。应执行停、送电工作票制度，防止误送电或随便停、送电情况的发生。

（4）严格执行电工操作规程。所有螺丝垫圈要齐全、完整、压紧适度；防爆密封圈、挡板要合格；接线时，火线、地线要有一定的余度。井下供电系统必须做到"三无"，即无"鸡爪子"、无"羊尾巴"、无"明接头"；"四有"，即有过流和漏电保护、有密封圈和挡板、有螺丝和弹簧垫、有接地装置；"三坚持"，即坚持使用检漏继电器、坚持使用煤电钻和信号照明综合保护装置、坚持使用局部通风机风电瓦斯闭锁装置。

3. 矿灯引起电火花

1）产生原因

使用未经国家指定的防爆部门签发防爆许可证的矿灯，致使工人在井下作业地点工作时，矿灯产生电火花引起瓦斯爆炸。矿灯管理不善、矿灯不完好、灯锁不良、灯头密封不严，均是矿灯产生电火花的诱因。

2）预防措施

（1）矿灯必须完好，才能发放给下井人员使用。

（2）如果矿灯有电池漏液、亮度不够、电线破损、灯锁不良、灯头密封不严、灯头圈松动、玻璃破裂等情况，严禁发出。

第二部分
综采集中控制操纵工中级技能

▶ 第三章　综采工作面电气设备及控制系统
▶ 第四章　综采电气设备集中控制操作
▶ 第五章　一般电气设备维护保养及故障处理

第三章 综采工作面电气设备及控制系统

第一节 综采工作面设备布置及配套

一、综采工作面设备布置

综采工作面主要设备布置如图3-1所示,主要设备包括双滚筒采煤机(或刨煤机)、可弯曲刮板输送机、液压支架、供电设备、供液设备和其他辅助设备。综采工作面可实现回采工艺的全部机械化。

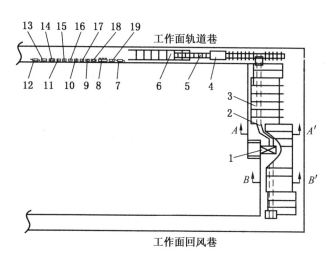

1—采煤机;2—刮板输送机;3—液压支架;4—破碎机;5—转载机;6—可伸缩带式输送机;
7、12—绞车;8—六组合开关;9—喷雾泵;10—乳化液泵;11—清水过滤器;13、19—电缆车;
14—移动变电站;15—自动配比装置;16—乳化液泵箱;17—喷雾泵箱;18—自动控制室

图3-1 综采工作面主要设备布置

采煤机、刮板输送机和液压支架组成工作面设备。端头支架用来推移输送机机头、机尾并支护端头空间。桥式转载机与刮板输送机搭接,用来将工作面的煤转载到可伸缩带式输送机上运出。上顺槽(工作面轨道巷)的乳化液泵站用来为液压支架提供压力液体。上顺槽的设备列车用来安放移动变电站、乳化液泵站、集中控制台等设备。上顺槽的喷雾泵站用来为采煤机提供喷雾冷却用的压力水。

综采工作面主要设备及功能如下:

(1) 采煤机。采煤机是完成破煤、装煤工序的一种机械设备。当前普遍使用的是可调高双滚筒采煤机,它可以骑在可弯曲刮板输送机上沿工作面穿梭割煤,一般截深为 600 mm 或 800 mm,最大截深可达 1000 mm。

(2) 刮板输送机。可弯曲刮板输送机是完成工作面运煤的机械,同时它还作为采煤机械的导轨,以及液压支架及推移输送机的支点。

(3) 液压支架。液压支架是以高压液体为动力,由若干液压元件(液压缸和阀件)与一些金属结构件组合而成的,一种支撑和控制顶板的采煤工作面设备,用于支护、移架、推移输送机和管理顶板。

(4) 端头支架。端头支架用于加强工作面端部(上下出口)顶板支护的液压支架。

(5) 排头支架。排头支架(或称过渡支架)是指在可弯曲刮板输送机机头、机尾放置电动机、减速箱和液力偶合器处进行顶板支护的液压支架,它比工作面中间架滞后一个步距,顶梁长于中间架一个步距。

(6) 转载机。转载机是 20~60 m 长的刮板输送机。它一端与工作面输送机机头相搭接,另一端骑在可伸缩带式输送机的机尾上。其作用是将刮板输送机运出的煤炭转移到带式输送机上,它可随工作面的推进进行整体移动,转载机常配置破碎机。

(7) 可伸缩带式输送机。可伸缩带式输送机是工作面运输巷中的运煤设备。通过其贮带装置,可调节输送机的长度。当工作面采用前进式或后退式回采时,可做到输送带的伸长或缩短。

(8) 乳化液泵站。乳化液泵站是供给液压支架和其他液压装置压力液的动力设备。

除以上设备外,上顺槽还设有运送设备和材料的单轨吊车或搬运绞车,以及在倾斜角度较大时,设置防止采煤机下滑的液压安全绞车;上顺槽中还设有移动变电站和配电点,以及刮板输送机和巷道转载机的监视、控制、通信照明的集中控制台。

如上所述,综采成套设备主要由采煤机、液压支架、刮板输送机、转载机、破碎机及带式输送机等组成,这些设备不是孤立的"单机",而是结构上需要相互配合、功能上需要相互协调的有机整体,具有较强的配套要求和较高的可靠性要求。组成综采成套设备的每一种机械设备,都有严格限定的适用条件,选型不当会导致设备不配套、生产效率低、经济效益差。因此,设备的正确选型设计是充分发挥其效能,实现综采工作面高产高效、经济安全运行的前提。

二、综采工作面主要设备配套

(一) 设备主要空间尺寸的配套关系

综采机组包括双滚筒采煤机、刮板输送机和液压支架,综采机组配套尺寸关系如图 3-2 所示,其一般应满足以下要求:

(1) 为保证安全作业,无立柱空间宽度 R 应尽可能小,一般为 2 m 左右,即

$$R = B + F + W + X + \frac{d}{2} \tag{3-1}$$

式中 B——滚筒宽度;
F——滚筒端面与铲煤板间距;
W——铲煤板与电缆槽外侧间距;

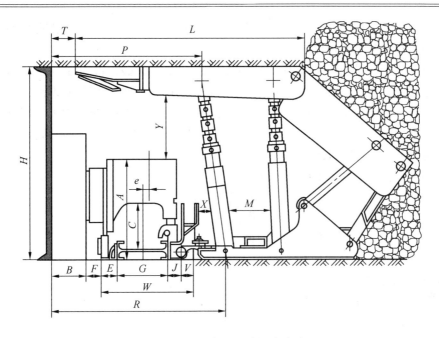

图 3-2 综采机组配套尺寸关系

X——挡煤板与支架前立柱间距;

d——支架立柱直径。

（2）铲煤板与滚筒间距 F，$F=100\sim200$ mm，该间距可防止采煤机位于输送机弯曲段时，滚筒切割铲煤板。

（3）刮板输送机宽度 W 由下式计算：

$$W = E + G + J + V \tag{3-2}$$

式中 W——刮板输送机宽度，mm；

E——铲煤板宽度，一般为 $150\sim240$ mm；

G——中部槽宽度，mm；

J——导向槽宽度，无链牵引时，还包括齿轨宽度，mm；

V——电缆槽宽度，mm。

导向槽宽度 J 及电缆槽宽度 V 由采煤机底托架尺寸、导向部分尺寸、无链牵引机构尺寸和电缆拖移装置尺寸决定。为了使电缆拖移装置对准电缆槽，并减小无立柱空间宽度，采煤机中心线与输送机中心线有一偏移量 e。

（4）前柱与电缆槽的间距应大于 $150\sim200$ mm，以防挤坏电缆和水管。

（5）人行道宽度 M 应大于 700 mm。

（6）梁端距 T 一般取 $150\sim350$ mm，以防滚筒切割顶梁。薄煤层时取小值，厚煤层时取大值。

（7）支架中心距与中部槽长度一致；推移千斤顶行程应比采煤机截深大 $100\sim300$ mm。

（8）在采高方向上，过机高度 Y 应为 $90\sim250$ mm，过煤高度 C 应为 $250\sim300$ mm（薄煤层时，为 $200\sim240$ mm）。

（二）设备主要参数之间相匹配

综采机组主要参数之间相匹配,应满足两方面的要求,一是生产率相互适应;二是移架速度适应采煤机的牵引速度。

生产率相互适应是指由采煤机、刮板输送机、转载机、破碎机和可伸缩带式输送机组成的生产系统中,每一后者的生产率要大于前者,以防造成生产系统的阻塞。

移架速度与采煤机牵引速度相适应,即要保证在整个工作循环时间内,顶板的暴露面积不超过允许值 F_0。从这一原则出发,可导出从开始采煤到开始移架的时间 t',以及移 1 架支架的时间 t 所应满足的条件。

从开始采煤到开始移架的时间 t' 应满足:

$$\frac{F_0}{Bv_q} \geqslant t' \geqslant \frac{nl}{v_q} \tag{3-3}$$

式中　t'——开始采煤到开始移架的时间,s;
　　　F_0——顶板允许暴露面积,m²;
　　　B——采煤机截深,m;
　　　v_q——采煤机牵引速度,m/s;
　　　n——同时移动支架数;
　　　l——支架中心距,m。

移 1 架支架的时间 t 应满足下列条件:

$$t \leqslant \frac{nl}{v_q\left(1+\dfrac{1}{\dfrac{F_0}{BL}}\right)} \tag{3-4}$$

式中　t——移 1 架支架的时间,s;
　　　L——工作面长度,m。

其他符号意义同前。

由式(3-4)可知,当工作面长度 L、支架中心距 l、同时移架数 n 和截深 B 一定时,移 1 架支架的时间 t 随采煤机牵引速度 v_q 的增大而减小,随允许暴露的顶板面积 F_0 的增大而增大。

移 1 架支架的时间,包括降架、移架、升架和支撑、推移输送机和辅助操作时间,减小它,主要依靠加大乳化液泵站的流量和缩短辅助操作时间来完成。

三、综采机组附属设备的选择

(一) 乳化液泵站的选择

乳化液泵站必须满足所用液压支架对工作压力和流量的要求。

1. 泵站工作压力

泵站工作压力 p_b 的计算公式为

$$p_b \geqslant k_1 p_m \tag{3-5}$$

式中　p_b——泵站工作压力,MPa;
　　　p_m——根据立柱初撑力和千斤顶推力计算出的最大压力,MPa;

k_1——压力损失因数,可取 1.1~1.2,管路长、弯曲多时,取大值。

2. 泵站流量

按支架追机速度不小于采煤机牵引速度,且1架支架全部立柱和千斤顶同时动作估算泵站流量。

$$Q_b \geqslant k_2 \left(\sum Q_i \right) \frac{v_q}{l} \tag{3-6}$$

式中　　Q_b——乳化液泵站流量,L/min;

$\sum Q_i$——1架支架全部立柱和千斤顶同时动作时所需液量,L;

v_q——采煤机最大工作牵引速度,m/min;

l——支架中心距,m;

k_2——管路漏损因数,$k_2 = 1.1~1.3$。

由以上计算结果,可在乳化液泵站产品样本中选出符合要求的泵站型号。

注意:在计算支架全部立柱和千斤顶的所需液量时,应注意行程的合理取值,否则计算值太大,无法选取乳化液泵站型号。

(二) 喷雾泵站的选择

喷雾泵站的工作压力和流量,必须满足采煤机使用说明书提出的工作压力和总用水量要求。

(三) 液压安全绞车的选型

液压安全绞车的选型,应根据采煤机质量和工作面倾角进行。我国目前已生产了 YAJ-13 型和 YAJ-22 型两种型号的液压安全绞车,它们的主要技术特征和适用条件可查阅产品说明书。

第二节　采　煤　机

在综采工作面使用的采煤机,一般分为两大类,一类是刨煤机,另一类是滚筒采煤机。

一、刨煤机

1. 刨煤机工作原理

刨煤机是以刨头为工作机构,采用刨削方式破煤的采煤机械。刨煤机可用在长壁采煤工作面,实现破煤、装煤和运煤。

装有刨刀的刨头,在无极圆环链(刨链)牵引下,沿着安装在采煤工作面可弯曲刮板输送机的中部槽上的导轨运行,刨刀刨削煤壁将煤刨落,刨落的煤在刨头犁形斜面的作用下,被装入输送机运出采煤工作面。

2. 刨煤机结构

图 3-3 为滑行脱钩刨煤机示意图。

3. 刨煤机类型

刨煤机类型很多,按照刨煤方式,可分为静力刨煤机、动力刨煤机和动静结合刨煤机三种形式。静力刨煤机刨头不带动力,靠刨链牵引截割煤层;动力刨煤机刨头带有动力,靠冲击或水射流等方法截割煤层;动静结合刨煤机是在静力刨煤机的基础上,通过某种方

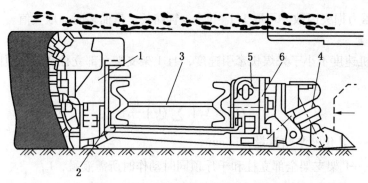

1—刨头；2—滑行板；3—输送机；4—调斜千斤顶；5—刨链；6—导护链装置

图3-3 滑行脱钩刨煤机示意图

式，使刨刀带有动力，靠冲击煤壁实现截割煤层。

二、滚筒采煤机

（一）滚筒采煤机的分类方式、特点及适用范围

滚筒采煤机的分类方式、特点及适用范围见表3-1。

表3-1 滚筒采煤机的分类方式、特点及适用范围

分类方式	采煤机类型	特点及适用范围
按滚筒数	单滚筒采煤机	机身较短，重量较轻，自开切口性能较差，适宜在高档普采及较薄煤层工作面中使用
	双滚筒采煤机	调高范围大，生产效率高，适用范围广
按煤层厚度	厚煤层采煤机	采高大于3.5 m的采煤机，机身几何尺寸大，调高范围大
	中厚煤层采煤机	采高为1.3~3.5 m的采煤机，机身几何尺寸较大，调高范围较大
	薄煤层采煤机	采高小于1.3 m的采煤机，机身几何尺寸较小，调高范围小
按电动机布置方式	单（双）电动机轴向（纵向）平行煤壁布置采煤机	机身较长，电动机既用作截割动力，也用于牵引传动，功率分配合理，电控系统简单
	多电动机垂直（横向）煤壁布置采煤机	机身较短，主电动机与牵引电动机分开设置，检修方便，电控系统较复杂
按调高方式	固定滚筒式采煤机	利用机身上的液压缸调高，调高范围小
	摇臂调高式采煤机	调高范围大，挖底量大，装煤效果好
	机身摇臂调高式采煤机	机身短而窄，稳定性好，但自开切口性能差，挖底量较小，适应煤层起伏变化小，顶板条件差等特殊地质条件
按机身设置方式	骑输送机采煤机	适用范围广，装煤效果好，适用于1.1~4.5 m的中厚，或中厚以上煤层工作面
	爬底板采煤机	适用于0.55~0.9 m的薄或极薄煤层工作面
按牵引控制方式	机械牵引采煤机	元件单一，维护、检修方便
	液压牵引采煤机	控制、操作简便，功能齐全，适用范围广
	电牵引采煤机	控制、操作简便，传动效率高，适用于各种地质条件的工作面

表 3-1（续）

分类方式	采煤机类型	特点及适用范围
按牵引方式	钢丝绳牵引采煤机	牵引力较小，一般适用于中小型矿井的普采工作面
	锚链牵引采煤机	中等牵引力，安全性差，适用于中厚煤层工作面
	无链牵引采煤机	工作平稳、安全，结构简单，适用于倾斜煤层开采
按使用煤层条件	缓倾斜煤层采煤机	设有特殊的防滑装置，适用于倾角5°以下的煤层工作面
	倾斜煤层采煤机	牵引力较大，具有特殊设计的制动装置，与无链牵引机构相匹配，适用于倾斜煤层工作面
	急倾斜煤层采煤机	牵引力较大，有特殊的工作机构与牵引导向装置，适用于急倾斜煤层工作面
按工作面布置方式	长壁采煤机	机身较长，适用于长壁工作面
	短壁采煤机	机身短，适用于短壁工作面前进式开采，连续采煤机是典型机型
按牵引机构设置方式	内牵引采煤机	结构紧凑，操作安全
	外牵引采煤机	机身长度短，维修方便
按滚筒布置形式	滚筒平行于煤壁（水平滚筒）切割的采煤机	可自开切口，调高方便，通用型采煤机都属这一类
	滚筒垂直于煤壁（垂直滚筒或立滚筒）切割的采煤机	可沿煤层层理切割，截割力小，块度大，但调高困难，俄罗斯有此机型

（二）滚筒采煤机的基本结构

滚筒采煤机基本结构，如图 3-4 所示。

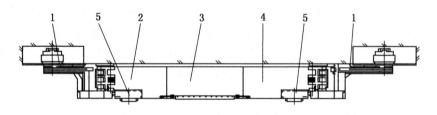

1—截割部（摇臂）；2、4—左、右牵引行走部；3—控制部；5—行走机构

图 3-4 滚筒采煤机基本结构示意图

根据采煤机牵引方式不同，其可分为电牵引和液压牵引两类。除控制部分中间箱外，其他基本结构大致相同，基本部分由四大部及三大系统组成。

1. 四大部

（1）左右截煤部。其主要由左右机械传动系统、润滑系统及左右滚筒等组成，可实现采煤机的落煤和装煤功能。

（2）左右牵引部。其主要包括牵引传动系统和牵引机构（左右牵引、左右行走部和左右支撑），是采煤机牵引机械执行部分，可实现采煤机与输送机的配套。液压牵引采煤机，主要实现采煤机的牵引调速和过载保护等功能。电牵引采煤机包括电动机、机械传动系统及牵引机构。

(3) 电气装置（控制部，包括中间箱）：电牵引采煤机为电控部，液压牵引采煤机为电动机及电控部。电牵引采煤机是采煤机的控制部分，主要实现采煤机的牵引调速和过载保护等功能；液压牵引的采煤机，实现电气控制。

(4) 附属装置。其包括冷却内喷雾系统、辅助液压系统、挡煤板及其翻转装置，以及其他辅助装置。附属装置主要作用是同以上三大部一起，构成完整的采煤机功能体系，以满足高效、安全采煤的需要。

2. 三大系统

1) 机械传动及润滑系统

其主要由轴承、齿轮、润滑泵及油池、管路等组成，可实现采煤机的动力传动及自身的润滑。

2) 液压系统

电牵引采煤机的液压系统主要由泵、过滤器、液压缸、制动器及各种阀、管路等组成，可实现采煤机的调高及制动；液压牵引采煤机的液压系统主要由泵、马达、调速机构、过滤器、液压缸、制动器及各种阀、管路等组成，可实现采煤机的牵引调速、调高及制动。

3) 冷却及喷雾系统

其主要由各种水阀、水过滤器、管路等组成，可实现采煤机自身冷却和工作面的降尘功能。

3. 采煤机的工作原理

采煤机割煤是通过螺旋滚筒上的截齿，对煤壁进行切割实现的。

采煤机的装煤是通过滚筒螺旋叶片的螺旋面，将从煤壁上切割下来的煤运移，再利用叶片外缘将煤抛到刮板输送机溜槽内运走。

为了使滚筒落下的煤能装入刮板输送机，滚筒上的螺旋叶片的螺旋方向必须与滚筒旋转方向相适应。对顺时针旋转（人站在采空区侧看）的滚筒，其螺旋叶片方向必须右旋；逆时针旋转的滚筒，其螺旋叶片方向必须左旋。或者归纳为"左转左旋，右转右旋"，即人站在采空区侧从上面看滚筒，截齿向左的用左旋滚筒，向右的用右旋滚筒。

4. 截割部

截割部包括工作机构（截齿、滚筒）及传动装置（固定减速箱、摇臂齿轮箱等），其是采煤机直接落煤、装煤的部分。

截割部消耗的功率约占整个采煤机功率的 80% ~ 90%。

1) 截齿

截齿是采煤机直接落煤的刀具，截齿的几何形状和质量直接影响采煤机的工况和能耗、生产率和吨煤成本。要求截齿强度高、耐磨、几何形状合理、固定可靠。齿身材料为 35CrMnSi、30SiMnV ~ 35SiMnV 或 40Cr 调质。截齿头镶嵌碳化钨硬质合金。

截齿有扁形截齿和镐形截齿两种类型：

(1) 扁形截齿也称刀形截齿、径向截齿，其适用于各种煤质条件，其结构如图 3-5 所示。

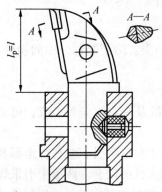

图 3-5 扁形截齿结构

(2) 镐形截齿,即切向截齿。其分为镐形截齿和带刃扁截齿。镐形截齿落煤时主要靠齿尖的尖劈作用楔入煤体而将煤碎落,适用于脆性及裂隙多的煤层条件。其结构如图3-6所示。

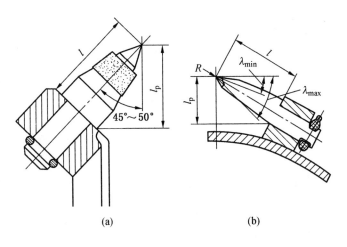

图3-6 镐形截齿结构

2) 螺旋滚筒

(1) 螺旋滚筒的结构由螺旋叶片、端盘、齿座、喷嘴及筒壳等部分组成。其结构如图3-7所示。

(2) 参数。

结构参数:滚筒直径、宽度、螺旋叶片的旋向和头数。

工作参数:滚筒转速和转动方向。

螺旋滚筒的3个直径:滚筒直径 D、螺旋叶片外缘直径 D_y 及筒壳直径 D_g。D_g 越小,螺旋叶片的运煤空间越大,有利于运煤。滚筒直径尺寸已成系列,通常 D_g 与 D_y 的比值为0.4~0.6。滚筒宽度 B,即采煤机的理论截深,通常为0.6~1 m。

螺旋叶片旋向有左旋和右旋两种形式。左转左旋,右转右旋。

(3) 滚筒的旋转方向(图3-8)。

对于单筒采煤机,左工作面滚筒应顺时针向旋转,用右螺旋叶片;右工作面的滚筒应逆时针向旋转,用左螺旋叶片。对于双滚筒采煤机,两个滚筒的旋转方向相反,以使两个滚筒的总截割阻力相互抵消。其布置方

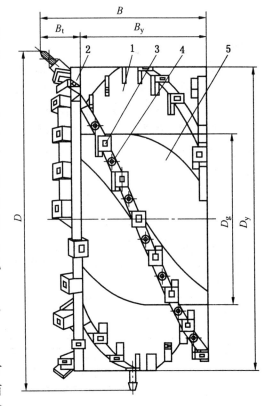

1—螺旋叶片;2—端盘;
3—齿座;4—喷嘴;5—筒壳

图3-7 螺旋滚筒结构

式有反向对滚（图3-8a）和正向对滚（图3-8b）两种形式。

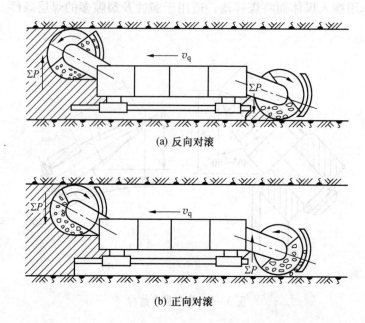

图3-8 滚筒的旋转方向

(4) 截齿的排列。

截齿的合理排列，可有效降低截煤能耗，提高块煤率，以及使滚筒受力平稳、振动小。截齿的排列，取决于煤的性质和滚筒的直径等。

截齿的排列情况可用截齿排列图（图3-9）来表示。图3-9中水平线为不同截齿的空间轨迹展开线，称为截线；相邻截线间的间距称为截距。端盘截齿排列较密，一条截线上的截齿数为 $m+(2\sim3)$ 个。m 为叶片每条截线上的截齿数。截距 $t=32\sim65$ mm，小值适用于硬煤。

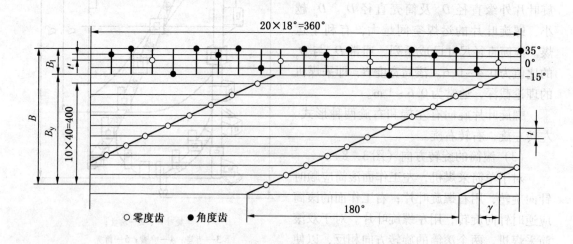

图3-9 截齿排列图

3）传动方式

传动方式有如下 4 种：

（1）电机—固定减速箱—摇臂—滚筒传动（图 3-10a）。其特点：传动简单，摇臂从固定减速箱端部伸出，支承可靠，强度和刚度好，但挖底量较小。

（2）电机—固定减速箱—行星齿轮传动—滚筒传动（图 3-10b）。其特点：在滚筒内安装行星齿轮传动装置，简化了传动系统，但筒壳增大，适用于中厚煤层采煤机。

（3）电机—减速箱—滚筒传动（图 3-10c）。其特点：齿轮数大大减少，机壳的强度、刚度增大，调高范围大，缩短了采煤机机身，有利于采煤机开缺口工作。

（4）电机—摇臂—行星齿轮传动—滚筒传动（图 3-10d）。其特点：电动机轴与滚筒轴平行，传动简单，调高范围大，机身长度小。

4）截割部传动特点

（1）采煤机电动机转速约为 1460 r/min，而滚筒转速一般为 30～50 r/min，因此截割部总传动比为 30～50，通常有 3～5 级齿轮减速。

（2）多数采煤机电动机轴心线与滚筒轴心线垂直，因此传动装置高速级总有一级圆锥齿轮传动。

（3）通常采煤机的电动机除驱动截割部外，还要驱动牵引部，因此，截割部传动系统中必须设置离合器，使采煤机在调动或检修（如更换截齿等）时将滚筒与电动机脱离，以保证作业安全。

（4）为适应破碎不同性质煤层的需要，有的采煤机备有 2～3 种滚筒速度，以利于变换齿轮变速。

（5）为扩大调高范围，加长摇臂，摇臂内常装有一串惰轮。

（6）截割部承受很大的冲击载荷，为保护传动零件，在一些采煤机截割部中设有专门的安全保险销。

5）截割部传动润滑

采煤机截割部传动的功率大，传动件的负载很大，还受冲击，因此传动装置的润滑十分重要。

常用的润滑方法是飞溅润滑，即将一部分传动零件浸在油池内，靠它们向其他零件供油和溅油，同时将部分润滑油甩到箱壁上，以利于散热。

润滑油：选用 150～460cSt（40 ℃）的极压（工业齿轮油）作为润滑油，其中以 N220 和 N320 用得最多。

5. 牵引部

牵引部的作用是移动采煤机，使工作机构连续落煤或调动机器。

牵引部由牵引机构及传动装置组成。牵引机构类型包括有链牵引和无链牵引两种形式。传动装置类型包括机械传动、液压传动和电传动等。与不同传动装置相对应的采煤机有机械牵引采煤机、液压牵引采煤机和电牵引采煤机。

对牵引部的要求：有足够大的牵引力；牵引速度在 0～10 m/min 范围内可实现无级调速；在电动机转向不变的情况下，能正向、反向牵引和停止牵引；有自动调速系统和可靠的保护装置，操作方便。

链牵引机构包括牵引链、链轮、链接头和紧链装置等。工作原理（图 3-11），牵引

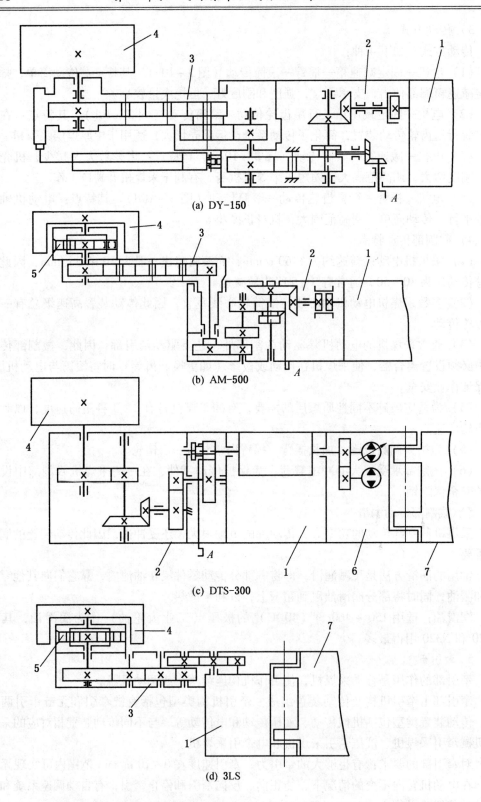

1—电动机；2—固定减速箱；3—摇臂；4—滚筒；5—行星齿轮传动；6—泵箱；7—机身及牵引部

图3-10 截割部传动方式

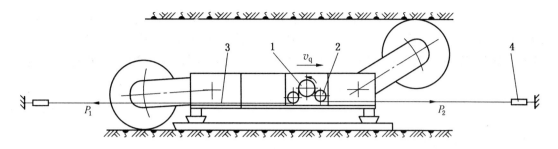

1—主动链轮；2—导向链轮；3—牵引链；4—紧链装置

图 3-11 链牵引工作原理

链 3 与牵引部传动装置的主动链轮 1 相啮合并绕过导向链轮 2 后与紧链装置 4 连接，两个紧链装置分别固定在工作面刮板输送机的机头和机尾上。紧链装置的作用是使牵引链具有一定的初拉力，使吐链顺利。当主动链轮逆时针旋转时，牵引链从右段绕入，这时左段链为松边链，其拉力为 P_1，右段链为紧边链，拉力为 P_2，因此作用在采煤机的牵引力为

$$P = P_2 - P_1$$

1）有链牵引机构

（1）牵引链。牵引链采用高强度（C 级或 D 级）矿用圆环链（图 3-12a），它是用 23MnCrNiMo 优质钢经成型后，焊接而成。圆环链一般做成奇数个链环组成的链段，以便于运输。圆环链用链接头连接。

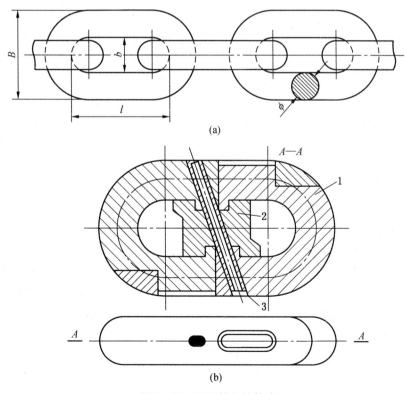

图 3-12 圆环链和链接头

(2) 链轮（图 3-13）。其形状比较特殊，常用 35CrMnSi 钢制成。圆环链缠绕到链轮后，平环链棒料中心所在圆称为节圆，各中心点的连线在节圆内构成一个内接多边形。若链轮齿数为 Z，则内接多边形边数为 2Z，则绕入圆环链一圈长度为 2Zt，所以链牵引速度为

$$v_q = \frac{2Ztn_s}{1000} \qquad (3-7)$$

式中　　t——圆环链节距，mm；

　　　　n_s——链轮转速，r/min。

链牵引的缺点是牵引速度不均，致使采煤机负载不平稳。齿数越少，速度波动越大。主动链轮的齿数一般为 $Z = 5 \sim 8$。

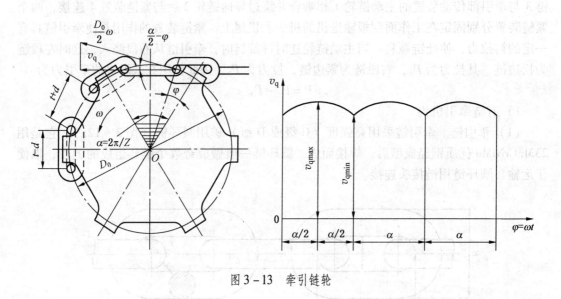

图 3-13　牵引链轮

(3) 紧链装置。牵引链通过紧链装置固定在输送机两端。紧链装置产生的初拉力可使牵引链拉紧，并可缓和因紧边链转移到松边链时，弹性收缩而增大紧边链的张力。常用紧链装置如下：

①弹簧紧链器。

这种紧链装置为一弹簧筒，它固定在输送机两端。如图 3-14 所示，牵引链 1 经导向轮 2 固定在弹簧 3 的一端，可利用弹簧的预压缩量，产生预紧力。紧链时，使采煤机位于工作面一端，如图 3-14b 所示的 A 端，将滚筒顶在煤壁上，然后开动牵引部，使紧边链拉紧。此时，B 端弹簧完全压缩，且紧边链有较大的弹性伸长量。再将 A 端弹簧预压到预紧力（约 30~50 kN），采煤机即可工作。随着采煤机向 B 端移动，紧边链的弹性伸长量向松边链转移，使松边链拉力加大，但因有弹性补偿，拉力增加较慢。

②液压紧链器。

液压紧链器如图 3-15 所示。液压紧链器是利用支架泵站的乳化液进行工作的。高压液经截止阀 4、减压阀 5、单向阀 6 进入紧链缸 3，使连接在活塞杆端的导向轮 2 伸出而张紧牵引链。其预紧力为活塞推力的 1/2。紧链方法与弹簧紧链器相同，只是将紧边链液压

缸活塞全部收缩，松边链液压缸使牵引链达到预紧力（图3-15b），紧边链因拉力大而有很大的弹性伸长量。随着机器向右移动，紧边链的弹性伸长量逐渐转向松边链，使松边链拉力大于预紧力，一旦拉力大到使液压缸内的压力超过安全阀7的调定压力 P_2 时，安全

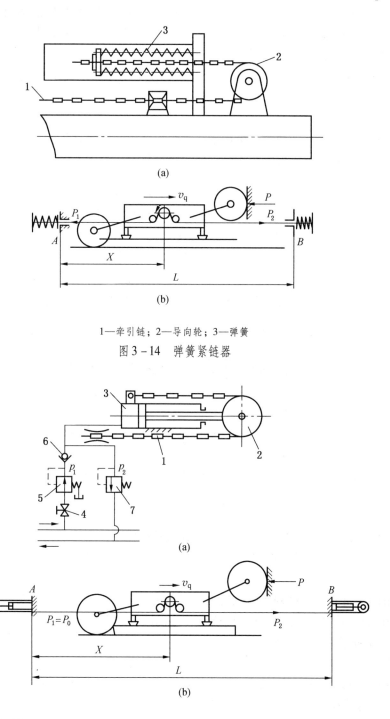

1—牵引链；2—导向轮；3—弹簧

图3-14 弹簧紧链器

1—牵引链；2—导向轮；3—紧链缸；4—截止阀；5—减压阀；6—单向阀；7—安全阀

图3-15 液压紧链器

阀开启，从而使松边链保持恒定的初拉力 P_0。

$$P_2 = P_0 + P \tag{3-8}$$

式中　P——牵引力。

调节安全阀压力 P_2，可使初拉力达到 30~60 kN。其优点是松边链的拉力 P_1 恒定（$P_1 = P_0$），从而紧边链的拉力 P_2（$P_2 = P_0 + P$）也能维持较稳定的值。

2）无链牵引机构

（1）无链牵引原理：无链牵引取消了固定在工作面两端的牵引链，以采煤机牵引部的驱动轮或再经中间轮与铺设在输送机槽帮上的齿轨啮合，而使采煤机沿工作面移动。

（2）无链牵引机构类型。

①齿轮－销轨型。这种牵引机构是以采煤机牵引部的驱动齿轮，经中间齿轨轮与铺设在输送机上的圆柱销排式齿轨相啮合，使采煤机移动，如图3－16所示。

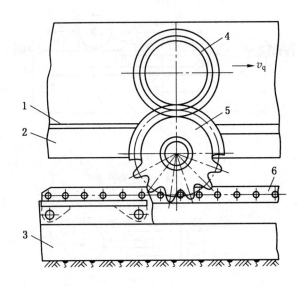

1—液压牵引部；2—底托架；3—工作面输送机溜槽；4—驱动齿轮；5—齿轨轮；6—销排式齿轨

图3－16　齿轮－销轨型牵引机构

②滚轮－齿轨型。这种牵引机构由装在底托架内的两个牵引传动箱，分别驱动两个滚轮（即销轮），滚轮与固定在输送机上的齿条式齿轨相啮合，而使采煤机移动，如图3－17所示。

③链轮－链轨型。这种牵引机构由牵引部传动装置的驱动链轮，与铺设在输送机采空侧挡板内的圆环链相啮合，而移动采煤机，如图3－18所示。

（3）无链牵引机构特点。

优点：

①采煤机移动平稳，振动小，减少了故障率，延长了设备使用寿命。

②可采用多牵引，提高牵引力，以适应大倾角条件。

③可实现工作面多台采煤机同时工作，提高产量。

④消除了断链事故，增加了设备的安全性。

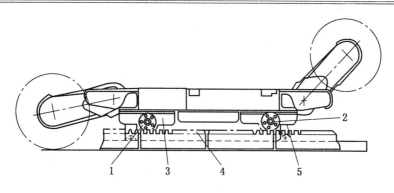

1、2—驱动滚轮；3、5—牵引传动箱；4—齿条式齿轨

图 3-17　滚轮-齿轨型牵引机构

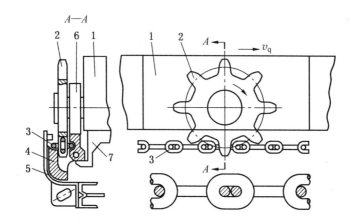

1—牵引部；2—链轮；3—圆环链；4—链轨架；
5—挡板；6—导向滚轮；7—底托架

图 3-18　链轮-链轨型牵引机构

缺点：对输送机的弯曲和起伏不平要求高，输送机的弯曲段较长（约 15 m），对煤层地质条件变化的适应性差。同时，使机道宽度增加约 100 mm，加大了支架的控顶距离。

3）牵引部传动装置类型

（1）牵引部传动装置功能：将采煤机电动机的动力传到主动链轮或驱动轮，并实现调速。

（2）按传动形式的不同，牵引部传动装置可分为机械牵引、液压牵引和电牵引。

①机械牵引：全部采用机械传动装置的牵引部。其特点是工作可靠，但只能是有级调速，结构复杂，目前已很少采用。

②液压牵引：利用液压传动来驱动的牵引部。液压传动的牵引部可以实现无级调速，变换、换向和停机等操作比较方便，保护系统比较完善，并且能随负载的变化，自动调节牵引速度，因此，目前绝大多数采煤机都采用液压牵引。

③电牵引：直接对电动机调速，以获得不同牵引速度的牵引部。它的优点是省去了复杂的液压系统和齿轮变速装置，使牵引部传动大大简化。因而，故障少，维护工作简单，传动效率高，机身长度缩短。而且其电子控制系统对外载变化的反应灵敏，能自动调速；

当超载严重时，还能立即反向牵引。这是近几年发展起来的牵引部传动型式，也是牵引部设计、制造的发展方向。电牵引采煤机示意图，如图3-19所示。

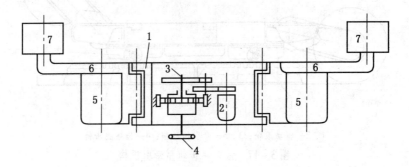

1—控制箱；2—行走电动机；3—齿轮减速装置；4—驱动轮；5—截割电动机；6—摇臂；7—滚筒

图3-19 电牵引采煤机示意图

6. 附属装置

1）调高和调斜装置

（1）调高：为了适应煤层厚度的变化，在煤层高度范围内，上下调整滚筒位置称为调高。

（2）调斜：为了使滚筒能适应煤层底板沿煤层走向的起伏不平状况，使采煤机机身绕其纵轴摆动称为调斜。调斜通常靠采空侧底托架下的两个支承滑靴的调斜液压缸11来实现，如图3-20所示。

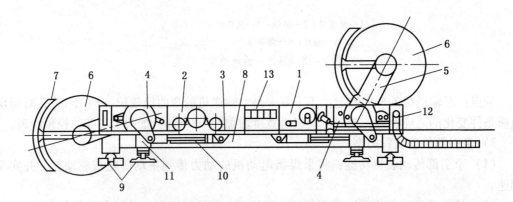

1—电动机；2—牵引部；3—牵引链；4—截割部减速箱；5—摇臂；
6—滚筒；7—弧形挡煤板；8—底托架；9—滑靴；10—调高液压缸；
11—调斜液压缸；12—拖移电缆装置；13—电气控制箱

图3-20 采煤机的调高和调斜液压缸

（3）调高类型：摇臂调高和机身调高。它们都是靠调高液压缸（千斤顶）来实现的。

用摇臂调高时，大多数调高千斤顶装在采煤机底托架内（图3-21a），通过小摇臂与摇臂轴使摇臂升降。也有将调高千斤顶放在端部（图3-21b）或截割部固定减速箱内（图3-21c）。

用机身调高时，调高千斤顶可安装在机身上部（图3-22），也可装在机身下。

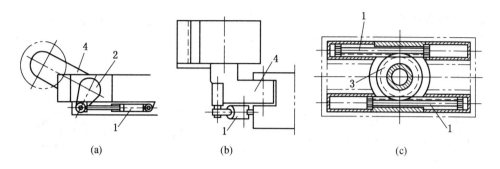

1—调高千斤顶；2—小摇臂；3—摇臂轴；4—摇臂

图3-21 摇臂调高方式

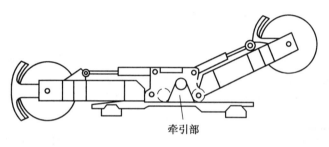

图3-22 机身调高方式

典型的调高液压系统如图3-23所示。调高泵2经滤油器1吸油，靠操纵换向阀3，通过双向液压锁4，使调高千斤顶5升降。双向液压锁用来锁紧千斤顶活塞的两腔，使滚筒保持在所需的位置上。安全阀6可保护整个系统。

2) 喷雾降尘装置

喷雾降尘是用喷嘴将压力水高度扩散，使其雾化，形成将粉尘源与外界隔离的水幕。雾化水能拦截飞扬的粉尘而使其沉降，并能起到冲淡瓦斯、冷却截齿、湿润煤层和防止截割火花等作用。

内喷雾：喷嘴装在滚筒叶片上，将水从滚筒内向截齿喷射。

外喷雾：喷嘴装在采煤机机身上，将水从滚筒外向滚筒及煤层喷射。

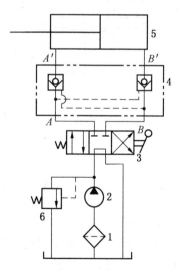

1—滤油器；2—调高泵；3—换向阀；4—双向液压锁；5—调高千斤顶；6—安全阀

图3-23 调高液压系统

内喷雾喷嘴离截齿近，可以对着截齿前面喷射，把粉尘扑灭在刚刚生成、还没有扩散的阶段，内喷雾降尘效果好，耗水量小。但供水管要通过滚筒轴和滚筒，需要可靠的回转密封，喷嘴也容易堵塞和损坏。

外喷雾喷嘴离粉尘源较远,粉尘容易扩散,耗水量较大,但供水系统的密封和维护比较容易。

喷嘴是喷雾系统的关键元件,要求其雾化质量好,喷射范围大,耗水量小,尺寸小,不易堵塞和拆装方便。常见的喷嘴结构如图3-24所示。

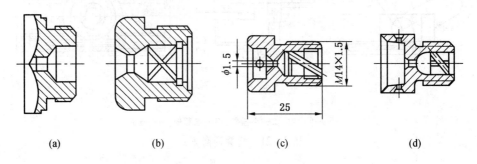

图3-24 常见的喷嘴结构

MLS3-170型采煤机喷雾冷却系统,如图3-25所示。其供水由喷雾泵站沿工作面顺槽管路、工作面拖移软管接入,经截止阀、过滤器及水分器分成四路:1、4路供左、右截割部内、外喷雾,2路供牵引部冷却及外喷雾,3路供电动机冷却及外喷雾。

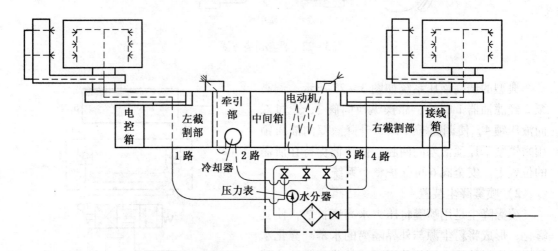

图3-25 MLS3-170型采煤机喷雾冷却系统

3)防滑装置

骑在输送机上工作的采煤机,当煤层倾角大于10°时,就有下滑危险。特别是链牵引采煤机上行工作时,一旦断链,就会造成机器下滑的重大事故。因此,《煤矿安全规程》规定:使用滚筒式采煤机采煤时,工作面倾角在15°以上时,必须有可靠的防滑装置。常用防滑装置有防滑杆、制动器、液压安全绞车等。

(1)防滑杆:设置在采煤机底托架下顺着煤层倾斜向下的方向(图3-26)。它可利用手把操纵,采煤机上行采煤时,将防滑杆放下;下行时,将防滑杆抬起。防滑杆只用于中、小型采煤机。

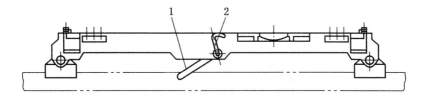

1—防滑杆；2—手把

图 3-26 防滑杆

（2）液压制动器：在无链牵引中，可用设在牵引部液压马达输出轴上的圆盘摩擦片式液压制动器，代替设在工作面上顺槽的液压安全绞车，防止停机时采煤机下滑。

液压制动器结构如图 3-27 所示。图 3-27 中内摩擦片 6 装在马达轴的花键槽中，外摩擦片 5 通过花键套在离合器外壳 4 的槽中。内外摩擦片相间安装，靠活塞 3 中的弹簧 7 压紧。弹簧的压力使摩擦片在干摩擦作用下产生足够大的制动力，防止机器下滑。

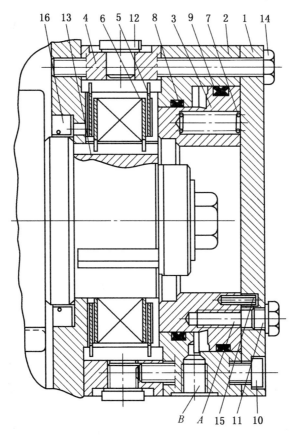

1—端盖；2—液压缸体；3—活塞；4—离合器外壳；5—外摩擦片；6—内摩擦片；7—弹簧；
8、9—密封圈；10、14—螺钉；11、12—丝堵；13—马达轴；15—定位销；16—油封

图 3-27 液压制动器结构

4）电缆拖移装置

电缆夹（图 3-28）由框形链环、销轴、挡销、板式链、弯头等部件组成。

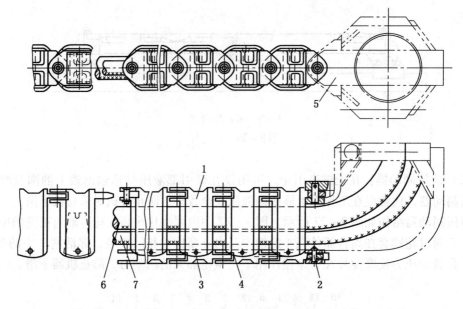

1—框形链环；2—销轴；3—挡销；4—板式链；5—弯头；6—水管；7—电缆

图 3-28 电缆夹

7. 电控系统

1）采煤机电控系统功能

采煤机的操作指令，截割部的恒功率控制以及记忆截割技术，行走部的驱动调速装置的运行指令和负荷平衡控制，采煤机的监测监控显示，系统保护和故障诊断等，都由电控系统来完成。

2）国内外电控系统现状

近年来，国内采煤机电气控制系统有较大的发展。其主要有两类：一类是基于 PLC 的控制系统，另一类是基于工控机的控制系统，但均用在普通产品的控制系统。

PLC 技术比较成熟，开发环境简单，但与采煤机专用传输器和特殊操作设备接口不对接，不能满足系统大量数据的实时检测处理，难以实现复杂控制和故障诊断。

国内主要采用一体化工控机外配基于 485 总线的各类输入、输出模块，来构建电控系统。硬件开发投入少，软件开发环境简单，但工控机系统与外围模块之间通信速度低，使用操作反应比较迟钝，保护的实时性比较差。

目前，国外先进的采煤机都采用基于网络总线结构的计算机控制系统，实现完善的动作控制、工况监测和运行数据记录、数据初步分析和远程检测等功能。部分电控系统还具有局部网络化扩展和记忆截割功能。

天地科技上海分公司在长期使用 PLC 为核心的采煤机控制系统的基础上，开发了分布嵌入式电气控制系统。控制系统采用模块化网络分布式结构，根据控制对象的结构和功能特点，将控制系统划分为若干功能模块，各模块相对独立，模块之间用高可靠性的现场总线相连。主控模块设计成以 DSP 控制器为核心的功能单元，利用 DSP 控制器的超强数字运算功能，综合处理传感器的大量信息，实现高实时性的智能控制。

3）控制系统功能

控制系统具有以下功能：高压箱温度、湿度检测及保护，主控制单元温度检测及保护，摇臂关键轴承温度的检测及保护，瓦斯浓度检测、预警及保护，电缆张力检测及保护，变频器故障检测及保护，水路压力检测及保护，水路流量检测及保护，过载检测、预警及保护，三相负荷检测、预警及保护，温度检测、预警及保护，漏电检测及保护，先导回路自动检测，采煤机顺序启动，截割功率控制，负载动态平衡调节，语音预警功能，摇臂倾角检测，机身倾角检测，采煤机在工作面的位置记忆，记忆截割功能（选配），数字操作键盘，无线操作键盘（选配），端头站操作，无线遥控操作，运行数据储存，参数设置，顺槽数据通信（选配），306个运行参数实时显示。

4）电控系统技术的发展

电控系统技术的发展方向：采煤机截割滚筒的自动调高控制，采煤机与液压支架的协调控制，采煤机与工作面输送系统的协调控制，采煤机远程控制方法和信息传输技术。

8. 滚筒采煤机主要工作参数的确定

采煤机的工作参数规定了滚筒采煤机的适用范围和主要技术性能，它们既是设计采煤机的主要依据，又是综采成套设备选型的依据。滚筒采煤机主要工作参数如下：

1）采煤机采高 H_t

采煤机的实际开采高度称为采高。采高的概念不同于煤层厚度，分层开采厚煤层或有顶煤冒落，或有底煤残留时，煤层厚度就大于采高。反之，在薄煤层中，由于截割顶板或底板，采高也可能大于煤层厚度。考虑煤层厚度的变化、顶板下沉和浮煤等会使工作面高度减小，因此，煤层（或分层）厚度不宜超过采煤机最大采高的90%~95%；不宜小于采煤机最小采高的110%~120%。采高对确定采煤机整体结构有决定性影响，它既规定了采煤机适用的煤层厚度，也是与支护设备配套的一个重要参数。

双滚筒采煤机的采高范围主要取决于滚筒的直径，也与采煤机的某些结构参数有关。如机身高度、摇臂长度及其摆动角度范围等。对于双滚筒采煤机，其最大采高一般不超过滚筒直径的2倍。双滚筒采煤机的采高范围如图3-29所示。

采煤机的采高 H_t 应与煤层厚度 M 的变化范围相适应。由于浮煤和顶板下沉的影响，工作面的实际高度会在开采过程中减小，为保证采煤机能正常工作，采高 H_t 与煤层厚度 M 应保持下列关系：

$$H_{tmin} = \frac{M_{min}}{1.1 \sim 1.2} \quad (3-9)$$

或

$$H_{tmin} = M_{min} - (0.25 \sim 0.35) \quad (3-10)$$

$$H_{tmax} = \frac{M_{max}}{0.9 \sim 0.95} \quad (3-11)$$

或

$$H_{tmax} = M_{max} + 0.2 \quad (3-12)$$

式中 H_{tmin}、H_{tmax}——采煤机最小、最大采高，m。

根据经验数据，国内放顶煤时顶煤厚度基本保持在2.3~3.2 m。

另外，采煤机采高和放煤高度的采放比应处于合理范围，一般是1:3~1:1。当煤层厚度较大时，可提高采高；反之，降低采高。

对于一定直径的滚筒,采煤机的采高范围是一定的。如果需要在较大范围内改变采高,则必须改变滚筒直径,必要时,还需改变机身的高度(即改变底托架的高度)、摇臂长度及其摆角范围。

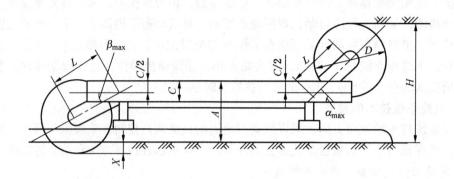

A—机身上部距底板的距离;C—机身箱体厚度;L—摇臂回转中心到滚筒轴心的长度;α_{max}—摇臂相对机身水平向上摆动的最大角度;β_{max}—摇臂相对机身水平向下摆动的最大角度;D—滚筒直径

图 3-29 双滚筒采煤机的采高范围

在选用采煤机时,为了满足采高的要求,需要合理选择滚筒直径和机身高度。

2) 采煤机滚筒截深 B

采煤机截割机构每次切入煤体内的深度 B 称为截深。它取决于工作面每次推进的步距,是决定采煤机装机功率和生产率的主要因素,也是支护设备配套的一个重要参数。

截深的选取与煤层厚度 M、煤层软硬程度、顶板岩性,以及支架移架步距有关。截深一般小于 1 m,加大截深可提高采煤机的生产率,但会使工作面无立柱空间宽度和液压支架的步距加大。目前,多数采煤机采用 0.6 m 截深,大功率采煤机可取到 0.75 m 左右。在薄煤层中由于工作条件差,牵引速度不能太大,为了达到高的生产率,在顶板条件允许时,可将截深加大到 0.75~1.0 m。在厚煤层中受输送机生产率限制时,可适当减小到 0.5 m,这对缩小控顶距、避免冒顶和片帮事故也有好处。

3) 采煤机设计生产率

采煤机的设计生产率可按下式计算:

$$Q_t = 60 H_t B' v_q' \rho \qquad (3-13)$$

式中 H_t——采煤机的平均采高,m;

B'——滚筒的有效截深,m;

v_q'——给定条件下采煤机最大牵引速度,m/min;

ρ——煤的实体密度,通常取 $\rho = 1.3 \sim 1.4$ t/m³。

由于在采煤过程中,需进行采煤机日常维护、故障处理、顶板支护、片帮处理等工作,进而出现采煤机停顿现象,导致采煤机的实际生产率比设计生产率低很多。所以需注意,为满足工作面实际生产能力要求,采煤机实际生产能力要大于工作面设计生产能力的 10%~20%。

4) 采煤机牵引速度

以采用端部斜切进刀双向割煤方式为例,采煤机截煤时,牵引速度越高,单位时间内的产煤量越大，但电动机的负荷和牵引力也相应增大。为使牵引速度与电动机负荷相适应，牵引速度应能随截割阻力的变化而变化。当截割阻力变小时，应加快牵引，以获得较大的切屑厚度，增加产量；当截割阻力变大时，则应降速牵引，以减小切屑厚度，防止电动机过载，保证机器的正常工作。为此，牵引速度应是无级的，至少是多级的，并且能随截割阻力的变化自动调速。目前，双滚筒采煤机的最大截割牵引速度可达 10~12 m/min，有的采煤机最大牵引速度高达 18~20 m/min。截煤时，牵引速度一般不超过 5~6 m/min，而较大的牵引速度只用于调动机器和装煤。

选择工作牵引速度时，首先应考虑采煤机的生产能力应与采区运输设备的运输能力相适应，以便使采下的煤能顺利运出。此外，还应考虑采煤机的负荷，以免机器过载。

(1) 根据工作面设计生产能力来选择牵引速度。

工作面设计生产能力为

$$Q = 60HBv_q\rho \tag{3-14}$$

可知，牵引速度 v_q（单位：m/min）计算公式如下：

$$v_q = \frac{Q}{60HB\rho} \tag{3-15}$$

式中 H——采煤机采高，m；

B——采煤机截深，m；

ρ——煤的实体密度，通常取 $\rho = 1.3 \sim 1.4 \ t/m^3$。

另外，选择牵引速度时，还应考虑滚筒截齿的最大切削厚度。对于一定的滚筒转速和允许的截齿切削厚度，可用下列公式求出允许的工作牵引速度：

$$v_q = \frac{mnt}{1000} \tag{3-16}$$

式中 t——采煤机允许的截割切屑厚度，mm；

m——滚筒每一截线上的截齿数；

n——滚筒转速。

假如滚筒转速 n 为 50 r/min，每一截线上的截齿数 m 为 2，允许的切削厚度 t 为 50 mm，则允许的工作牵引速度为

$$v = \frac{2 \times 50 \times 50}{1000} = 5 \ (m/min) \tag{3-17}$$

(2) 采煤机牵引速度和液压支架移架速度的匹配关系。

牵引速度与移架速度的匹配关系见表 3-2。

表 3-2 采煤机牵引速度和液压支架移架速度匹配关系表

采煤机牵引速度/(m·min^{-1})	6	7	8	9	10	11	12	13	14
支架单架移架时间/(s·架$^{-1}$)	13.6	11.6	10.0	9.0	8.2	7.5	7.0	6.3	5.8

5) 割煤速度 V_j

割煤速度，也称为截割速度，是指滚筒截齿齿尖的圆周切线速度。截割速度取决于截割部传动比、滚筒转速和滚筒直径。割煤速度对采煤机的功率消耗、装煤效果、煤的块度

和煤尘等有直接影响。为了减少滚筒截割时产生的细煤、粉尘和大块煤,应降低滚筒转速。滚筒转速对滚筒截割和装载过程的影响较大,但是对粉尘生成和截齿使用寿命影响较大的是截割速度,而不是滚筒转速。目前,滚筒采煤机的截割速度一般为 3.5~5.0 m/min,少数机型只有 2.0 m/min 左右。滚筒转速是设计截割部的一项重要参数,新型采煤机直径 2.0 m 左右的滚筒转速多为 25~40 r/min,直径小于 1.0 m 的滚筒转速可高达 80 r/min。

满足工作面生产能力要求的采煤机平均割煤速度 v_j(m/min) 的计算公式为

$$V_j = \frac{L_s + 2L' + L_m}{1440 K_{rkj} B\rho(C_1 H_t L_s + C_2 H_f L_f)/A' - 3t_d} \quad (3-18)$$

式中 L_s——工作面长度,m;
L'——刮板输送机弯曲段长度,m;
L_m——采煤机两滚筒中心距,m;
K_{rkj}——采煤机平均日开机率;
C_1——采煤机采出率;
H_t——采煤机采高,m;
C_2——顶煤采出率;
L_f——放顶煤区段长度,m;
H_f——顶煤厚度,m;
A'——工作面单产,t/d;
t_d——采煤机运行时间,min。

6) 装机功率

采煤机所装备电动机的总功率,称为装机功率。装机功率越大,采煤机可采越坚硬的煤层,生产能力也越高。煤炭工业部部颁标准(MT 4—1984)《采煤机用电动机》规定,采煤机电动机功率系列为:100、150、170、200、300、375 kW。目前,有的牵引采煤机装机功率已增大至 1000~2000 kW,甚至更大。滚筒采煤机总消耗功率 P 包括截煤功率 P_j、装煤功率 P_z 和牵引功率 P_q 三部分。对于双滚筒采煤机总功消耗功率为

$$P = 2P_j + 2P_z + P_q \quad (3-19)$$

滚筒截煤时,消耗的功率 P_j 为

$$P_j = \frac{F_j v_j}{1000 \eta_j} \quad (3-20)$$

式中 P_j——消耗的功率,kW;
F_j——滚筒总平均截割阻力,N;
v_j——截割速度,m/s;
η_j——截割部总传动效率。

滚筒装煤功率 P_z 为

$$P_z = \frac{F_z v_j}{1000} \quad (3-21)$$

式中 F_z——滚筒装煤阻力,N。

牵引部的消耗功率 P_q 为

$$P_q = \frac{FV_q}{60 \times 1000 \eta_q} \quad (3-22)$$

式中 F——采煤机的总牵引阻力,N;
V_q——牵引速度,m/min;
η_q——牵引部总效率。

式(3-19)等式右边各项均受牵引速度的影响,所以该式可改写成如下形式:

$$P = P_0 + KV_q \tag{3-23}$$

式中 P_0——采煤机空载消耗功率,其值取决于工作机构的形式、结构和传动效率;
K——系数,取决于煤的性质、截割工况及截割参数、截齿几何形状及磨损程度等因素。

式(3-23)表明,采煤机的功率消耗与牵引速度成正比,并且在其他条件不变时,煤质越硬,直线的斜率越大。

比能耗是指采煤机每采落1t煤时所消耗的功,具体计算方法如下:

$$H_w = \frac{P_j + P_q + P_t}{60H_t BV_q r} \tag{3-24}$$

式中 P_j——采煤机截割功率,kW;
P_q——采煤机牵引功率,kW;
P_t——调高系统的功率,kW;
H_t——采高,m;
B——截割深度,m;
r——滚筒的半径,m。

工程上,一般采用单位比能耗法来确定采煤机的消耗功率(单位:kW),即

$$P = \frac{60BHV_q H_w}{3.6} \tag{3-25}$$

式中 H——采高,m;
H_w——采煤单位能耗(比能耗),MJ/m³,它是一个综合性指标,一方面它反映了采煤机技术完善程度,另一方面反映了开采煤层的力学性质,煤质越坚硬,能耗比越高。

考虑到功率储备,采煤机的装机功率一般为

$$P_d = (1.2 \sim 1.3)P \tag{3-26}$$

式中,1.2~1.3为功率储备系数。

7)滚筒的选择

若采用双滚筒采煤,可以双向采煤,也可以自开缺口,滚筒直径一般为采高的0.55~0.6倍。

8)机面高度

机面高度是采煤机的重要参数。根据采煤机采高范围不同,采煤机一般有几种不同的机面高度,其均可采用不同的底托架及输送机获得。

$$H_{tmax} = A - \frac{H'}{2} + L_y \sin\alpha'_{max} + \frac{D'}{2} \tag{3-27}$$

$$H_{tmin} = A - \frac{H'}{2} + L_y \sin\alpha'_{min} + \frac{D'}{2} \tag{3-28}$$

式中　　　A——机面高度；
　　　　　H'——电动机高度；
　　　　　L_y——摇臂长度；
　　　　　α'_{max}、α'_{min}——摇臂向上最大、最小倾角；
　　　　　D'——采煤机滚筒直径。

9）挖底量

为适应底板起伏不平，采煤机割煤挖底量一般取 $K = 100 \sim 300$ mm，也可根据机面高度来确定。

最大挖底量：

$$K_{max} = A - \frac{H'}{2} - L_y \sin\beta'_{max} - \frac{D'}{2} \tag{3-29}$$

最小挖底量：

$$K_{min} = A - \frac{H'}{2} - L_y \sin\beta'_{min} - \frac{D'}{2} \tag{3-30}$$

式中　β'_{max}、β'_{min}——摇臂向下最大、最小倾角。

9. 型号示例

部分采煤机技术特征见表 3-3。

表 3-3　采煤机技术特征

技术特征	单位	采煤机型号			
		MG300W（MG2×300W）	MG2×400GW	MG450/1020-WD	MXA-600/3.5A
采高	m	2.1~3.6	2.5~4.5	1.8~4.0	2~3.5
煤层硬度（坚固性系数 f）		$f=1\sim3$	$f\leq3$	硬或中硬	$f=2\sim4$
煤层倾角	(°)	≤35	≤17	≤18	0~40
截深	mm	630	630	0.63、1.0	656
滚筒直径	m	1.6、1.8、2.0	1.8、2.0、2.24	1.6、1.8、2.0、2.24	1.8
牵引方式		无链	无链	交流电牵引	液压、双牵引、无链
牵引力	kN	440（463）	500/250、420/224	420~700	400
牵引速度	m/min	0~5（0~5.2）	0~6/12、0~8/5	7.35、12.36	0~8.5
链条规格（无链牵引形式）	mm	销轮齿轨	摆线轮-销轨	摆线轮-销轨无链	齿销
滚筒中心距	mm	8389（9589）	11700		11526
机面高度	mm	1600	1985	1573	1640
挖底量	mm	316	370		400

表3-3（续）

技术特征		单位	采煤机型号			
			MG300W (MG2×300W)	MG2×400GW	MG450/1020-WD	MXA-600/ 3.5A
电动机	型号		YSKBC-300/300 (YSKBC-200A/200)	YBCSZ400/400	单出轴、注意 水质、防爆	DMB-300S
	功率	kW	300 (300×2)	400×2	2×450+2×50+20	300
	台数	台	1 (2)	2		20
	电压	V	1140	1140	3300	1140
耗水量/水压		(L·min^{-1})/ MPa	320/2.0	200/0.2		
喷雾灭尘方式			内、外喷雾	内、外喷雾	内、外喷雾	内、外喷雾
控顶距		mm	2445	2616		2279
最大不可拆 卸件尺寸（长× 宽×高）/质量		(mm×mm× mm)/t	3260×1275× 1039/8.572	8500×1195× 1332/9.5		3617×1110× 293/2.58
总重		t	40 (44)	51	46	50

【例题】 MG可调高滚筒式电牵引采煤机智能控制系统

一、工作环境

(1) 环境温度：-10~+40 ℃；

(2) 相对湿度：+25 ℃时，相对湿度≤90%；

(3) 海拔高度：≤2000 m；

(4) 有瓦斯和煤尘爆炸危险，但无腐蚀性气体的场合。

二、基本参数

(1) 防爆型式：矿用隔爆兼本安型"Exd [i_b] I"。

(2) 额定电压：AC1140 V（总功率≤700 kW）；AC3300 V（总功率>700 kW）。

(3) 额定频率：50 Hz。

(4) 牵引方式：交流变频调速电牵引（一拖一方式）。

(5) 工作方式：连续S1。

(6) 防护等级：IP54。

三、技术指标

(1) 自动调高控制最大误差：<100 mm；

(2) 行走位置重复定位精度：<100 mm；

(3) 煤岩界面辨识率：>50%（逐步提高）；

(4) 远程通信接口：10 M/100 M以太网；

(5) 远程控制最大距离：500~1000 m；

(6) 远程控制总响应时间：<1 s；

(7) 错误及故障历史记录：>200 项；
(8) 图像水平解析度：彩色≥400 线；
(9) 视频图像质量：不低于 4 分；
(10) 图像画面灰度：不低于 7 级；
(11) 图像传输：≥24 帧/s；
(12) 系统抗振性能：优于 50 m/s²；
(13) 系统粉尘环境适应性：优于 200 mg/m³。

四、MG 系列采煤机电控系统特点组成

1. 电控系统结构特点（图 3-30）

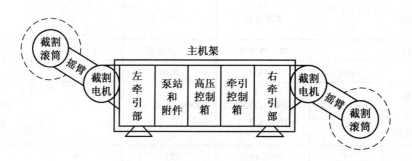

图 3-30 采煤机结构图

采煤机基本电控系统可分为 4 个腔室：①开关腔，内装隔离开关，真空接触器，控制变压器、漏电检测模块和瓦斯断电仪等；②接线腔，动力电缆、控制电缆线在这里完成接续；③主控及变频调速腔，内装控制器、显示装置和变频器；④变压器腔，内装牵引变压器和快速熔断器。

2. 电控系统组成

电控系统主要由交流拖动、自动控制、数据采集、变频调速、无线遥控、操作面板和人机界面七大部分组成。系统硬件主要由工控机（嵌入式 UNO-3072）、控制器（Hesmor HC-G16A）、IO 模块（Hesmor HS-IO-39）、操作站、变频器、遥控及接收机、显示器及键盘、隔离模块和相关传感器等组成。电控系统的结构如图 3-31 所示。

五、MG 系列采煤机电控系统功能

(一) 控制功能

1. 采煤机手动操作方式

(1) 机身中部按钮操作方式：实现采煤机启动、停止、左右截割启动/停止、牵启/牵断、牵引部调速换向控制（包括牵停、左牵、右牵、加速、减速）。

(2) 机身两端端头站操作方式：实现采煤机急停（切断上级真空磁力启动器）、左右截割部升降、牵引部调速换向控制、功能查询、故障屏蔽。

(3) 无线遥控操作方式：在 25 m 范围内实现远距离遥控，控制采煤机急停、左右截割部升降、牵引部调速换向控制。

2. 采煤机自动控制功能

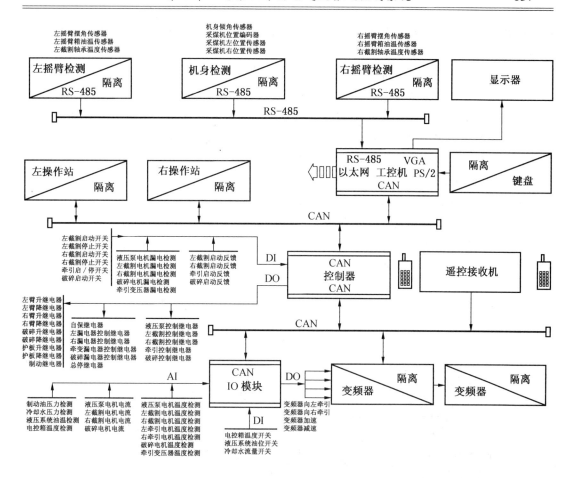

图 3-31 电控系统结构示意图

(1) 自动恒功率控制：当任一截割电机电流大于额定电流的 110% 时，主控器控制变频器执行牵引减速；当两台截割电机电流都小于额定电流的 90% 时，主控器控制变频器执行牵引加速，使电机的负载恒定在额定功率。

(2) 重载反牵控制：当任一截割电机负载超过额定功率 130% 时，主控器会进入反牵定时控制程式，控制变频器使采煤机以设定速度反向牵引 10 s 后，然后再继续沿原方向牵引；若反向牵引 10 s 结束后，截割电机负载仍无减小，则主控器将控制采煤机断电。

(3) 截割电机热保护：当左、右截割电机任何一台电机温度达到第一报警限值时 (135 ℃)，系统将截割电机电流降低一定数量 (70%)，若是达到最高上限值后 (155 ℃)，则整机停机。

(4) 电牵引的四象限控制：当工作面倾角较大（大于 30°），采煤机制动器松闸低速牵引时，因重力分力出现下滑现象，因此使用四象限变频调速系统，既能提供与采煤机运行方向一致的牵引力，又能提供与采煤机运行方向相反的制动力，满足采煤机大倾角割煤的要求。

(5) 牵引电机的负载控制：对牵引电机的数据进行检测、比较，然后进行左、右牵引电机负载的平衡、超载、欠载控制,当左、右电机负荷悬殊,控制器会根据信号进行两变频器的速度调节,达到平衡。

3. 采煤机截割滚筒智能调高控制功能

采煤机安装摇臂倾角传感器、机身仰俯角传感器和位置编码器,对采煤机姿态和位置进行检测,采集的信号由工控机处理后,根据控制模型控制输出,实现自动调高控制功能。自动调高功能可实现采煤机对煤层的记忆截割,在割煤的过程中还可对割煤和割岩的状态进行识别,从而进一步调整截割滚筒的位置。

1) 记忆截割功能

司机操纵采煤机沿工作面煤层先割一刀,控制系统将采煤机运行方向、速度、位置、机身与摇臂倾角、采煤高度等参数存入计算机进行学习。进入记忆截割模式后,采煤机执行运行动作和指令,再现示范模式存入的运行信息。控制模式包括手动截割、记忆截割和智能截割三种模式。工作方式为单机运行并留有网络接口。记忆截割控制图如图3-32所示。

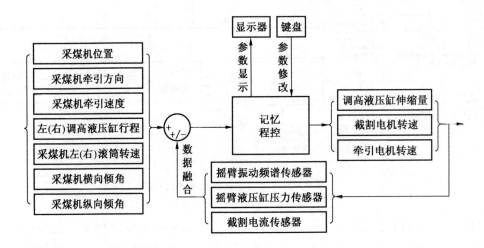

图3-32 记忆截割控制图

2) 煤岩识别控制

采用多传感器煤岩界面识别技术,根据截割扭振、加速度、力矩、截割电流等传感器参数检测,应用小波包分解技术对信号进行分析,提取信号特征量,利用模糊神经网络分类器进行分类判断,从而判断出截割状态,即截煤状态、截岩状态、由截煤到截岩的过渡状态、由截岩到截煤的过渡状态,结合采煤机位置、机身和摇臂倾角、顶板和底板煤岩界面等信息,实现滚筒自动调高。

(二) 检测功能

运用多传感器技术,对采煤机进行全方位检测,实现对采煤机的监控。

(1) 截割电机电流、温度、绝缘检测。

(2) 液压泵电机电流、温度、绝缘检测。

(3) 牵引电机电流、温度、绝缘检测。

(4) 牵引变压器温度检测。
(5) 制动压力检测。
(6) 牵引方向、速度、力矩检测。
(7) 变频器直流电压检测。
(8) 瓦斯浓度检测。
(9) 电源动力检测：总电源、控制系统电源、本安电源等。
(10) 控制箱环境检测：电控箱温度、湿度。
(11) 冷却系统检测：冷却水压力、流量。
(12) 液压系统检测：系统压力、制动压力、系统油温、系统油位。
(13) 润滑系统检测：摇臂截割润滑、牵引行走润滑。
(14) 传动系统检测：截割轴承温度、行走轴承温度。
(15) 采煤机姿态检测：左右摇臂摆角、机身仰俯角、机身倾角。
(16) 采煤机位置检测：旋转编码器、终端限位传感器。
(17) 煤岩识别检测：截割滚筒扭振、加速度、力矩检测。
(18) 动力拖移电缆张力检测。

（三）故障记录与查询

综合各传感器传输来的信号，对电源状态、电动机的温度和电流、电控腔体内的温度和湿度、轴承温度、电缆拉力等数据与正常数据进行比较分析，当出现异常时发出警报，提醒及时检查排除，防止故障扩大；对于设备运行的异常状态进行记录，以利于随时进行故障查询。

保护功能：
(1) 采煤机零位保护（采煤机制动/松闸）。
(2) 采煤工作面瓦斯检测及断电保护。
(3) 采煤机截割电机热保护，过载、漏电保护。
(4) 采煤机牵引电机热保护，过载、漏电保护。
(5) 变频器故障保护。
(6) 采煤机牵引变压器热保护。
(7) 制动油压和冷却水压保护。
(8) 主电源、控制电源故障保护。
(9) 截割、牵引轴承过热保护。
(10) 电控箱腔体过热、过湿保护。
(11) 电缆张力过大保护。
(12) 冷却水流量过小保护。
(13) 油位过低保护。
(14) 油温过高保护。
(15) 截割力过大保护。
(16) 远程通信故障保护。

（四）网络通信以及远程监控功能

采煤机具有远距离通信网络扩展功能。采煤机与顺槽控制中心间采用 CAN 总线通信，通过网络扩展可实现采煤机的远程监控。

（五）数字化显示功能

采煤机显示系统由液晶显示器、本安型键盘和鼠标组成，以图形曲线、全中文界面实现人机交互。通过键盘和鼠标选择显示主菜单、信息汇总、截割部电流和温度曲线、牵引部电流、速度和温度曲线、泵站电机电流曲线、记忆截割、自动调高等菜单，进行参数模式设定等功能，实现采煤机全面参数数字、曲线显示。

采煤机显示系统采用多级菜单方式，通过键盘或鼠标进行选择、查询、设置和修改。在常规显示状态下，显示页面如下：

(1) 截割状态的一般信息。
(2) 采煤机位置信息。
(3) 采煤机摇臂、机身倾角。
(4) 左、右截割电动机电流/温升曲线和数据。
(5) 牵引速度/电流条形表。
(6) 牵引电机电流/温升曲线和数据。
(7) 牵引速度曲线和数据。
(8) 主从变频器参数和故障信息显示。
(9) 牵引方向、速度、力矩显示。
(10) 泵电机电流/温升曲线和数据。
(11) 通信模块状态。
(12) 状态信息灯。
(13) 错误信息和状态记录查看。
(14) 记忆截割页面。
(15) 参数模块设定页面。

（六）机载视频监视功能

在采煤机上安装低照度机载摄像机，用于跟踪监视截割滚筒、煤壁、顶板、支护情况，辅助监视工作面生产状态。通过有线通信方式，将现场图像信号传输到集控中心显示器上，为煤矿生产、调度和决策提供直观、可靠的观察手段。

第三节　可弯曲刮板输送机

一、刮板输送机的结构与类型

（一）刮板输送机的工作原理

刮板输送机是指将敞开的溜槽作为煤炭、矸石或物料等的承受件，将刮板固定在链条上（组成刮板链）作为牵引构件。当机头传动部启动后，带动机头轴上的链轮旋转，使刮板链循环运行，带动物料沿着溜槽移动，直到机头部卸载。刮板链绕过链轮作无级闭合循环运行，完成物料的输送。

（二）刮板输送机结构

刮板输送机的主要结构由机头部、机尾部和中间部三个大部分组成。此外，还有在机头和机尾装设的防滑锚固装置、供推移输送机用的液压千斤顶装置和紧链时用的紧链器等附属部件。机头部由机头架、电动机、液力偶合器、减速器及链轮等件组成,除卸载作用外,还对传动装置、链轮组件、盲轴和其他附属件等起着支承和装配的作用。中部由过渡槽、中部槽、链条和刮板等件组成。机尾部是供刮板链返回的装置,对于无传动装置的机尾部,只有机尾架和机尾导向滚筒;对有传动装置的机尾部,则包括机尾架、传动装置和链轮组件等。重型刮板输送机的机尾与机头也一样,设有动力传动装置。从安设位置的不同,分为上机头与下机头。刮板输送机结构如图 3-33 所示。

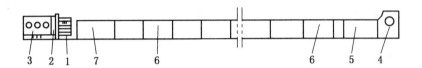

1—电动机;2—联轴器和连接罩;3—减速器;4—机头链轮;
5—机头架;6—中部槽;7—机头过渡槽

图 3-33 刮板输送机结构

(三) 刮板输送机类型

按牵引链的结构形式,可将刮板输送机分为双边链、双中链和单链 3 种。

1. 双边链刮板输送机

双边链结构是目前国外使用最广泛的刮板输送机结构形式。与单链相比其优点是预张力较小,能承受较大的张力,链条充满上下溜槽两边的槽帮链道,并可自行清扫链道积煤。缺点是溜槽磨损较大,2 条刮板链受力不均。其代表机型有国产 SGW-250 型、SGB764W/264 型及英国 ML-722 型双边链刮板输送机。

2. 双中链刮板输送机

双中链刮板输送机将 2 条相同直径的链条并列布置在溜槽中心,与双边链相比,这种结构形式的刮板链受力均匀,弯曲性和使用性能较好。其代表机型有国产 SGZ-730/320 型、SGZ-764/264 型及西德 MZL-600 型等。

3. 单链刮板输送机

单链刮板输送机结构简单,事故少,受力均匀,运行平稳,摩擦阻力小,溜槽利用率高和弯曲性能好,在输送机上不易出现堵塞。但其预张力较大。其代表机型有国产 SGWD-250 型及德国 EKF-HB280 型。

二、刮板输送机主要工作参数的确定

刮板输送机的选择,一般是根据其技术特征,按现场产量和条件,进行选型、确定台数。

(一) 输送能力计算

刮板输送机输送能力按下式计算:

$$Q = 3600F\psi\gamma v \tag{3-31}$$

$$F = Bh_1 + \left[\frac{(B+b)^2\tan\rho'}{2} - \frac{b\tan\rho}{2}\right] \tag{3-32}$$

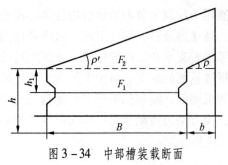

图 3-34 中部槽装载断面

式中 Q——刮板输送机输送能力，t/h；
F——中部槽装载断面面积（图 3-34），m^2；
ψ——中部槽装满系数，一般取 $\psi = 0.65 \sim 0.9$；
γ——煤的松散密度，一般 $\gamma = (0.85 \sim 1) \times 10^3$ kg/m^3；
v——刮板输送机链速，m/s。

ρ——静止时煤在溜槽中的堆积角度，取 $\rho = 30° \sim 40°$；
ρ'——运动时煤在溜槽中的堆积角度，取 $\rho' = 20° \sim 30°$；
B——溜槽宽度，m；
h_1——上槽高度，m；
b——挡煤板至溜槽边缘距离，m。

根据上式计算所得输送机输送能力应大于采煤机生产能力，有一定的备用能力。

（二）运行阻力计算

运行阻力一般是采用逐点计算法，从主动链轮上的分离点开始编号，如图 3-35 所示。

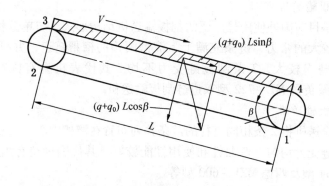

图 3-35 运行阻力计算示意图

重段运行阻力为

$$W_{xh} = (q\omega + q_0\omega')L\cos\beta \pm (q + q_0)L\sin\beta \tag{3-33}$$

空段运行阻力为

$$W_K = q_0 L(\omega'\cos\beta \mp \sin\beta) \tag{3-34}$$

式中，各符号意义同前。阻力系数 w、ω' 见表 3-4。

上式中，当刮板链向上运行时取"+"号；当刮板链向下运行时取"-"号。

（三）电动机功率计算

综采工作面刮板输送机多采用多电机驱动，其电机驱动方式分为双电机双机头和机头机尾采空区单侧布置两种。顶板条件较好时，也可选用单机头双电机的布置方式。

根据工作面倾角、铺设长度、输送量等条件，计算电动机功率：

表3-4 阻 力 系 数

刮板输送机的类型	ω	ω'
单链刮板输送机	0.4~0.6	0.25~0.4
双链刮板输送机	0.6~0.8	0.20~0.35

注：表中的数值是指在底板平坦、刮板输送机铺设平直的条件下得出的，若底板不平、输送机铺设得不平直，阻力系数可稍大些。另外，单链并列式刮板输送机的阻力系数可稍大些。

$$N = \frac{KK_1K_2[q(\omega\cos\beta \pm \sin\beta) + 2q_0\omega'\cos\beta]Lvg}{1000\eta} \quad (3-35)$$

式中　K——电动机备用功率系数，取 1.15~1.2；
　　　K_1——考虑刮板链绕过两端链轮时的附加阻力系数，取 $K_1 = 1.1$；
　　　K_2——考虑水平弯曲时刮板链与中部槽侧帮之间的附加阻力系数，取 $K_2 = 1.1$；
　　　N——电动机功率，kW；
　　　q——输送机上的单位长度货载质量，kg/m，$q = 1000F\psi\gamma$；
　　　q_0——刮板链单位长度质量，kg/m；
　　　β——刮板输送机的安装倾角，(°)；
　　　ω——货载与中部槽间运行阻力系数，取 0.6~0.8；
　　　ω'——刮板链与中部槽间运行阻力系数，取 0.2~0.35；
　　　L——输送机铺设长度，m；
　　　η——传动装置效率，取 $\eta = 0.72$；
　　　g——重力加速度，$g = 9.8 \text{ m/s}^2$。

（四）工作面刮板输送机长度

输送机的铺设长度要能够达到工作面长度，即工作面上只铺设一台输送机，所以所选输送机的出厂长度 L_c 大于工作面长度的值 L_S 时，符合要求。

（五）输送机刮板链强度验算

在工作面条件恶劣、输送机能力较大时，还应对刮板链强度进行验算，计算公式如下：

$$K = \frac{ZS_p\lambda}{1.2S_{max}} \geqslant 3.5 \quad (3-36)$$

式中　K——刮板链抗拉安全系数；
　　　S_p——一条刮板链的破断拉力，kN；
　　　S_{max}——刮板链实际承受的最大张力，kN，即刮板链与主动链轮间相遇点的张力；
　　　Z——链条数，单链时取1；
　　　λ——双链负荷不均匀系数，模锻链 λ 取 0.65，圆环链 λ 取 0.85，单链 λ 取 1.0；
　　　1.2——刮板链运行动载系数。

三、刮板输送机选型原则

煤矿输送设备的技术指标不仅包含具体的技术参数，而且包含可靠性指标。工作面输送机的主要技术性能参数：输送能力、铺设长度、总装机功率。可靠性指标则用整机寿命和无故障连续运行时间表示。

煤矿选择输送机性能的基本原则：输送机的性能在特定的安装条件下，能够实现煤矿工作面的单产期望指标；输送机可靠性应保证在一次工作面安装运行期间无大修，基础部件无更换。

（一）与输送机性能有关的选型原则

（1）由工作面的预期年产量或日产量，参照输送机的设计输送能力，确定大致的输送机型号范围。

（2）输送机的输送能力应大于采煤机的生产能力。

（3）工作面刮板的实际铺设长度通常应小于输送机的设计长度。但需注意的是，输送机的输送能力是工作面长度和倾角的函数。当工作面长度或倾角发生变化时，应对输送能力进行调整，尤其是工作面铺设长度超过设计长度时更要注意，应避免出现输送机能力不足的问题。必要时，要准确确定输送机的实际输送能力，应咨询输送机设计工程师。

（4）输送机的中部槽高度应与开采条件相适应。较薄煤层和普通机械化开采应选用高度较矮的中部槽；高产高效综合机械化开采，一般不受中部槽高度的限制。

（5）工作面煤炭的可采储量应与输送机的寿命相适应。

（6）要根据刮板链负荷情况决定刮板链数目，结合煤质硬度选择刮板链结构型式：煤质较硬、块度较大时，优先选用双边链；煤质较软时，可选用单链和双中心链。

（7）性能相同（相近）的输送机建议选择圆环链。规格较大的输送机，可大幅度减少圆环链断链事故的频次。

（8）现代输送机选型倾向于具有较大的功率储备。

（9）单电动机功率大于 375 kW 的输送机，建议采用 3300 V 电压供电。

（10）输送机的结构和尺寸应满足与其他设备总体配套要求。

（二）与输送机可靠性有关的选型原则

输送机的可靠性主要考核指标是输送机的整机寿命和无故障连续运行时间。对于输送机的整机寿命在性能选型中已得到解决，延长输送机的无故障连续运行时间的关键是降低输送机的故障率。

1. 刮板输送机故障分类

刮板输送机的故障可以分成两大类，一类是可预测故障，另一类是不可预测故障，对这两类故障应区别对待。

（1）可预测故障。对于可预测故障，可事前安排维修，减少维修工作量，以使煤炭产量影响较少。例如，通过对减速器、链轮的运行噪声、温度等进行检测，对润滑油质进行化验，对检测记录进行综合分析，可以对维修作出事前建议。对于溜槽、链轮的磨损状况进行常规检测，很容易作出是否需要更换的决定。

（2）不可预测故障。不可预测故障的发生是随机的，只要满足一定的诱发条件，故障随时可能发生。例如，圆环链是输送机传动系统的重要环节，数以千计的链环中任何一个环节断裂都将迫使工作面停产。现今的技术尚不能预测圆环链某个环节即将断裂，也不能预测某一段刮板处的链环可能由于意外的刮卡而损坏。由于不可预测故障通常发生在生产过程中,致使故障的处理难度较大,对煤炭的产量影响较大。

2. 刮板输送机选型时的可靠性要求

由于可靠性对于输送机运行至关重要,选型中应重视以下几点:

(1) 输送机应留有足够的功率储备。

(2) 圆环链应选购质量稳定的生产厂商的产品。在输送机总体尺寸允许的前提下,选配高一个规格的圆环链,可有效减少不可预测故障的发生。

(3) 输送机配置可有效进行机械保护的传动装置,可削减瞬间冲击负荷对传动系统的冲击幅值,减少断链事故的发生。这类传动装置有摩擦限矩离合器、CST液黏传动减速器和液力偶合器等传动装置。

(4) 在输送机的减速器等关键部位配置实时监控装置,自动监测关键部位的工作状态,可为输送机检修提供数据依据。

(5) 输送机配置可伸缩机尾,尤其是配置可随刮板链张力变化自动调整行程的伸缩机尾,可使刮板链在适度张紧的状态下工作,有利于输送机正常运行,延缓机件的磨损。

(6) 为了配合滚筒采煤机斜切进刀不开切口,应优先选用短机头和短机尾,但机头架和机尾架中板的升角不宜过大,以减少通过压链块时的能耗。

(7) 与无链牵引的采煤机配套时,机身附设结构型式相应的齿条或销轨,与采煤机的行走轮齿相咬合。为了配合采煤机有链牵引或钢丝绳牵引的需要,在机头和机尾部应附设采煤机牵引链的张紧装置及其固定装置。但该种牵引方式很不安全,现已很少采用。

(8) 为了防止重型刮板输送机下滑,应在机头机尾安装防滑锚固装置。

(9) 刮板输送机溜槽两侧应附设采煤机滑靴或行走滚轮跑道,为防止采煤机掉道,还应设有导向装置。在输送机靠近煤壁一侧附设铲煤板,以清理机道浮煤。此外,为配合采煤机行走时能自动铺设、拖移电缆和水管,应在输送机靠近采空区一侧附设电缆槽(一般与挡煤板制成一体)。

从上述针对输送机可靠性的技术对策中可以看出,与可靠性有关的技术与现代传动控制技术密切相关。在这一领域,国产输送机还存在不小的差距,还需有所突破。

四、型号示例

自从20世纪40年代刮板输送机问世以来,历经70余年的发展,世界各国的刮板输送机在各方面已经取得了很大的发展,并各自形成了系列产品。其元件,如圆环链、链轮、开口式接链环和刮板等均已有国际标准。圆环链的机械性能由B级(最小破断应力630 N/mm^2)发展到D级(最小破断应力1000 N/mm^2)。圆环链的规格发展到中双链 $\phi 38 \times 137$ mm、中单链 $\phi 42 \times 152$ mm,溜槽的宽度发展到1000 mm以上,刮板输送机的输送能力发展到1500~3500 t/h,电动机最大功率发展到3×525 kW及以上。尽管在近年来我国的刮板输送机技术发展较快,但与世界先进国家相比,还有一定的差距。

常用的国产可弯曲刮板输送机的技术特征见表3-5。

国产超重型综采刮板输送机的性能指标见表3-6。

表3-5 常用的国产可弯曲刮板输送机技术特征

产品型号	设计长度/m	出厂长度/m	输送能力/(t·h⁻¹)	链速/(m·s⁻¹)	电动机功率/kW	链条型式	液力偶合器	刮板链 规格	刮板链 质量/kg	中部槽(长×宽×高)/(mm×mm×mm)	采机牵引方式	紧链装置	设备质量/t
SGB-620/40T	100	100	150	0.86	40	双边链	YL-400A	18×64-B	18.8	1500×620×180	有链	摩擦式	17.6
SGB-620/80T	160	160	150	0.86	2×40	双边链	YL450/A	18×64-B	18.8	1500×630×190	有链	摩擦式	35.6
SGB-630/75	120	120	250	0.868	75	双边链	YL-450A	18×64-C	18.8	1500×630×190	有链	摩擦式	49.06
SGB-630/150C	200	200	250	0.86	2×75	双边链	YL-450A	18×64-C	18.8	1500×630×190	有链	摩擦式	87.6
SGD-630/180	200	150	400	0.92	2×90	单链	TY-487	26×92-C	28.6	1500×630×222	有链、无链	摩擦式	94
SGD-630/230	160	150	450	1.07	2×110	单链	—	26×92-C	31.23	1500×630×220	无链	摩擦式	83
SGBF-630/230	170	150	400	1.0	2×110	双边链	YO-480R	18×64-C	21.25	1500×642×190	无链	链轮	112.2
SGB-630/264	200	150	450	1.12	12×132	双边链	—	22×86-C	31.57	1500×630×222	无链	闸盘	100.4
SGZ-730/264W	200	150	600	0.96	2×132	中双链	YL560	26×92-C	57.0	1500×730×220	无链	液压马达	181.0
SGZ-730/220	160	150	450	1.07	2×110	中双链	—	26×92-C	57.0	1500×730×220	无链	闸盘	114.6
SGZ-764/264W	200	150	900	0.96	2×132	中双链	2SJ-132	26×92-C	57.0	1500×764×222	无链	闸盘	166.0
SGB-764/264W	200	150	700	1.12	2×132	中双链	45S	26×86-C	34.34	1500×764×222	无链	闸盘	158.9
SGZ-764/320	200	150	900	0.96	2×160	中双链	YL-560	26×92-C	57.0	1500×764×222	无链	闸盘	131.5
SGZ-764/320	200	150	900	0.96	2×100	双边链	YL-560	26×92-C	57.0	1500×764×222	无链	闸盘	139.0
SGZC-330/500	200	150	1000	1.21	2×250	准双	—	30×108-C	58.4	1500×830×280	无链	闸盘	200.0
SGZ-764/400	200	150	900	1.1	2×200	边链	—	26×92-C	58.4	1500×764×222	无链	闸盘	—

表3-6 国产超重型综采刮板输送机的性能指标

项 目	单 位	开 发 项 目	
		日产7000 t	日产10000 t
输送能力	t/h	1500	2000
铺设长度	m	200	230
装机功率	kW	2×400	2×525 或 2×375
链速	m/s	约1.2	
链条规格	mm	2-φ34×126	2-φ38×137
溜槽尺寸	mm	(830~1000)×330×1500	
中板/底板厚	mm	40/25	
槽间连接强度	kN	3000	
中部槽寿命	Mt	3	
链条寿命	Mt	1~1.5	

第四节 液 压 支 架

一、液压支架结构与类型

(一) 液压支架的结构

液压支架是一种以液压为动力,实现支架的升降、前移等运动,以支撑和维护顶板,提供安全作业空间的支护设备。液压支架的基本部件包括顶梁、立柱、底座、掩护梁、推移装置、护帮板等,如图3-36所示。

(二) 液压支架的类型

按在采煤工作面的安装位置的不同,液压支架可分为端头液压支架和中间液压支架两种。端头液压支架简称端头支架,其专门安装在每个采煤工作面的两端;中间液压支架是安装在除工作面端头以外的采煤工作面上所有位置的支架。

按液压支架对顶板的支护方式和自身结构特点的不同,其可分为支撑式、掩护式和支撑掩护式3种基本架型,目前主要发展后两种架型。

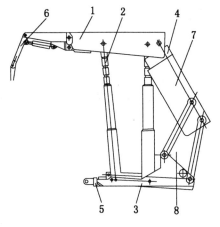

1—顶梁;2—立柱;3—底座;4—掩护梁;5—推移装置;6—护帮装置;7—活动侧护板;8—连杆

图3-36 液压支架结构简图

$$\text{液压支架}\begin{cases}\text{支撑式液压支架}\begin{cases}\text{垛式支架}\\ \text{节式支架}\end{cases}\\ \text{掩护式液压支架}\begin{cases}\text{单铰式液压支架}\\ \text{四连杆式液压支架}\end{cases}\\ \text{支撑掩护式液压支架}\end{cases}$$

1. 支撑式支架

在结构上没有掩护梁，支柱直接通过顶梁对顶板起支撑作用的支架称为支撑式支架。支撑式支架是出现最早的一种支架架型，按其结构和动作方式的不同，支撑式支架可分为垛式支架和节式支架两种结构形式。支撑式支架的结构特点：顶梁较长，其长度多在 4 m 左右，而且立柱多，一般 4~6 根，且垂直支撑；支架后部设复位装置和挡矸装置，以平衡水平推力和防止矸石窜入支架的工作空间内。支撑式支架的支护性能：支撑力大，且作用点在支架后部，因此切顶性能好；支架的工作空间和通风断面大；对顶板重复支撑的次数多，容易把完整的顶板压碎；抗水平载荷的能力差，稳定性差；护矸能力差，矸石易窜入工作空间。支撑式支架结构如图 3-37 所示。

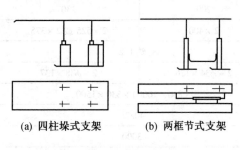

(a) 四柱垛式支架　　(b) 两框节式支架

图 3-37　支撑式支架结构

支撑式支架对顶板的遮盖率低，抗侧向推力性能差，故不适用于中等稳定以下的顶板，而适用于直接顶稳定、基本顶有明显或强烈周期来压，且水平力小的条件。

2. 掩护式支架

在结构上有掩护梁，单排立柱连接掩护梁或直接支撑顶梁对顶板起支撑作用的支架称为掩护式支架。根据立柱布置和支架结构特点，掩护式支架可分为单铰掩护式支架和四连杆掩护式支架两种。

按底座与输送机的相对关系，掩护式液压支架分为插底和不插底两种。插底式配用专门的下部带托架的输送机，支架底座前部较长，伸入输送机下部，对底板压力小，是不稳定顶板和软底板工作面的主要架型，如 T13K 型支架，底座插入输送机下面，因此顶梁较短，约 1.2 m，称之为短顶梁插底式掩护支架；不插底式配用通用型输送机，如 ZYZ 型支架，底座与输送机脱开，故顶梁较长，约 2 m 以上，称之为长顶梁不插底式掩护支架，如图 3-38 所示。

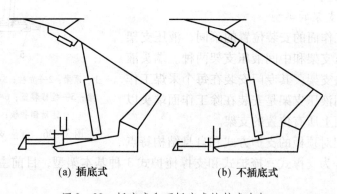

(a) 插底式　　　　　　(b) 不插底式

图 3-38　插底式和不插底式掩护式支架

掩护式液压支架特点：立柱较少，立柱一般向前倾斜布置，顶梁较短。而掩护梁直接与垮落的岩石相接触，主要靠掩护作用来维持一定的工作空间；掩护性和稳定性较好，调高范围大，对破碎顶板的适应性较强，但支撑力较小，适用于支撑松散破碎的不稳定或中等稳定顶板。

3. 支撑掩护式支架

支撑掩护式支架,在结构和性能上综合了支撑式和掩护式两种支架的特点。因此,它兼有支撑式和掩护式支架的结构特点和性能,以支撑为主,掩护为辅,靠支撑和掩护的作用来维持一定的工作空间。这类支架的切顶性、防护性和稳定性均较好,可用在压力较大、破碎、易于冒落或中等稳定的顶板,稳定顶板和松软底板等条件下也可应用。

支撑掩护式支架特点:

(1) 支撑能力大,顶梁受力状态好,切顶性能强。
(2) 具有掩护梁,能有效将工作空间和采空区隔开,防止矸石窜入。
(3) 支架稳定性较好,有较大的工作空间,便于通风和行人。
(4) 结构比较复杂,钢材用量多,造价高。

支撑掩护式支架是在吸收支撑式和掩护式两种支架优点的基础上,发展起来的一种支架型式。这种支架以支撑为主,并有掩护作用,可用在破碎顶板、中等稳定顶板,稳定顶板和松软底板等条件下应用。

4. 特种液压支架

特种液压支架是为满足某些特殊要求而发展起来的液压支架,如放顶煤液压支架、铺网液压支架、铺网放顶煤液压支架、大倾角液压支架等,它们在结构形式上仍属于上述基本架型之一。

二、液压支架的工作原理

液压支架的种类很多,按支架与围岩的相互作用关系分为支撑式、掩护式和支撑掩护式三类;按使用地点的不同,可分为工作面支架和端头支架两类。现主要介绍支撑掩护式液压支架的工作原理。

支撑掩护式液压支架的工作原理如图3-39所示,液压支架通过液压系统提供的液体压力,推动立柱和推移千斤顶伸缩,即可实现立柱升降和推溜移架两方面的基本动作。

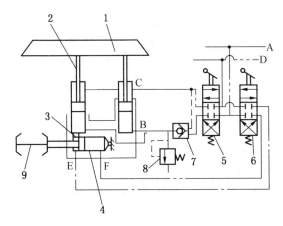

1—顶梁;2—立柱;3—底座;4—推移千斤顶;5—立柱操纵阀;6—推移千斤顶操纵阀;7—液控单向阀;
8—安全阀;9—刮板输送机;A—主进液管;B、C、E、F—管路;D—主回液管

图3-39 支撑掩护式液压支架的工作原理

(一) 升降

升降是指液压支架升起支撑顶板到下降脱离顶板的整个工作过程，这个工作过程包括初撑、承载、恒阻和降架 4 个动作阶段。

1. 初撑阶段

将立柱操纵阀 5 的手柄扳到升架位置（即操纵阀 5 上位接入系统），由乳化液泵站来的高压液体流经主进液管 A 和立柱操纵阀 5，打开液控单向阀 7，经管路 B 进入立柱下腔。与此同时，立柱上腔的乳化液经管路 C 和立柱操纵阀 5 流回到主回液管 D。在液体压力的作用下，立柱活塞伸出，使顶梁升起支撑顶板。顶梁接触顶板后，立柱下腔液体压力逐渐增高，压力达到泵站自动卸荷阀调定压力时，泵站自动卸载，停止供液，液控单向阀关闭，使立柱下腔的液体封闭，这一过程称为液压支架的初撑阶段。

2. 承载阶段

支架达到初撑力后，顶板随着时间的推移会缓慢下沉，从而使顶板作用于支架的压力不断增大。随着压力的增大，封闭在立柱下腔的液体压力也相应增高，呈现增阻状态，这一过程一直持续到立柱下腔压力达到安全阀动作压力为止，称之为增阻阶段。

3. 恒阻阶段

在增阻阶段中，由于立柱下腔的液体受压，其体积减小，使立柱刚体弹性膨胀，支架下降一段距离，我们把这段下降的距离称为支架的弹性可缩量，下降的性质称为支架的弹性可缩性。安全阀动作后立柱下腔少量液体经安全阀溢出，压力随之减小。当压力低于安全阀关闭压力时，安全阀重新关闭，停止溢流，支架恢复正常工作状态。

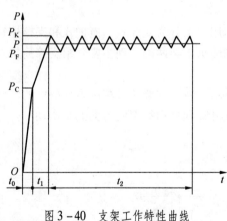

图 3-40 支架工作特性曲线

在这一过程中，由于安全阀卸载而引起支架下降，这种性质称之为支架的永久可缩性（简称可缩性）。支架的可缩性保证了支架不会被顶板压坏。以后随着顶板下沉的持续作用，上面的过程重复出现。由此可见，安全阀从第一次动作后，立柱下腔的压力便只能围绕安全阀的动作压力而上下波动，支架对顶板的支撑力也只能在一个很小的范围内波动，可近似地认为它是一个常数，所以称这一过程为恒阻阶段，并把这时的最大支撑力称作支架工作阻力。支架工作特性曲线如图 3-40 所示。

4. 降架阶段

降架是指支架的顶梁脱离顶板而不再承受顶板压力的过程。当采煤机将工作面一部分的煤开采完毕需要移架时，就要将液压支架卸载，使其顶梁脱离顶板。把立柱操纵阀 5 的手柄扳到降架位置（即立柱操纵阀 5 下位接入系统），由泵站输出的高压液经主进液管 A、立柱操纵阀 5、管路 C 进入立柱上腔。与此同时，高压液流分路进入液控单向阀 7 的液控腔，将单向阀推开，为立柱下腔回液构成通路，立柱下腔液体经管路 B、被打开的液控单向阀 7、立柱操纵阀 5 向主回液管回液。此时，立柱下降，支架卸载，直至顶梁脱离顶板为止。

(二) 推移

在工作面一部分的煤开采完毕要移动液压支架到其他部位时，就要推移液压支架向前或者向后移动。液压支架的推移动作包括移架和推移刮板输送机（推溜）两个阶段。根据支架的形式不同，移架和推溜的方式也各不相同，但其基本原理都相同，即支架的推移动作是通过推移千斤顶的推、拉来完成的。图3-39表示了支架与刮板输送机互为支点的推移方式，移架和推溜共用一个推移千斤顶4，该千斤顶的两端分别与支架底座和输送机相连。

（三）移架

支架降架后，将推移千斤顶操纵阀6的手柄扳到移架位置（即操纵阀6接入系统），从泵站输出的高压液经主进液管A、操纵阀6、管路E进入推移千斤顶4的左腔，其右腔的液体经管路F、操纵阀6流入到主回液管D。此时，千斤顶的活塞杆受输送机的制约不能运动，所以千斤顶的缸体便带动支架向前移动，实现移架。当支架移到预定位置后，将操纵阀手柄放回零位。

（四）推移输送机

移到新位置的支架重新支撑顶板后，将操纵阀6的手柄放到推溜位置（即将操纵阀6接入系统），推移千斤顶4的右腔进液，左腔回液，因缸体与支架连接不能运动，所以活塞杆在液压力的作用下伸出，推移输送机向煤壁移动。当输送机移到预定位置后，将操纵阀手柄放回零位。

采煤机采煤过后，液压支架依照降架→移架→升架→推溜的次序动作，称为超前（立即）支护方式。该方式有利于对新裸露的顶板进行及时支护，缺点是支架有较长的顶板梁（用以支撑较大面积的顶板），所以承受的顶板压力大。与此不同，液压支架依照推溜→降架→移架→升架的次序动作，称为滞后支护方式。该方式不能及时支护新裸露的顶板，但顶梁长度可减小，承受顶板的压力因而减小。上述两种支护方式各有利弊，为了既能对新裸露的顶板及时支护，又能使顶板承受较小的压力、减小顶梁长度，可用采煤机采煤后，前伸梁立即伸出支护新裸露的顶板，然后依次进行推溜→降架→移架（同时缩回前伸梁）→升架的动作，进行支护。

三、支架电液控制系统

（一）支架电液控制系统阶段

支架电液控制系统分以下3个阶段：

第一阶段为单台支架电液控制，既可对单台支架的单个动作进行控制，又可对支架的"降柱—移架—升柱"循环进行程序控制。

第二阶段为成组支架电液控制，即沿工作面以若干台支架为一组，按给定的动作顺序移动支架的半自动化控制。

第三阶段为全工作面采煤设备完全自动化的电液控制，即支架电液控制系统与安装有位置测量仪的采煤机、输送机的自动控制系统相结合，实现从巷道中的中央控制台或井上控制室进行远距离控制。

（二）电液控制系统组成

电液控制系统由电源箱、中央控制台、支架控制箱、本安型电液先导阀、液压主控阀组、压力传感器、位移传感器和传输电缆等组成，具体如图3-41所示。

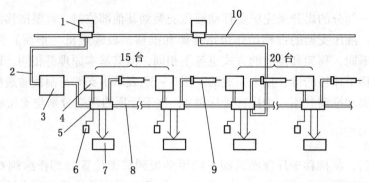

1—电源箱；2—控制器供电电缆；3—中央控制台；4—支架控制箱；5—分线盒；
6—压力传感器；7—电磁操纵阀；8—过架电缆；9—位移传感器；10—输电线

图 3-41 电液控制系统组成

1. 电源箱

电源箱为防爆兼本安型，用于供给中央控制台、支架控制箱、电液先导阀及传感器等的工作用电。各国井下防爆标准不同，工作面电源数量不一，容量大的为一台，容量小的为多台。一般 10~20 台支架设一台电源箱。

2. 中央控制台（主机）

中央控制台由微处理器、显示屏幕、键盘、输入输出模块、存储器等组成的专用计算机系统。

每个工作面设一台中央控制台，置于工作面顺槽巷道中，用电缆与支架控制箱串联。中央控制台是全工作面电液控制系统的控制中心，主要功能是修改、储存支架控制箱运行参数，监控工作面支架运行情况，在自动程序控制中协调采煤机与支架同步运行，为地面监控室传送工作面运行情况及数据。

3. 支架控制箱

支架控制箱是由单片机、程序存储器、输入输出接口、通信电路、驱动电路、电源、键盘等组成的计算机控制系统。

每架设一台支架控制箱，相邻支架控制箱用电缆连通。液压支架控制箱是支架电液控制枢纽，主要功能是通过操作键盘输入的指令，使左右支架实现相应的动作，接收中央控制台信息以及压力传感器、位移传感器的反馈信号，经计算机判断处理后监测该控制箱所控制支架的程序动作，显示和修改单台支架的运行参数。支架控制箱如图 3-42 所示。

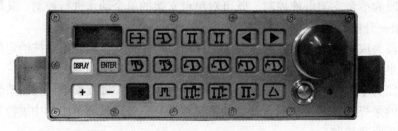

图 3-42 支架控制箱

4. 位移传感器

位移传感器采用直流差动式、干簧管式或电磁开关式等结构型式，大多安装在支架的推移千斤顶上，用以测量支架和输送机的相对位移量。

5. 压力传感器

压力传感器常采用电阻应变式结构，安装在支架立柱下腔管路上，用以测量立柱下腔的压力。

6. 电液先导阀

电液先导阀是电液转换元件，用于控制液压主控阀组，由支架控制箱输出的直流电驱动电磁铁或微电机等电气元件，使两位三通先导阀开通，停电后依靠弹簧力自动将先导阀关闭。

7. 主控阀组

主控阀组多为两位三通多片组合阀。主控阀利用电液先导阀的开启和关闭，控制通向立柱、千斤顶的高压液体的通和断。主控阀一般通径较大，通液能力强，可实现立柱、千斤顶的快速伸缩。

8. 分线盒及电缆

分线盒与电缆用于控制系统各电气元部件的接线与连接。分线盒一般为全密封的金属盒，电缆为带有防护胶管的多芯电缆。

（三）基本控制方式

基本控制方式可分为单架单动作双向控制、单架自动循环双向控制和成组支架自动程序控制，保留手动检修控制。

1. 单架单动作双向控制

在工作面任意一台支架控制箱上逐个控制左邻架或右邻架所有立柱和千斤顶的伸、缩动作。

2. 单架自动循环双向控制

在工作面任意一台支架控制箱上控制左邻架或右邻架的降柱—移架—升柱自动循环动作。

3. 成组支架自动程序控制

根据支架动作和工作面采煤工艺的不同情况，编制不同的程序软件。

例如，对于支撑掩护式带挑梁装置支架，操作者首先可在采煤机所在位置附近的若干台支架上，按照采煤工艺的要求，分别预先设置 A、B、C、D 动作流程。成组支架自动程序控制方式如图 3-43 所示。

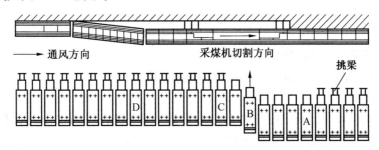

A—挑梁收；B—降柱—移架—升柱；C—挑梁伸；D—推输送机

图 3-43 成组支架自动程序控制方式

A 流程——支架挑梁收。在采煤机前滚筒之前第 2 架或第 3 架预置此动作。

B 流程——支架降柱—移架—升柱循环动作。在采煤机前滚筒之后第 2 架或第 3 架预置此动作。

C 流程——支架挑梁伸。在 B 流程动作支架之后第 1 架或第 2 架预置此动作。

D 流程——支架推输送机。在采煤机后滚筒之后第 10 架预置此动作。

完成预置动作后，操作者在工作面内任意一台支架上（一般应在可视范围内）按程序启动按键后，被预置 A、B、C、D 流程的支架自动完成各自动作。

动作结束后，即把动作准备指令传递给该组的下一台支架，经过一个规定的时间间隔后，再在下一台支架自动重复上一架支架的动作。

以此类推，全工作面支架依次动作，直至全工作面完成一次采煤循环。

四、液压支架主要工作参数的确定

（一）支架支护强度

支架支护强度的确定既要保证对工作面顶板实现有效控制，又要满足回采工艺的各种要求。其计算公式为

$$P = \max[P_1, P_2] \qquad (3-37)$$

$$P_1 = M\gamma\cos\alpha \qquad (3-38)$$

$$P_2 = \frac{M\gamma g\beta\cos\alpha}{k-1} \qquad (3-39)$$

式中　P_1、P_2——顶板载荷，MPa；

　　　M——煤层厚度，m；

　　　γ——支架顶部煤岩平均重度；

　　　α——煤层平均倾角，(°)；

　　　g——支架顶板动载荷系数；

　　　β——支架和顶板之间附加阻力系数；

　　　k——顶板煤岩碎胀系数。

（二）工作阻力（额定）

支架支护强度确定后，工作阻力主要取决于支护顶板的控顶面积。支架控顶面积主要与工作面"三机"配套设备的断面纵向尺寸有关，工作面"三机"配套设备的断面纵向尺寸在采煤机、刮板输送机定型后，方可准确确定。所以，现确定的是额定工作阻力，待后续"三机"配套后，再进行修正。

$$F \geq PB_c L/\eta \qquad (3-40)$$

式中　P——首采区工作面额定支护强度；

　　　B_c——控顶距，其包括支架顶梁长度和梁端距离；

　　　L——支架中心距；

　　　η——支撑效率，其主要取决于支架架型，即立柱在不同工作面状态的倾斜角度的不同，支撑效率也不同。

（三）支架高度 H_z

先确定最大高度 $H_{\max}$ 和最小高度 $H_{\min}$，然后再根据采煤机采高 H_1 确定支架高度 H_z。

$$H_{\max} = M_{\max} + 0.2 \qquad (3-41)$$

$$H_{\min} = M_{\min} - (0.25 \sim 0.35) \qquad (3-42)$$

$$H_{min} \leq H_z \leq H_{max} \quad (3-43)$$

式中 M_{max}、M_{min}——煤层最大、最小厚度，m。

根据采煤机采高要求，确定"三机"配套的最低支架结构高度：

$$H_{min} = A + C + t \quad (3-44)$$

式中 t——支架顶梁厚度；

A——采煤机机身高度 + 输送机高度 + 采煤机底托架高度 h_d（自输送机中部起计算），底托架高度 h_d 要保证过煤高度 $E > 250 \sim 300$ mm；

C——采煤机机身上方的空间高度，按便于司机操作及留有顶板下沉量确定。

（四）支架的伸缩量和伸缩比

根据支架的伸缩量，可以确定立柱的行程。在工作面采高变化较大时，应使用双伸缩立柱或采用机械加长段。机械加长段装在立柱活柱头上，用销轴固定，每拔出一段机械加长段，可使支架高度在原尺寸上增高 200 mm。机械加长段一般有 3~5 段。

液压支架最大结构高度与最小结构高度之比称为伸缩比，即

$$K = \frac{H_{max}}{H_{min}} \quad (3-45)$$

伸缩比 K 反映了支架对采高变化的适应能力，K 越大表示适应煤层变化的能力越强。薄煤层中 K 值为 2.5~3.0，中厚煤层中 K 应为 1.4~1.6。两柱掩护支架 K 可达 3.0，支撑掩护支架 K 可达 2.0~2.5。

（五）初撑力

支架的初撑力是指在泵站工作压力作用下，支架的全部立柱升起，顶梁与顶板接触时支架对顶板的支撑力。

初撑力的作用是减缓顶板的早期下沉速度，增加顶板的稳定性，使支架尽快进入恒阻状态。

选取初撑力时应考虑以下几点：

（1）直接顶顶板中等稳定以下，支架的初撑力一般应为工作阻力的 70%~80%。

（2）机道上方的顶板稳定性较好时，适当的顶板下沉有利于减少顶板在采空区悬顶，因此初撑力不宜过高，但不应低于工作阻力的 55%。

（3）对于基本顶来压强烈的工作面，为避免顶板大面积悬顶垮落时冲击负荷损坏机械设备，初撑力应适当加大，一般不低于工作阻力的 75%。

（4）当支架用于厚煤层的下分层时，若初撑力太小，在移架时容易形成大量的网兜而难于控顶，初撑力一般取采高的 2~3 倍的岩石重力。

（六）装配要求

由于底板截割不平，输送机产生偏斜。为了避免采煤机滚筒截割顶梁，支架梁端与煤壁应留有无支护的间隙梁端距 D，其约为 200~400 mm。煤层薄时取小值，厚取大值。从前柱到梁端的长度应为

$$L = F - B - D - (8 \sim 12)x \quad (3-46)$$

式中 F——支架前柱到煤壁的无立柱空间（前边有计算）；

B——截深，即采煤机滚筒的宽度；

D——支架梁端与煤壁应留有的无支护间隙梁端距；

x——立柱斜置产生的水平增距,可按立柱最大高度的投影计算。

从支护性能讲,梁端距 D 越小,顶板覆盖率越大。但顶梁前部长度 L 要加大,因而合适的梁端距要根据具体条件确定。

支架的宽度应与中部槽长度一致,推移千斤顶的行程最好应大于截深 100~200 mm。

（七）放煤步距

放顶煤是综放工艺中的最关键的工序,约 60% 的煤由支架的放煤口放出。开始放煤必须达到一个放煤步距。放煤步距决定着回采率和煤炭质量:放煤步距选择偏大时,顶煤落入采空区,遗煤量大;放煤步距太小时,放不出煤,且采空区矸石大量涌入放煤口,影响煤质。

由多次现场实践可知,采煤机截深为 0.6 m 时,为两刀一放;截深为 0.8 m 和 1.0 m 时,为一刀一放。放煤步距要与支架放煤口的纵向尺寸的水平投影一致;与采煤机截深成整数倍关系,可以是 1.2、0.8、1.0 m。实践证明合理的放煤步距为 1 m 左右。

五、液压支架选型原则

液压支架的选型,其根本目的是使综采设备适应矿井和工作面的条件,投产后实现工作面高产、高效、安全,并为矿井的集中生产、优化管理和最佳经济效益提供条件。因此,必须根据矿井的煤层、地质、技术和设备条件进行液压支架的选型,具体选型原则如下:

（1）支架结构应与煤层赋存条件相适应。

（2）支护强度应与工作面矿压相适应。支架的初撑力和工作阻力要适应直接顶和基本顶岩层移动产生的压力,将空顶区的顶底板移近量控制到最低。

（3）支护断面应与通风要求相适应,保证足够的风量通过,而且风速不得超过《煤矿安全规程》的有关规定。对瓦斯涌出量大的工作面,应优先选用通风面积大的支撑式或支撑掩护式支架。

（4）当煤层厚度超过 1.5 m、顶板有侧向推力或水平推力时,应选用抗扭能力强的支架,一般不宜选用支撑式支架。

（5）当煤层厚度达到 2.5 m 以上时,需要选择具有护帮装置的掩护式或支撑掩护式支架。煤层厚度变化大时,应选择调高范围较大的掩护式双伸缩立柱支架。

（6）应使支架对底板的压力不超过底板允许的抗压强度。在底板较软条件下,应选用有抬底装置的支架或插腿掩护式支架。

（7）液压支架应与采煤机、刮板输送机等设备相匹配。支架的宽度应与刮板输送机中部槽长度相一致,推移千斤顶的行程应比采煤机截深大 100~200 mm,支架沿工作面的移架速度应能跟上采煤机的工作牵引速度,移架速度还应满足生产指标的要求,支架的梁端距应为 350 mm 左右。

（8）在同时允许选用几种架型时,应优先选用价格便宜的支架。

（9）断层十分发育、煤层变化过大、顶板的允许暴露面积在 5~8 m^2、时间在 20 min 以上时,暂不宜采用综采。

六、型号示例

各类型支架的技术特征见表 3-7~表 3-10。

第三章 综采工作面电气设备及控制系统

表 3-7 支撑式液压支架技术特征

支架型号	支架型式	支撑高度/m	适用条件 煤层厚度/m	适用条件 煤层倾角/(°)	顶板 基本顶(级)	顶板 直接顶(类)	工作阻力/kN	初撑力/kN	操作方式	外形尺寸(长×宽×高)/(mm×mm×mm)	支架中心距/mm	支护强度/mm	对底板最大压力/MPa	泵站工作压力/MPa	安全阀开启压力/MPa	支架移架步距/mm	支架质量/t
ZD1600/7/13 (HZZC)	支撑式	0.7~1.32					1569.6	559		3400×900×700	1200	0.365	1.04	14.7			2.43
ZD4000/9/17 (TZIB)	支撑式	0.91~1.715					3924	4236		3200×1256×1715	1500	0.739	3.64	10.2			3.7
ZD2400/13/22 (BZZC)	支撑式	1.3~2.245					2354	602		3798×1040×1500	1200	0.51	4.18 2.07	10.2			4.18

表 3-8 掩护式液压支架技术特征

支架型号	支架型式	支撑高度/m	适用条件 煤层厚度/m	适用条件 煤层倾角/(°)	顶板 基本顶(级)	顶板 直接顶(类)	工作阻力/kN	初撑力/kN	操作方式	外形尺寸(长×宽×高)/(mm×mm×mm)	支架中心距/mm	支护强度/mm	对底板最大压力/MPa	泵站工作压力/MPa	安全阀开启压力/MPa	支架移架步距/mm	支架质量/t
BY300/11/28	掩护式	1.1~2.8	1.3~2.8	<30	Ⅰ、Ⅱ	1,2	3000	1632~2014	邻架	4833×1420×1100	1500	0.55	1.17 2.48	31.5	43.3	600	9.24
ZY2400/10/26	掩护式	1.0~2.60	2.4	≤25	Ⅱ	2	2400	1256	邻架	4850×1430×1000	1500	0.45	2.56	20	38.1	700	8.5
ZY3200/13/32	掩护式	1.3~3.2	3.0	≤35	Ⅱ	2	3200	2400	邻架	5000×1400×1300	1500	0.61	2.56	31.4	42	700	9.5
ZY6400/09/20D (电液控制)	掩护式	0.9~2.0					5400	5056	电液控制	5430×1440 (长×宽)	1500	0.773~0.99	2.5	31.5	39.8	600	

表 3-9 支撑掩护式液压支架技术特征

支架型号	支架型式	支撑高度/m	适用条件 煤层厚度/m	煤层倾角/(°)	基本顶(级)	直接顶(类)	工作阻力/kN	初撑力/kN	操作方式	外形尺寸(长×宽×高)/(mm×mm×mm)	支架中心距/mm	支护强度/mm	对底板最大压力/MPa	泵站工作压力/MPa	安全阀开启压力/MPa	支架移架步距/mm	支架质量/t
ZZ4000/17/35	支撑掩护式	1.7~3.5	2.1~3.5	≤25	Ⅰ、Ⅱ	2	4000	1884	邻架	5673×1420×1700	1500	0.78	2.15	25	31.84	700	10.5
ZZ3600/23/47（B）	支撑掩护式	2.3~4.7		<15			5600	5000	邻架	6100×1500（长×宽）		0.98			31.5	700	19.5
ZZS5600/14/28	支撑掩护式	1.4~2.8	1.6~2.6	≤20	Ⅳ	3	5600	4810	先导邻架	5830×1450×1400	1500	0.73~0.98	2.9	24.5	28.5	700~900	17.4
ZZ6000/25/50	支撑掩护式	2.5~5.0		<20			6000	5643	本架	6000×1430（长×宽）	1500	0.89~0.97	0.87	31.4		700	21.518
ZZS5600A/14/28	支撑掩护式	2.8~1.4	1.5~2.7	≤15	Ⅰ~Ⅳ		5600	4800	邻架先导	5830×1450×1400		0.98	2.9	31.5			17.3
ZZ7200/20.5/32	支撑掩护式	2.05~3.2	3.0	≤15	Ⅰ~Ⅱ	2~3	7200	5216	邻架	3625×1420×2050		1.03	4.35	31.4	43.3	750	17

表 3-10 放顶煤液压支架技术特征

支架型号	支架型式	适用条件			工作阻力/kN	初撑力/kN	操作方式	外形尺寸(长×宽×高)(mm×mm×mm)	支架中心距/mm	支护强度/mm	对底板最大压力/MPa	泵站工作压力/MPa	安全阀开启压力/MPa	支架移架步距/mm	支架质量/t
		支撑高度/m	煤层厚度/m	煤层倾角/(°)	顶板 基本顶(级)	直接顶(类)									
ZFS2800/15/28		1.55~2.8	5~14	≤15	11	2	2800	2000		2700×1430×1500		0.511	1.16~1.3	31.36			10
ZFS4800-16/26B	支撑掩护式	1.6~2.6		≤35			4800	3985	本架	6012×1420×1600	1500	0.91	1.29	31.5		600	18.39
ZFD5600/24/32		1.6~3.2	中厚	≤15	I~II	1,2	2578	1897		5210×1434×1600		1.008	1.11	31.36			15.2
ZFS6200/18/35	低位放顶煤	1.8~3.5	6.0~10	<20	I~II		6200	5232	本架邻架		1500	0.8~0.86	1.9	31.5			21.695
ZF3700/17/28	支撑式放顶煤	1.7~2.8	4~12				3700	3196			0.69~0.70	1.1					11.3
ZF4800/17/28H	大插板放顶煤	1.7~2.8	5~15				4800	3946				0.72~0.73	0.5				16.5

第五节　综采工作面供电

一、采区供电

（一）采区供电要求

随着采掘机械化程度的提高以及工作面电气设备总容量的增加，对井下采区供电提出了新的要求。

（1）采区供电电压已普遍提高，现采用 660 V 或 1140 V。

（2）为了缩短低压供电距离，一般使用隔爆移动变电站；为了配合采煤机组快速推进的需要，广泛采用组合式电气设备。

（3）在采区电气安全方面，广泛采用阻燃移动式橡套屏蔽电缆，使用漏电闭锁、有选择性漏电保护装置，使用照明、信号综合保护装置和煤电钻综合保护装置。

（二）采区变电所的功能及接线方式

1. 采区变电所的功能

采区变电所是采区用电的中心，其主要功能：将高电压变为低电压，并分配到该采区所有采掘工作面及其他用电设备。同时，采区变电所还将部分高压分配给该采区的移动变电站。

2. 采区变电所接线方式

1）采区变电所高压接线方式

采区变电所高压接线方式，因电源进线路数的不同而异。

（1）单电源进线。无高压出线且变压器不超过两台的采区变电所，可不设电源进线开关，如图 3-44a 所示。有高压出线的采区变电所，为便于操作，可设电源进出线开关，如图 3-44b 所示。

（2）双电源进线。双电源进线一般用于综采工作面或接有下山排水设备采区变电所。分两种情况：

①电源进线一回路供电、一回路备用，两回路均设进线开关。由于出线及变压器台数较少，母线不可分段。

②电源进线两回路同时供电。由于出线及变压器台数较多，两回路均设进线开关，且母线设分段开关，正常情况下分段开关断开，保持电源为分列运行状态。

2）采区变电所低压接线方式

每台变压器的低压侧都装有 1 台自动馈电开关作为总开关，并且配有漏电保护装置。对于大容量的采区变电所，低压侧总馈电开关都采用真空自动馈电开关，将漏电保护和其他保护共同形成一个综合保护插件。《煤矿安全规程》规定：井下由采区变电所、移动变电站或配电点引出的馈电线上，必须具有短路、过负荷和漏电保护。低压电动机的控制设备，必须具备短路、过负荷、单相断线、漏电闭锁保护及远程控制功能。

（三）采区变电所及工作面配电点

采区变电所一般设在靠近采区的上山或石门运输巷中。变电所硐室内设有高压防爆配电箱、变压器和低压馈电开关，向采区各低压负荷供电。

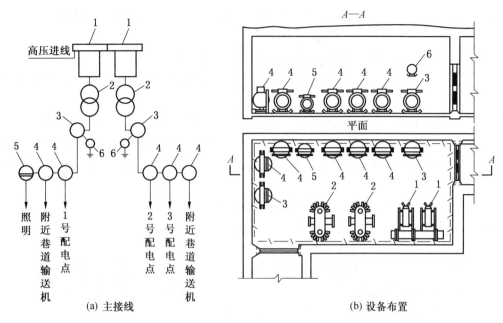

1—高压配电箱；2—矿用变压器；3、4—低压隔爆自动馈电开关；
5—照明变压器综合保护；6—检漏继电器

图 3-44 采区变电所

工作面配电点在采煤工作面附近，负荷比较集中，一般设工作面配电点，以便于操作、移动，并减少橡套电缆用量。从采区变电所到配电点一般采用低压橡套电缆，经总的馈电开关和各自的防爆磁力启动器，用橡套电缆分头向各负荷供电。对装备容量大的采掘工作面，可借助移动变电站将 6 kV 高压直接深入负荷中心，缩短低压供电距离，改善供电电压质量。移动变电站置于工作面附近的平巷内，它由高压开关、干式变压器和低压馈电开关或多组合开关组成，可借助轨道或单轨吊车沿平巷移动。高压侧用屏蔽电缆、高压电缆连接器和进线连接，移动时拆装方便。高低压的屏蔽电缆都配有漏电保护装置，确保供电安全。

按变压器中性点接法不同，井下供电可分为中性点直接接地、中性点经阻抗接地、中性点绝缘不接地系统。现分别介绍如下：

（1）中性点直接接地系统：单相接地故障电流大，容易引起火灾、瓦斯爆炸和人身触电危险，煤矿中不宜采用；

（2）中性点经阻抗接地系统：可将单相接地电流限制在适当值内，英国、美国、加拿大、澳大利亚等国采用；

（3）中性点绝缘不接地系统：发生单相接地或人身触电时，电流自电源经接地点或人身流入大地，再经其他两相的对地绝缘电阻和分布电容回到电源。分布电容较小和绝缘电阻较高时，接地电流小，安全性较好。但容易产生单相接地过电压，导致严重的相间短路，故须采用适当的漏电保护，及时切除单相接地事故。中国、俄罗斯等国都采用这种系统。

二、综采工作面供电

（一）综采工作面供电系统

井下采煤工作面供电方式主要有干线式、辐射式、混合式和移动变压器等。对于综采工作面，由于用电容量大、开采速度快等特点，其供电方式可依据具体情况选用。

1. 综采工作面对供电系统的要求

（1）综采工作面各生产机械宜采用辐射式单独电缆供电。

（2）刮板输送机由多台电动机驱动，容量都不太大时，可采用干线式供电；容量都较大时，可以采用辐射式单独供电。

（3）采用移动变电站。移动变电站的优点：缩短低压供电距离，减少电压损失。移动变电站可随工作面的推进而移动，移动变电站一般设置在工作面平巷，距工作面 150～300 m，工作面每推进 100～200 m，移动变电站就向前移动一次，保持低压供电距离不超过 500 m。

（4）力求减少电缆的长度，以减少电缆的截面面积。

（5）综采工作面照明灯间距不得大于 15 m。

2. 综采工作面供电系统的组成

（1）6 kV 高压系统。其由高压隔爆配电箱、移动变电站、高压屏蔽电缆等组成。

（2）1140 kV 低压系统。其由低压馈电开关（设有漏电、过流、短路保护装置）、真空电磁启动器、低压屏蔽电缆等组成。

3. 工作面配电点

工作面配电点是工作面及其附近巷道供电的中心，随着工作面的推进而移动。

（1）配电点的设备组成：其一般由低压配电开关、电磁启动器等组成。

（2）配电点的位置：一种是将开关设备安装在工作面附近的运输巷或回风巷内，一般距工作面 50～100 m。如掘进工作面的配电点大都安设在掘进巷道的进风侧或掘进巷道的贯通巷道内，一般距工作面 80～100 m；另一种是将开关设备等安装在移动变电站平车上，在工作面运输巷一侧敷设轨道，平车随着工作面的推进而移动，如综采工作面配电点。

综采工作面机电设备布置如图 3-45 所示。

（二）供电设备及电缆

1. 供电设备

矿井供电设备主要包括高压控制设备、变电设备、低压馈电设备及线路。其主要任务是分配与输送电能，以及控制电路通与断，完成供电。

矿用高压配电箱（俗称高压开关），可作为配电开关或控制保护变压器、高压电动机或高压线路。矿用高压配电箱分为两种，即矿用一般型和隔爆型。

矿用变压器，是为适应煤矿生产对变压器结构提出特殊要求的特种变压器。它是供电系统中的主要设备，用途是改变交流电压。煤矿常用的变压器大多为降压变压器，可用作动力和照明，分为油浸和干式隔爆型两种。

低压隔爆馈电开关，适用于有瓦斯、煤尘爆炸危险的矿井，是一种手动或电动合闸供电开关。主要用于井下低压配电线路中，设在变压器出口的一侧，作为 1140 V 及 660 V 或 380 V 低压电网总配（馈）电开关，因此有"馈电"开关之称。因为开关内有自动保护装置，可以在线路中出现过流或漏电故障时，能自动跳闸切断故障电源，所以又称"自动"开关。

2. 矿用电缆

第三章 综采工作面电气设备及控制系统

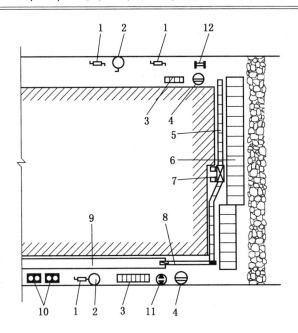

1—小绞车；2—小水泵；3—配电点；4—信号、照明、变压器综合装置；5—工作面输送机；6—液压支架；7—采煤机；8—转载机；9—带式输送机；10—移动变电站；11—液压泵站；12—回柱绞车

图3-45 综采工作面机电设备布置

电缆是供电系统的重要组成部分，尤其在煤矿井下，主要用电缆连接各种电气设备，构成井下供电系统。由于井下潮湿、巷道狭小，有冒顶和岩石塌陷等危险。为了保证井下供电安全可靠，井下供电线路禁止使用普通导线及裸体导线（电机车的架空线除外），必须使用矿用电缆。

1) 电缆的分类

(1) 电缆按用途可分为动力电缆、控制电缆、信号电缆和通信电缆。

(2) 电缆按电压等级可分为高压电缆、低压电缆。高压电缆如果用于低压电网，是很大的浪费。低压电缆绝不能用于高压电网，否则将使电缆击穿、烧毁，甚至引发电气火灾等重大事故。

(3) 电缆按结构可分为橡套电缆、铠装电缆和塑料电缆3种。这3种电缆的共同点：它们都有3根主芯线，用来传输三相电能，称为三相火线；它们都有1根接地芯线，用来连接保护接地；主芯线之间、主芯线与接地芯线之间都有一定厚度的绝缘层。它们的不同点：橡套电缆的3根火线都是铜的；铠装和塑料电缆的3根火线既有铜芯，也有铝芯。橡套电缆的接地芯线都是专设1根芯线；铠装电缆是用铠甲和内部的铅包层兼作接地芯线；塑料电缆有专设1根的，也有借用内部的金属屏蔽网和铠甲作接地芯线的。

橡套电缆、铠装电缆、塑料电缆所用材料及使用特点：橡套电缆的绝缘材料是橡胶，分为阻燃橡套电缆和屏蔽橡套电缆两种；铠装电缆的绝缘材料是油浸电缆纸或塑料；塑料电缆的绝缘材料是塑料，其优点是：允许工作温度高，绝缘性能好，护套耐腐蚀，敷设的落差不受限制等。

若电缆外部有铠装的，则与铠装电缆的使用条件相同；若外部无铠装，则与橡套电缆的使用条件相同。因此在条件许可时,应尽量采用塑料电缆。

铠装电缆都具有钢带或钢丝做成的铠甲,其最大优点是绝缘强度高,抗拉力能力强,所以钢丝铠装电缆适用于立井井筒或急倾斜巷道中,钢带铠装电缆适用于水平巷道或缓倾斜巷道中,铠装电缆适用于固定敷设,井下禁用铅包电缆;橡套电缆是软电缆,适用于移动或半移动电气设备。

(4) 电缆按绝缘分为纸绝缘电缆、橡胶绝缘电缆、塑料绝缘电缆。

电缆主芯线的截面面积有多种规格,必须按照所供负荷和供电距离正确选用。一定截面的电缆只能流通一定的电流,绝不能超过限定的电流。

常用电缆结构如图3-46~图3-50所示。

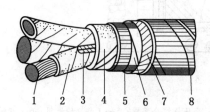 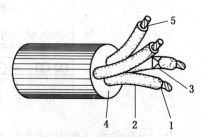

1—导电芯线;2—相间绝缘;3—黄麻填料;4—统包绝缘纸带;
5—内保护层;6—纸垫层;7—黄麻护层;8—钢带铠装层

图3-46 铠装电缆结构

1—导电芯线;2—橡胶分相绝缘;3—防振橡胶芯;4—橡胶护套;5—接地芯线

图3-47 阻燃橡套电缆结构

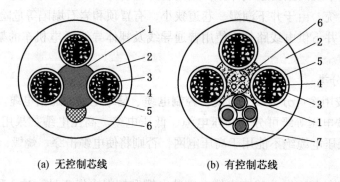

(a) 无控制芯线　　(b) 有控制芯线

1—垫芯;2—橡胶护套;3—主芯线;4—绝缘层;5—半导体屏蔽层;
6—接地芯线;7—控制芯线

图3-48 屏蔽橡套电缆结构

2) 矿用电缆的敷设

由于井下电缆很多,如果对其敷设及维护不当造成损坏,则容易引发严重事故,所以在敷设和维护中应特别注意。

井下电缆一般都沿井筒和巷道布置(有时为钻孔),为了确保安全,按照《煤矿安全规程》的规定,应符合以下要求:

(1) 电缆敷设前的检查。

①从长度最短、便于敷设和检修3个方面合理选择敷设线路。

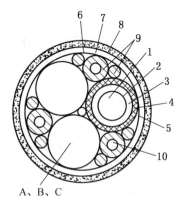
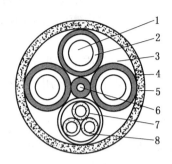

A、B、C—主芯线；1、10—铜绞线；2、6—导电胶布带；3—内绝缘；4—铜丝尼龙网；5—分相绝缘；7—统包绝缘；8—氯丁橡胶护套；9—导电橡胶、监视芯线

图 3-49　6 kV 级双屏蔽电缆结构

1—导电芯线；2—绝缘层；3—聚酯薄膜；4—导电胶布带；5—外护套；6—接地线；7—内护套；8—绝缘层

图 3-50　6 kV 级机组用屏蔽电缆结构

②检查敷设线路上支架是否完好，有无妨碍运输及敷设电缆之处；砌碹巷道是否有电缆挂钩，其安全距离和高度是否符合《煤矿安全规程》要求，穿墙管是否安装好，在敷设电缆接线盒的地点是否有淋水，电缆若横过运输巷时，应事先采取安全措施。

③检查电缆的型号、界面、电压等级和长度，测量圆线芯和扇形线芯界面，判断电缆的额定工作电压和校核电缆的长度。

④检查电缆的绝缘情况，观察其外表和两头密封是否正常，有无破损、压痕、漏油等，然后用摇表测量其绝缘电阻，并做直流泄漏和直流耐压试验。

⑤阻燃橡套电缆入井前还应做燃烧试验。

（2）电缆敷设的有关规定。

①电缆敷设地点的水平差应与表 3-11 中规定的电缆允许敷设水平差相适应。

表 3-11　矿用电缆敷设水平差的规定　　　　　　　　　　　　　　m

电缆类别	水平差应不大于	电缆类别	水平差应不大于
橡皮绝缘及橡套电缆	不限	橡皮和塑料绝缘控制电缆	不限

②寒冷季节敷设电缆时，当实际的环境温度低于电缆厂规定敷设电缆的环境温度时，对电缆要采取加温措施，例如，可采用室内温暖和电流加热法等。

③在总回风巷、专用回风巷及机械提升的进风的倾斜井巷（不包括输送机上、下山）中不应敷设电力电缆；溜放煤、矸和材料的溜道中严禁敷设电缆；立井井筒中敷设的电缆中间不得有接头。

④确需在机械提升的进风的倾斜井巷（不包括输送机上、下山）中敷设电力电缆时，应有可靠的保护措施，并经矿总工程师批准。

⑤按照《煤矿安全规程》的规定，井下电缆必须悬挂，并满足一定的要求。

⑥为了防止敷设电缆时，因弯曲使电缆绝缘受损，各种型号电缆的最小弯曲半径必须

符合有关规定。

⑦井下巷道内的电缆，沿线每隔一定距离、拐弯或分支点，以及连接不同直径电缆的接线盒两端、穿墙电缆的墙两边都应设置注有编号、用途、电压和截面积的标示牌，以便识别。

⑧硐室内电缆应沿墙壁悬挂或敷设在电缆沟内，为防积水，电缆沟应做成5%的坡度；电缆穿过墙壁部分应用套管保护，并严密封堵管口。

⑨电缆、接线盒、终端盒在敷设和运行中都不应受很大的拉力；沿钻孔敷设的电缆必须绑紧在钢丝绳上，间隔1.5~2 m。同时，钻孔必须加装套管。

⑩移动式机械（如采煤机、掘进机、装岩机等）用的电缆要有妥善保护措施，避免水淋、撞击、砸挤压、炮崩和工具损伤。

(3) 电缆敷设的一般要求。

①电缆敷设路径的选择。

为降低电缆的投资和线路上的电压、功率损失，电缆的路径应尽可能短。但是为安全起见，在总回风巷和专用回风巷中，由于瓦斯和煤尘浓度较高不应敷设电缆，以防止电缆发生短路或漏电电火花引燃引爆瓦斯、煤尘。在溜放煤、矸石、材料的溜道中严禁敷设电缆，以防止溜放物砸电缆；在机械提升的进风斜井（不包括输送机上、下山）和使用木支架的立井井筒中，敷设电缆时必须有可靠的安全措施，以防提升机械掉道轧电缆和电缆引燃木支架。

②电缆的敷设方式及要求。

在水平巷道或倾角在30°以下的井巷中，电缆应用吊钩悬挂。电缆的悬挂点间距，在水平巷道或倾斜井巷内不得超过3 m，并保证电缆的悬挂有适当的松弛度，在意外受力时有缓冲作用且能自由坠落。电缆的悬挂高度应保证矿车掉道时不受撞击，电缆坠落时不落在轨道和输送机上。电缆穿墙部分应用套管保护并严密封堵管口。

在立井井筒或倾角在30°及其以上的井巷中，电缆应用夹子、卡箍或其他夹持装置进行敷设。夹持装置应能承受电缆重量，并不得损伤电缆。电缆悬挂点间距，在水平巷道或倾斜井巷内不得超过3 m，在立井井筒内不得超过6 m。

立井井筒中敷设的电缆中间不得有接头；因井筒太深需设接头时，应将接头设在中间水平巷道内。运行中因故需要增设接头而又无中间水平巷道可利用时，可在井筒中设置接线盒，接线盒应放置在托架上，不应使接头承力。

沿钻孔敷设的电缆必须绑紧在钢丝绳上，钻孔必须加装套管。

向采掘机组等移动工作设备供电的电缆可盘圈或盘"8"字形带电，放在电缆车上随设备的移动而收放。

电缆不应悬挂在管道上，电缆与压风管、供水管在巷道同一侧敷设时，必须敷设在管子上方，不得遭受淋水，并保持0.3 m以上的距离。在有瓦斯抽采管路的巷道内，电缆（包括通信电缆）必须与瓦斯抽采管路分挂在巷道两侧。井筒和巷道内的通信和信号电缆应与电力电缆分挂在井巷的两侧，如果受条件限制：在井筒内，应敷设在距电力电缆0.3 m以外的地方；在巷道内，应敷设在电力电缆上方0.1 m以上的地方。高、低压电力电缆敷设在巷道同一侧时，高、低压电缆之间的距离应大于0.1 m，高压电缆之间、低压电缆之间的距离不得小于50 mm。

电缆上严禁悬挂任何物件。井下巷道内的电缆,沿线每隔一定距离、拐弯或分岔点以及连接不同直径电缆的接线盒两端、穿墙电缆的墙的两边都应设置注有编号、用途、电压和截面的标志牌。

③电缆的敷设方式。

a. 直接埋地敷设。电缆直接埋地敷设如图 3-51 所示。

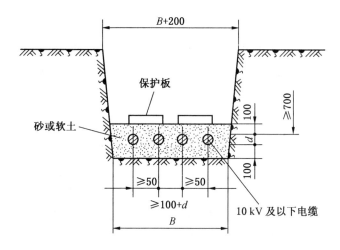

图 3-51　电缆直接埋地敷设

b. 在电缆沟内敷设。

c. 架空与沿墙敷设。

d. 煤矿井下电缆的敷设。电缆在煤矿井下敷设,如图 3-52 所示。

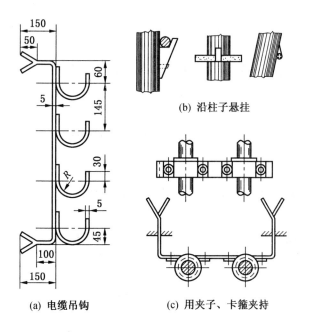

图 3-52　电缆在矿井井下敷设

(4) 电缆敷设的方法及注意事项。

①常用矿车或架子车向井下运送电缆时,一定要注意盘放电缆的方法。弯曲电缆时不能小于其允许的最小弯曲半径,倒放时禁止出现拧劲和打结现象。通常将电缆盘成"8"字形放在车上。电缆的装车高度,要保证运输途中不触碰电机车架线为宜。无架线巷道可根据情况适当考虑电缆高度,但要注意运输路上碰到的障碍物可能会撞坏电缆。

②在水平及45°以下斜巷敷设电缆时,较方便的方法是将电缆整盘架到矿车或架子车上,一面推动(下放)矿车,一面将电缆放开,悬挂到预先安好的电缆钩上。人力敷设电缆时,为了保证在施工中不损坏电缆,每人负担的质量应不超过35~40 kg,切不可将电缆拖地强拉、弯曲过急或打结,否则容易使电缆损坏而造成安全隐患。为了避免矿车掉道撞坏电缆,应将电缆悬挂在高处,在电缆坠落时,应不落在轨道上;在有道岔或巷道拐弯处,电缆钩要加密。

③在硐室中敷设电缆,电缆出入硐室时,不得由门框或墙上直接出入,以防电缆被挤压,设置的保护应有一定的强度。为了防止发生火灾时影响硐室密闭,在管内口与电缆的空隙之间应塞满黄泥。若是铠装电缆,应将黄麻层剥去,并在铠装表面涂以防锈漆或沥青。

④在立井井筒或在45°以上的巷道中敷设电缆时,所用卡子、支架要能承担电缆重量,并不得损坏电缆铠装部分。若用稳车敷设电缆,必须用临时卡子将电缆固定在钢丝绳上后,向井下放电缆。每隔6 m卡一对临时卡子,当把电缆放到井下预定位置时,再由上而下把电缆用永久卡子逐步固定在井筒的永久支架上。每解一副临时卡子及绑扎的临时铁丝时,就安上一副永久卡子,逐步换完为止。稳车的安装地点,要考虑出绳顺利、操作联络方便和安装基础牢固等因素。在施工中,电缆盘及支架要牢固可靠,防止意外拖倒电缆盘。在井筒中使用的工具用胶布带绑好,以防使用时掉入井下。下放电缆时,要有专人在罐笼或专用容器上的安全地点,观察钢丝绳绳头和电缆头的下放情况,防止弄错间隔或者挂住电缆头(或钢丝绳绳头),发现问题及时联系处理。电缆与钢丝绳在卡第一副临时卡子时要特别注意,一定要用麻绳拉住电缆头,慢慢放至预定位置与钢丝绳卡牢,严防因电缆自重带动电缆盘转动,造成电缆坠入井筒事故。如果电缆在施工中未下放到井底而需要中间停工时,必须用卡子与绳套将钢丝绳牢牢地卡在井口钢梁上,并用稳车停电抱闸,以防电缆与钢丝绳坠入井筒而造成事故。利用罐笼敷设电缆时,要特别注意罐笼下放速度与电缆放送速度必须相适应,停车必须及时,不然容易损坏电缆,甚至出现人身事故。

3) 电缆的连接与试验

(1)《煤矿安全规程》有关规定。

①电缆与电气设备连接时,电缆线芯必须使用齿形压线板(卡爪)或线鼻子与电气设备进行连接。

②不同型电缆之间严禁直接连接,必须经过符合要求的接线盒、连接器或母线盒进行连接。

③同型电缆之间直接连接时必须遵守下列规定:

a. 橡套电缆的修补连接(包括绝缘、护套已损坏的橡套电缆的修补)必须采用阻燃材料进行硫化热补或与热补有同等效能的冷补。在地面热补或冷补后的橡套电缆,必须经浸水耐压试验,合格后方可下井使用。

b. 塑料电缆连接处的机械强度以及电气、防潮密封、老化等性能,应符合该型矿用电缆的技术标准。

(2) 电缆的连接。

①低压橡套电缆与电气设备连接。

a. 密封圈材质用邵氏硬度为 45°~55°的橡胶制造,按规定进行老化处理。

b. 密封圈内径与电缆外径差应小于 1 mm;密封圈外径 D 与装密封圈的孔径 D_o 配合的直径差 $(D_o - D)$ 应符合下列规定:

当 $D \leqslant 20$ mm 时,$(D_o - D)$ 值应不大于 1 mm;

当 20 mm $< D \leqslant 60$ mm 时,$(D_o - D)$ 值应不大于 1.5 mm;

当 $D > 60$ mm 时,$(D_o - D)$ 值应不大于 2 mm。

密封圈的宽度应小于或等于电缆外径的 0.7 倍,但必须大于 10 mm。密封圈无破损,不割开使用。电缆与密封圈之间不得包扎其他物体,保证密封良好。

c. 进线嘴连接紧固。接线后紧固件的紧固程度,压叠式进线嘴以抽拉电缆不串动为合格,螺旋线嘴以一只手的五指使压紧螺母旋进不超过半圈为合格。压盘式进线嘴压紧电缆后的压扁量不超过电缆直径的 10%。

d. 电缆护套穿入进线嘴长度一般为 5~15 mm。如电缆粗,穿不进时,可将穿入部分锉细,但护套与密封圈结合部位不得锉细。

e. 电缆护套按要求剥离后,线芯应截成适当长度,做好线头后才能连在接线柱上。接线应整齐、无毛刺,卡爪不压绝缘胶皮或其他绝缘物,也不得压住或接触屏蔽层。接地线长度适宜,松开接线嘴拉动电缆时,三相火线拉紧或松脱,接地线应不掉。

f. 当橡套电缆与电气设备连接时,必须使插座连接在靠电源的一边。

g. 屏蔽电缆与电气设备连接时,必须剥除主芯的屏蔽层,其去除长度应大于国家标准规定耐泄漏性的 d 级绝缘材料的最小爬电距离的 1.5~2 倍。

②高压铠装电缆与电气设备连接。

高压铠装电缆与电气设备连接时,设备引入(出)线的终端线头应用接线端子或过渡接头接线,连接紧固可靠,必须按规定制作电缆头。高压隔爆开关接线盒引入铠装电缆后,应用绝缘胶灌至电缆三叉以上。

③电缆与电缆之间的连接。

a. 不同型号电缆之间不得直接连接(如纸绝缘电缆同橡套电缆或塑料电缆之间),必须经过接线盒进行连接。

b. 相同型号电缆之间,除可按不同型号电缆之间的连接方法进行连接外,还可直接连接,但必须遵守下列规定:

(a) 纸绝缘电缆必须使用符合要求的电缆接线盒连接,高压纸绝缘电缆接线盒必须灌注绝缘充填物。

(b) 橡套电缆的连接(包括绝缘、护套已损坏的橡套电缆的修补),必须用硫化热补或同热补有同等效能的冷补。

(c) 塑料电缆连接,其连接处的机械强度,以及电气、防潮、密封、老化等性能,应符合该型矿用电缆的技术标准要求。

(d) 电缆芯线的连接应采用压接或焊接,严禁绑扎。连接后的接头电阻不应大于同长度线芯电阻的 1.1 倍,其抗拉强度不应小于原线芯的 80%。

(e) 两根电缆的铠装、铅包、屏蔽层和接地芯线都应有良好的电连接。

(f) 不同截面的橡套电缆不准直接连接(照明线上的分支接头除外)。

c. 屏蔽电缆之间连接时,必须剥除主线芯的屏蔽层,其长度为 d 级绝缘材料的最小爬电距离的 1.5~2 倍。

(3) 电缆试验:

①绝缘电阻测定。绝缘电阻的测定,是初步检查电缆绝缘状态的简单有效方法。对于 1000 V 以下的电缆,用 500 V 或 1000 V 兆欧表测量;1000 V 以上电缆,用 2500 V 兆欧表测量。

②泄漏电流及直流耐压试验。泄漏电流测量、直流耐压试验可判断电缆绝缘状态,能够发现绝缘电阻测定时所不能发现的绝缘缺陷。这两个试验在接线方法上是相同的,因此实际工作中总是结合在一起进行。但两种试验的意义不同,前者是检查绝缘状况,如绝缘老化、受潮等,其试验电压较低;后者则为试验抗电强度,试验电压较高。对纸绝缘机械损伤、裂缝、气泡等内部缺陷,用直流耐压试验比较容易发现。

③水浸耐压试验。修补后的电缆,都要经过水浸耐压试验。试验时将电缆浸入水池内,但两端头露出水面,然后将一根芯线接试验电源,其余芯线均短接接地,试验电压应为 2 倍额定电压加 1 kV,持续 5 min 不被击穿者,耐压试验合格。试验后,再用兆欧表测定绝缘电阻值,与试验前无明显变化即可。

④载流试验。检查后的电缆,还应对芯线做载流试验,以检查芯线接头质量。试验时,应把电缆主芯线串联接在电源上,观察各部位的温升情况。若芯线通以长期允许负荷电流,持续 30 min 接头处不发热(接头处温度不超过电缆正常表面温度的 30%),应认为合格。

4) 电缆运行与维护

(1) 电缆的温度标准及温度测量方法:

①温度标准。电缆绝缘材料对温度的限制,通常用芯线允许最高工作温度表示。但是,当电缆在运行中,尤其是煤矿井下,要测得芯线工作温度是很困难的,所以实际上往往只能根据运行中电缆表皮温度作依据。各类电缆芯线允许最高温度标准及相应的电缆表皮允许最高温度见表 3-12。

表 3-12 各类电缆芯线、相应电缆表皮允许最高温度标准

电缆种类	油浸纸绝缘铅包电力电缆			橡套电缆
额定电压/kV	1~3	6	10	3 以下
芯线允许最高温度/℃	80	65	60	65
相应表皮允许最高温度/℃	50~55	35~40	35	50~55

②表皮温度测量方法。测量时将温度计紧贴电缆外皮(铠装电缆应剥去包皮并擦干净),用棉球或棉纱盖住酒精(水银)球,然后用胶布将温度计固定在电缆上,两端要缠紧。测量时间:普通温度计,5~10 min;热敏半导体点温计,1 min。在井下巷道测量时,

注意防止风流直接吹到温度计表面，引起误差。一般每天应在负荷最高时测温一次。

（2）电缆在运行中的定期检查与维护：

①定期检查电缆。

a. 移动设备所用电缆的管理和维护，应设专职人员，并进行班班检查维护。在采煤工作面或掘进工作面附近，电缆的超长部分应呈S形挂钩挂好，不准在带电情况下盘圈或盘"8"字形放置（采煤机电缆车上的电缆除外）电缆，并严防炮崩、砸压或受外力抻拉电缆等情况的发生。同时应防止移动电缆与油管频繁摩擦发热，而引起的火灾事故。

b. 低压电网中的防爆接线盒，应由专人每月进行一次清理检查，特别是接线端子的连接情况，应注意检查其有无松动现象，防止过热烧毁。

c. 电缆的悬挂情况应由专职人员每日巡回检查一次。有顶板冒落危险或巷道侧压力过大的地区，专职维护人员应及时将电缆放到底板上，并妥善覆盖，防止电缆受损。

d. 高压铠装电缆的金属铠装部分，如有断裂应及时绑扎。高压电缆在巷道中跨越电机车架线时，该电缆的跨越部分应加橡胶物覆盖，以防架线火花灼伤电缆外黄麻护层或铠装部分。电缆线路穿过淋水区时，不应设接线盒；如有接线盒时，应严密遮盖，并由专职人员每日检查一次。

e. 立井井筒中的电缆（包括信号电缆）的日常检查和维护，至少应由2人进行，每月至少检查一次。固定电缆的卡子松动或损坏时，应及时处理或更换。

f. 每季度检查一次固定敷设的电缆绝缘；每周由专责电工检查一次电缆悬挂情况，并进行电缆外部检查。

g. 每月检查一次移动电气设备的橡套电缆的绝缘部分。

h. 每年进行一次高压电缆泄漏和耐压试验。

i. 各矿井的井下供电专职人员应与生产单位的维修人员一起，每月对正常生产采区电缆的负荷情况进行一次检查。

j. 应定期在裸体铠装电缆的铠装上涂漆防腐，在巷道整修、粉刷和冲洗时，一定要将电缆从电缆钩上摘下，并平整地放在底板一角，用专用木槽或铁槽保护，以防电缆损坏。巷道修整完毕后，应由专人及时将电缆悬挂复位。

②电缆的维护。

准备材料、工具、试验用具及测量仪表。检查热补模具，试送电，计划本班的工作量，找出应修的电缆。

需修补的电缆，凡是断线或芯线铜丝折断15%以上时，必须用冷压方法重新连接芯线，除掉压接管的"飞边"外，应进行绝缘处理和硫化热补。凡是护套破损的电缆，除进行硫化热补修补外，也可用冷补工艺进行修复。电缆护套修补必须用不延燃材料。

修补屏蔽橡套电缆时，必须连好半导体屏蔽或金属网屏蔽层，以发挥屏蔽层的作用。凡修补过的屏蔽电缆，必须对屏蔽层进行测试，如有中断的屏蔽层必须查找断开点，重新修补。芯线接头的电缆修补后必须做加载试验。如修补处温度超过规定值时，必须重新修补和试验。

在井下冷补过的电缆升井后必须进行浸水耐压试验。如果冷补处的温度超过规定值时，必须重新修补和试验。

井下采掘工作面使用的电缆撤回升井后，必须进行检查，并进行干燥处理。经浸水试验合格后，方可发放使用。没有经过检查的电缆不允许在下井使用。

电缆修补试验合格后，必须进行长度测量，对长度有变化的电缆，要重新压号，并更改卡、图板等上的数据。

（三）DYT-14型电缆液压拖动单轨吊

1. 简介

DYT-14型电缆液压拖动单轨吊用于煤矿井下综采工作面运输巷道。电缆、液压管利用吊挂轨道和挂缆小车，以液压驱动装置为传动动力，实现电缆、液压管随着工作面的推进而方便、快捷移动，以达到减少电缆及液压管的移动频次、减轻工人的劳动强度的目的。同时，使电缆在移动过程中不会被损坏，保证安全生产。该设备采用液压推拉及制动自锁装置，使用安全可靠。

该设备利用固定锚杆、吊挂圆环，以及调节螺丝将单轨吊吊在综采工作面运输巷一侧的顶板下，将井下工作面设备的所有电缆和液压管均敷挂在一系列带滑轮的电缆车上，使用液压推进机构和制动（刹车）装置组成的液压步进式推拉装置，利用工作面现有的乳化液泵站作动力，操作液压控制阀手柄，实现电缆、液压管沿着巷道吊挂和移动。

2. 主要特点

（1）电缆只需一次敷设，电缆的前后移动只需动作操作阀手柄，操作方便、灵活。

（2）单轨吊不需工人拖拽电缆，既减轻工人的劳动强度，又保证施工安全。

（3）单轨吊不仅可以吊挂电缆，还可以吊挂乳化液高压胶管和水管，液压管与电缆分层吊挂，使巷道内电缆和管路布置整齐美观。

（4）单轨吊液压工作介质为乳化液，且防爆阻燃，安全性好。

（5）单轨吊采用刹腹板式制动（刹车）机构及液压锁紧机构，同时采用液压推拉装置，无任何电动器件参与，保证设备使用安全可靠。

（6）单轨吊借用综采工作面的乳化液泵站作为动力源，使用方便。

3. 型号及含义

型号及含义具体如下：

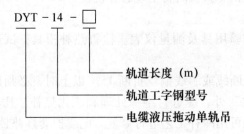

4. 技术性能

轨道型号	I14
液压缸最大推力	80 kN
适用巷道倾角	0°~15°
推移液压缸最大行程	0.85 m
单夹头最大静制动力	80 kN
最大运行速度	60 m/h

工作压力	10~31.5 MPa
工作介质	乳化液
单节挂缆小车最大承载量	2000 kg
设备外形尺寸（长×宽×高）	150 m×0.68 m×0.70 m
外供乳化液泵工作压力	20~31.5 MPa

5. 结构和工作原理

1）结构

电缆液压拖动单轨吊是由吊挂调节连接装置、轨道、制动（刹车）装置、液压推进机构、挂缆小车、连接小车等部件组成。

2）工作原理

在综采工作面运输巷中，从移动变电站至综采工作面之间利用锚杆和吊挂调节装置，将14号工字钢轨道悬空吊挂、轨道上配装挂缆小车，将工作面所用设备的电缆和液压管，全部排列好、敷设在挂缆小车上。

电缆移动操作过程：

工作面开采前移、转载机前移、固定在转载机上的连杆推动吊轨上最后一辆挂缆小车前移，缩短与第二辆挂缆小车之间的距离，使原本平直的电缆形成挠度。当转载机前移、将轨道上的多辆挂缆小车集中后，需借助操作液压推进机构，将多辆挂缆小车已形成挠度的电缆重新拉直，将挂缆小车的压缩集中和电缆形成的挠度，通过液压推进机构移到液压推进机构的前方。

巷道内吊挂的轨道，随着挂缆小车的前移，逐一卸下，延续吊挂在整条线的前端，以备挂缆小车继续前移使用。

当整条线上的挂缆小车全部集中到设计长度后、移动变电站前移，重新将电缆沿吊挂轨道拉伸平直。轨道安装示意如图3-53所示。

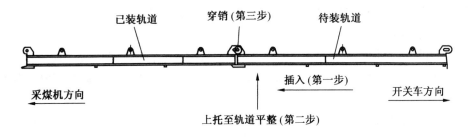

图3-53 轨道安装示意图

6. 设备的安装与调试

1）设备的安装

(1) 设备安装前的准备工作：在综采工作面运输巷一侧顶板上装设锚杆（不可在铺设带式输送机的一侧安装此套设备），锚杆长度不能少于1800 mm，两根锚杆之间的间距为800 mm，锚杆直径不小于20 mm，锚杆和巷道一侧垂直距离不得小于600 mm，锚杆端部和巷道顶板水平距离不小于110 mm，整条巷道内装设的锚杆应与巷道壁平行的，呈一条直线。

(2) 轨道的吊挂。轨道应使用吊挂调节件，通过卸扣吊挂在锚杆上（图3-54）。

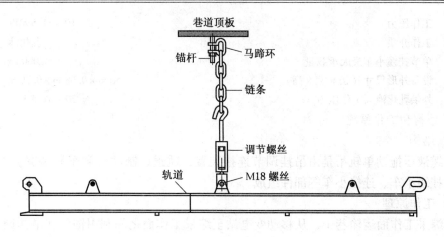

图 3-54 吊挂附件安装示意图

轨道一端加工成 7°斜面，以适应巷道微小坡度变化。轨道安装后，两根轨道对接处应水平一致，不可错落不平。

（3）挂缆小车的安装。

①挂缆小车分为单链挂缆车、双链挂缆车、普通挂缆车、单链推车、单链挂缆刹车、挂缆刹车。

②当轨道吊装完成后，依序将挂缆小车推入挂在轨道上。其中，单耳推车通过连杆和转载机固定连接。

③挂缆刹车通常每 24 m 安装一个。挂缆刹车通过特制的制动块抵触轨道下面焊接的方块钢板，在巷道有向上倾角时，可防止缆车向转载机方向移动。

④为安装方便，也可将轨道分段装好后，将小车推入轨道。

⑤挂缆小车安装在轨道上后，四个滚轮均应与轨道平面接触。

（4）液压推进机构、刹车机构的安装。

液压推进机构两端各安装一个液压刹车锁紧机构，4 个液压操作阀（使用 3 个，备用 1 个）和液压锁吊装在推进机构液压缸体上，6 个管接头分别和液压缸体连接。操作阀上的两个孔，上孔为进液孔，下孔为出液孔，对应与乳化液泵站的管路连接。

（5）电缆的敷设。

①待挂缆小车安装完成后，即可将电缆固定敷设在各挂缆小车上。敷设前应先将电缆固定带（胶带条）靠近轨道的一端用螺丝固定，每个挂缆小车间距为 3000 mm（如果巷道高度较低，可将挂缆小车的间距缩小）。当电缆挂上、两个挂缆小车对接后，电缆不应接触巷道底板。电缆敷设时应兼顾缆车两侧（对称），防止小车重心偏移，影响顺畅通行。电缆排列整齐后，用固定带压紧固定。

②电缆敷设时，应满足液压推进机构——液压缸伸出后，电缆的长度能满足要求，电缆不应因缸体推出而承受拉力。

③液压管挂车用轴销与挂缆小车连接。

④各挂缆小车之间用链条相连，以保证在电缆拉伸时，链条承受拉力，而电缆不承受拉力。

⑤机械刹车装置安装在轨道的最前端,即靠近设备列车的一端,同样用链条与挂缆小车连接。其作用是当巷道有向上的坡度时,防止轨道上的挂缆小车整体向下滑动。

2) 设备的调试

(1) 设备调试前的检查。

①检查制动(刹车)装置:制动(刹车)块必须朝着锁紧方向,确保制动(刹车)装置无松动。

②检查各导轨:导轨接头连接部位须平滑,无大的变形、不规则或错位,小车和液压滑块可轻松滑过接头部位。

③检查各液压油管接头:必须保证无变形,各液压油管已锁紧,U形卡已插到位,常规拉拔不能将其拔出。

④各滑动小车:各滑动小车车轮必须转动灵活,小车相对导轨不跑偏。

⑤电缆、扎带:需将电缆扎紧,电缆在拉、弯过程中,不会与扎带发生相对移动。

⑥阀路:各阀路操作灵敏,无堵死、泄漏现象。

(2) 设备的调试。

调试前的各项检查工作完成之后,符合所有规定要求后,可调试设备。

①挂缆小车四轮都能很好接触导轨,尽可能使小车两侧托挂的电缆(或高压胶管)的放置,使小车左右受力相当、均匀;小车前后拉动3 m范围内,无跑偏现象即可使用。

②将液压油管接入乳化液泵系统之前,先将液压执行机构的液压锁打开,同时将三位四通换向阀置于中位。

③分步调试前后液压刹车机构,通过操作液压阀手柄,使刹车机构两台液压缸能同步动作、刹紧和松开动作灵活。

④再调节主推进液压缸,其调节方式和小液压缸相同。

⑤调节电缆的位置,以保证在主液压缸完全伸出时,挂缆小车上的电缆不会受力。

7. 设备使用和维护

(1) 电缆单轨吊在使用过程中,必须设专人负责设备的操作和维护保养。

(2) 经常检查电缆单轨吊各部位运转状况,发现异常立即处理,不允许设备带病运转。

(3) 电缆单轨吊各种销、轴须经常涂抹润滑油,防止锈蚀。

(4) 经常清理轨道及车轮积尘,保证挂缆小车通行顺畅。

(5) 每日对电缆单轨吊的吊挂装置逐套检查,确保各吊点的负载安全。

8. 常见故障及排除

常见故障及排除,见表3-13。

表3-13 常见故障及排除

故障	原因及排除方法
液压系统不动作	1. 液压管路不畅通,有堵塞现象,应清除堵物 2. 液压源压力不足,应调整压力 3. 进液管连接不当,未上进下出,应正确连接主管路

表3-13（续）

故障	原因及排除方法
两端液压刹车装置不协调	1. 两端液压刹车装置液压连接不一致，应调整一致 2. 两端液压刹车装置连接管接反，应调整正确 3. 两端液压刹车同时刹闸或松闸，必须保持一刹一松
设备运行不灵活	1. 各刹车的刹车块装反，应调整为正确方向 2. 各轨道接头有错位现象，应调整轨道连接 3. 轨道及车轮有积尘或异物，应清除干净
设备整体高低不平或整体下垂	1. 吊挂点负重过大，应加固吊挂点 2. 各节轨道吊挂点不足，应加密吊挂点，每节不少于3个吊点 3. 轨道高度不符合要求，用调节螺丝或吊环调整轨道高度

第六节 通信控制系统

一、概述

综采工作面的工作环境比较恶劣，要想在工作面发挥通信控制系统自身功能，其应具备以下功能：一是抗工作面大电流、强磁场和高频信号的干扰；二是具有自诊断功能，便于快速检修。为确保综采工作面生产过程的稳定性、安全性，从而提高综采工作面的生产效率，需要利用国际先进的控制技术探索出一种新型通信控制系统，这一系统应具有工作面通信和集中控制功能，其装配的电流检测报警装置，能够对工作面设备的电流随时进行检测和报警。综采工作面通信控制系统结构，如图3-55所示。

二、通信系统工作原理

通信控制系统的核心是控制器，而控制板又是控制器的核心部分。设备的启停是在控制板上通过继电器的通断来实现的。

电话是由语言处理模块和闭锁电路板，以及矿用拉力电缆接插件来完成通话及闭锁功能。通信控制系统在控制继电器的回路中加入强制闭锁电路（图3-56），来实现紧急情况下按下闭锁按钮，达到绝对停车的目的。

从图3-56中可知，要保证继电器正常运行，首先K点闭合，同时M_1、M_2导通。M_1、M_2点受D_{33}、D_{34}控制，D_{33}、D_{34}即为强制闭锁检测电路。

三、通信控制系统功能

综采工作面通信控制系统在煤矿生产流程中主要完成以下功能：
（1）实现从刮板输送机机尾经工作面到运输巷道的电气列车沿线的通话、联系。
（2）在集中控制台上控制工作面各设备的启停车（包括采煤机、刮板输送机、转载机、破碎机等）。

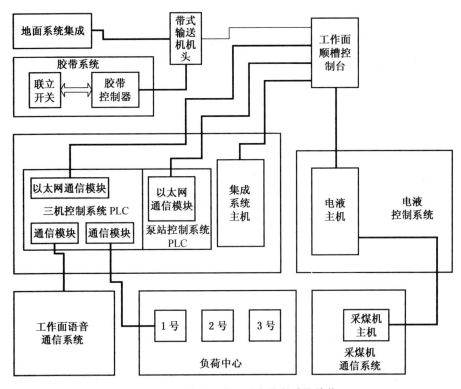

图 3-55 综采工作面通信控制系统结构

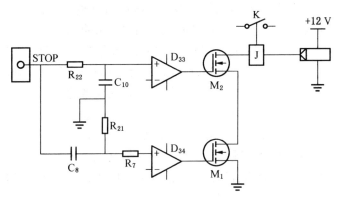

图 3-56 通信系统语言闭锁控制继电器原理图

（3）系统沿线上的每一台扩音电话，用于沿线紧急停车闭锁控制。

（4）对工作面设备工作电流进行检测和显示。当设备工作电流超过某一设定值后，通信系统将输出一个报警信号，传递给主控制器。由主控制器根据不同的信号，在系统沿线上进行语言报警。

四、KTC-Z 通信设备简介

KTC-Z 控制单元作为主控制器，KDW101 单元作为矿用隔爆兼本质安全型电源。除此之外，还包括 1 台 TK150 型电话终端、1 台 TJ100 型终端检测装置、5~10 台 TK130 型防爆扩音电话和 5~10 盏工作面照明支架灯（支架灯内含闭锁开关和打点按钮），防爆扩音电话及电话终端之间用 2 芯矿用拉力电缆连接,支架灯及终端检测之间用 7 芯电缆连接,综合控制箱输出控制采用 5 芯电缆分别与转载机、输送机及破碎机的控制回路连接。综采工作面通信控制系统组成框图如图 3-57 所示。

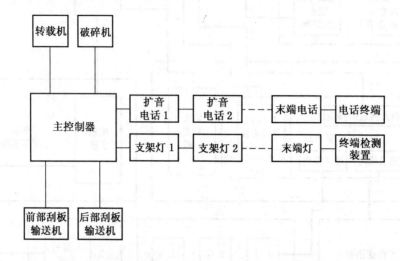

图 3-57 综采工作面通信控制系统组成框图

在该系统中,电话终端和终端检测装置用于检测各电缆回路的连接状态,防爆扩音电话用于综采工作面的语音通信和联络。遇有紧急情况时,工作面人员可就近按动支架灯上的闭锁开关,通过综合控制箱及时关停转载机、破碎机和输送机,并在面板 LED 数码管上显示闭锁的具体位置,指示相关人员及时处理情况和解决问题。

如图 3-58 所示,按动支架灯上的信号按钮,所有扩音电话发出洪亮的"嘟"声,所有支架灯熄灭或点亮,信号的长短和方式由按下按钮的节奏和时间确定,以约定的声光信号协议向工作面人员传递控制信息,指挥综采工作面设备的启动、关闭及相关作业。系统对转载机、带式输送机、破碎机等设备进行集中程序化控制,启动时声光预警,扩音电话发出 5 s 洪亮的"嘟"预警声,支架灯同时闪烁,提醒工作面相关人员注意安全,预警结束后,顺序启动转载机和带式输送机。该系统在提高工作效率的同时,确保了工作面的安全生产,实现了综采工作面语音通信、打点联络与闭锁,以及相关设备的智能化集中控制。

五、KTK101-2-KA 型组合扩音电话

(一) 适用范围

KTK101-2-KA 型组合扩音电话适用于煤矿井下有煤尘及爆炸性气体的环境中,该设备具有语言报警功能,带有 2 个喇叭嘴,4 路输入,对应 4 种不同的报警声音。

(1) 工作温度为 0 ~ +40 ℃。
(2) 相对湿度不超过 96% (+25 ℃)。
(3) 大气压 80 ~ 106 kPa。
(4) 有甲烷和煤尘等爆炸危险的矿井中,防爆型式为矿用本质安全型,标志为 ExibI。
(5) 无破坏绝缘的腐蚀性气体的矿井中。

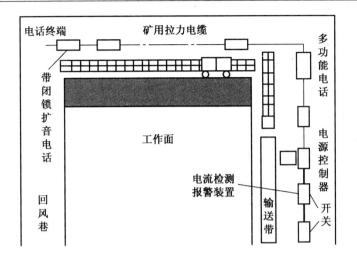

图 3-58　综采工作面通信系统配置图

(6) 无剧烈振动和冲击的地点。
(7) 允许有溅水的环境中。

(二) 型号及其含义

型号及其含义如下：

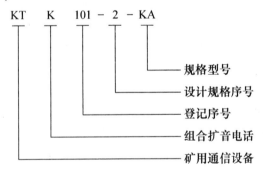

关联设备：KDW101 矿用隔爆兼本质安全型电源。

配接设备：KTK101-1 型组合扩音电话，KHJ15/18-1 本质安全型组合急停闭锁开关，KTC101-Z 型主控制器，KFD101 型本质安全型多功能终端。

(三) 电气性能参数

(1) 供电电源：

  工作电压　　　　　　　　　　　　　　　　　　　　　　直流 18.6~12.5 V
  工作电流　　　　　　　　　　　　　　　　　　　　　　≤50 mA

(2) 扩音报警：

  输入信号开启电平　　　　　　　　　　　　　　　　　　≥100 mV
  扩音声强　　　　　　　　　　　≥106 dB (A 计权) (线路信号输入幅值 500 mV)
  失真度　　　　　　　　　　　　　　　　　　　　　　　≤10%
  频率响应　　　　　　　　　　　340~3000 Hz 带宽范围内频率响应 ±3 dB
  线路信号输出幅值　　　　　　　　　　　　　　≥500 mV (送话器输入 ≤50 mV)

线路信号失真度	≤10%
电池组最大开路电压	≤11.0 V
电池组充电电流	10~35 mA
电池组最大工作电流	≤750 mA
电池组最大输出短路电流	≤15 mA

(四) 工作原理

KTK101-2-KA 型组合扩音电话带有接线端子排，共有 4 路输入（无源）。每一路闭合后，电话进行语音报警，输入断开，报警停止。可通过改变程序软件，对报警内容及输入点报警控制进行修改。电话带有两个喇叭嘴，用于电源进线和输入点接入。

语言报警功能的核心是内部的语言处理模块（型号为 KTK101.01），语言处理模块外形如图 3-59 所示。

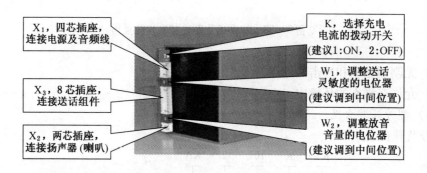

图 3-59　KTK101.01 型语言处理模块外形图

该模块内部有电池，只要接入到系统中，就可拨动开关 K，选择充电电流充电。

语音处理模块内部的充电电流可以通过 K_1、K_2 调节，充电电流在 15、20、25、30 mA 四挡之间调节，通常出厂时设定为 20 mA。调节方法如图 3-60 所示。

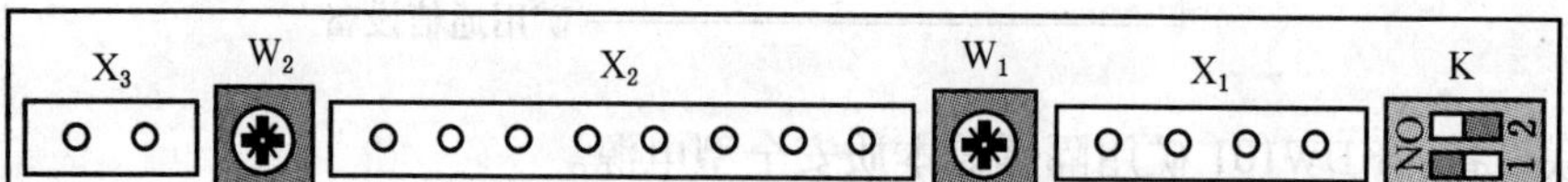

充电电流(K 拨动开关)调节方法		
充电电流值/mA	K_1 位置	K_2 位置
15	OFF	OFF
20	ON	OFF
25	OFF	ON
30	ON	ON

图 3-60　调节方法

模块原理如图 3-61 所示。

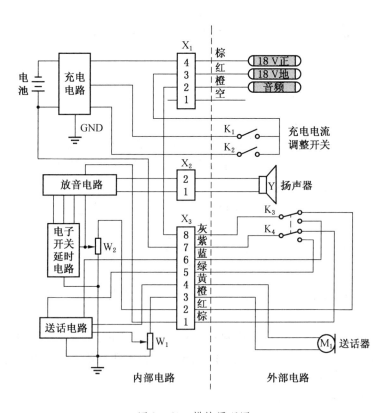

图 3-61　模块原理图

提示：判断 X_1、X_2、X_3 插座哪个是 1 号脚，最好的办法是将带线的插头从插座中拔出，看插头两侧哪一侧有小缺口，带有缺口侧的为 1 号脚。X_1 四芯插头如图 3-62 所示。
电话内部还有一块语言报警板，用来进行输入检测和语音报警。

（五）安装及使用

首先，根据需要来选择适当位置，并加以固定；其次，选择一根二芯以上的电缆（最好带有外屏蔽），外接 18 V 直流电源按端子排标识接好。接线如图 3-63 所示。

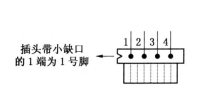

图 3-62　X_1 四芯插头位置图

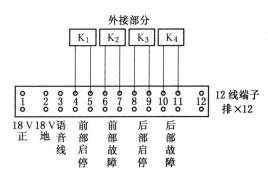

图 3-63　接线图

闭合 $KA_1 \sim KA_4$ 的任何点，电话开始进行对应的报警。

第七节 综采工作面集中控制系统

一、概述

（一）控制系统的控制功能

通过 PLC 主控台能够实现对工作面设备的集中控制。在控制系统上，可以实现对工作面所有生产设备的全面控制，启动工作面生产自动控制程序，实现设备自动化运行。控制系统对工作面生产设备的控制功能有：

（1）单设备启停功能，包括对采煤机、液压支架、刮板输送机、转载机等设备的单一控制。

（2）逆煤流启动功能，其启动顺序为带式输送机→破碎机→转载机→刮板输送机→采煤机。

（3）顺煤流停止功能，其停止顺序为采煤机→刮板输送机→转载机→破碎机→带式输送机。

当选定某一生产过程后，PLC 将检测有关输入状态，判断参与该流程的设备的工作方式，以及保护接点状态等是否满足开机、停机条件，若条件具备，则可以进行相关操作。

（二）控制系统的控制方式

控制系统的控制方式有 3 种：

（1）集中自动控制方式：PLC 自动完成逆煤流启动、顺煤流停止过程，设备运行的同时检测设备运行情况，控制设备的运行快慢等。

（2）现场操作方式：由现场操作人员通过 PLC 控制生产流程。

（3）设备独立控制方式：在控制室实现单一设备的启、停机，并具有连锁、解锁功能。

这三种控制方式能方便地相互转换。设备开、停机后，原则上为按逆煤流方向相互闭锁。当系统对任一流程发出停机指令后，系统发出停机预告信号，PLC 将按程序完成停机闭锁控制。停机时设备顺煤流方向单独停机，即从各设备停止给料后，按该设备正常处理能力及允许的存料条件及时停机，以减少设备开、停机时的空转时间。在停机过程中，如遇某台设备发生故障，则该设备和受其闭锁的设备立即停机，不受闭锁的设备仍可按顺序停机。

（三）综采工作面控制系统设备

从工作面整体自动化的角度，将综采工作面的设备分为三大类，即工作面控制中心、生产设备和辅助设备。其中生产设备包括主要采煤设备、转载运输设备；辅助设备包括动力中心、泵站等；控制中心是自动化工作面的中枢神经，包括工作面整体操作平台、主采机组控制站、转载运输控制站、视频监测系统、通信调度系统等。

（四）工作面控制中心的组成

工作面控制中心由五大部分组成：

1. 主采机组控制站

主采机组控制站主要负责对直接采煤设备的控制,把采煤机、刮板输送机、工作面支架这三大组成部分当成一个整体(设备)进行控制。它可完成对采煤工作的各采煤工艺的控制,取代智能采煤机中的智能化部分,如记忆切割、煤岩分界识别等特殊功能,使采煤回归到原来的基本功能,主要完成牵引行走、割煤、喷雾和参数采集等功能。

而计算量较大的智能控制功能,上传到主采机组控制站,由控制站结合输送机、支架的工作状况及具体位置,以及当时的地质条件和瓦斯的变化情况进行协调控制。同时也取代了电液控制系统的部分高端控制要求,如在主采机组控制站,可选择"远程"单体和"远程"自动操作,在"远程"单体模式下,用户可通过自动化集控计算机画面的手动控制按钮,实现支架控制系统的单架单功能控制、单步操作、手动成组操作,如支架立柱升、降、移架、推溜、侧护板伸缩、底调、平衡、支架小循环自动控制,成组支架降、移、升工作循环自动控制(成组自动控制,包括成组自动推溜、成组自动降—移—升、成组自动支架前端辅助采煤机喷雾、成组自动移架喷雾)。在远程自动模式下,液压支架会跟随采煤机的运行而进行相应的移架、自动推溜操作、自动降—移—升、自动支架前端辅助采煤机喷雾。

根据电液控制系统采集的工作面的各种参数,可在主采机组控制站的计算机上设置相关自动追机拉架、设定控制支架的推移步距、斜切进刀、调斜等工艺过程的参数调整和命令发布;主采机控制中心的计算机具有对支架控制系统的故障诊断、显示和报警功能。

使电液控制系统回归到原始的执行机构的作用上,同时可保留一些常规操作,支架电液控制系统有"就地"和"远程"控制,在"就地"模式下,可实现单台支架降、移、升工作,就地手动具有最高的优先权,就地手动时可以屏蔽掉远程控制命令。输送机的在线监测本来也是一个无实际应用意义的中间功能,也归入到主机控制中心。同时可对输送机进行自动调链和张紧的控制,还可引入变频驱动技术,实现自动力矩平衡控制。这样可使系统更加简单,同时监测到的数据还可直接用于主采机组的保护和控制。除上述主控功能外,主采机控制站还应具备视频采集控制和控制切换功能,使工作面的视频信号随采煤机的运动分屏地投射到控制中心,以便操作人员观察现场情况。

2. 转载运输控制站

转载运输控制站主要负责转载机、破碎机、皮带机和超前支护支架的连锁和协调控制。其在工作面控制中心的协调下跟随主采机组的推进自动移动。同时,采集所有设备的工作参数和超前支护的顶板参数。

3. 视频监测系统

视频监测系统主要完成工作面设备及顺槽设备的主要监控工作。根据需要分屏反映到工作面操作平台上,供操作人员分析使用。要完成综采设备由人工跟机控制到控制中心集中控制的转变,必须解决工作面的可视化问题。这里要解决的重点问题有视频的传输和摄像头的防尘问题。由于采煤机移动工作的特点,采用移动无线视频较好。要使整个工作面达到无线网络全覆盖,然后在液压支架和采煤机上安装摄像头,并可根据采煤机的位置控制摄像头交替工作,自动跟踪采煤机行走,以保证最佳的视频效果。

4. 通信调度系统

在工作面无线覆盖的基础上,通信调度系统为工作面所有空间提供无线全覆盖的通信系统，使工作人员在工作面及两个顺槽的任何一个位置都能进行移动通信，可确保整个工作队伍的通信联络。

5. 工作面整体操作平台

工作面整体操作平台是整个综采工作面的所有设备进行集中控制的平台。它可控制整个综采工作面所有设备，同时负责与地面调度进行信息联络，地面调度中心可能过光纤网络监视工作面的所有设备工作状态和各种参数。同时可进行视频监视和电话指挥，必要时可在地面对设备进行人工干预，以便处理紧急事故。

二、结构组成及原理

根据工作过程及其控制功能，综采设备联动控制系统结构如图3-64所示。

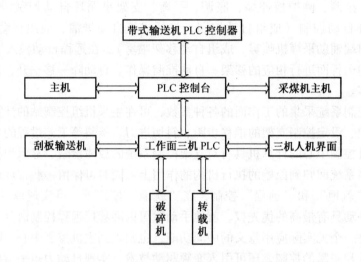

图3-64 综采设备联动控制系统结构图

采煤机机身的主机具有记忆功能，在工作面条件较好的情况下，可以自动重复上次割煤过程。同时，刮板输送机、转载机、破碎机、带式输送机和工作面负荷中心将开停的远控接点开关量，通过三机PLC集中在控制台上进行控制，同时实现采煤机闭锁，刮板输送机、带式输送机的电气闭锁，刮板输送机、转载机、破碎机实现瓦斯电闭锁等。通过上述的控制方法，可实现综采工作面设备的联动控制。

(一) S7-300系列PLC特点

S7-300系列PLC适用于各行各业的各种场合中设备的检测、监测及控制的自动化。S7-300系列PLC的强大功能使其无论在独立运行，还是连成网络，皆能实现复杂的控制功能。

S7-300系列PLC的优点主要体现在以下几方面：

(1) 极高的可靠性。

(2) 极丰富的指令集。

(3) 易于掌握。

(4) 便捷的操作。

(5) 丰富的内置集成功能。
(6) 实时特性。
(7) 强大的通信能力。
(8) 丰富的扩展模块。

(二) S7-300系列控制系统电气控制原理

由于该控制系统涉及工作面控制量较多，工作面环境较为复杂，故PLC处理器选用315-2DP标准型CPU。

1. 顺序控制

S7-300系列控制系统是利用PLC实现对综采工作面设备的顺序控制，即顺序开机（逆煤流启动）和顺序停机（顺煤流停止）。通过对驱动综采设备动作的电动机的顺序控制，实现对采煤工作面流程的控制。如图3-65所示为S7-300系列控制系统顺序控制的电气原理图。

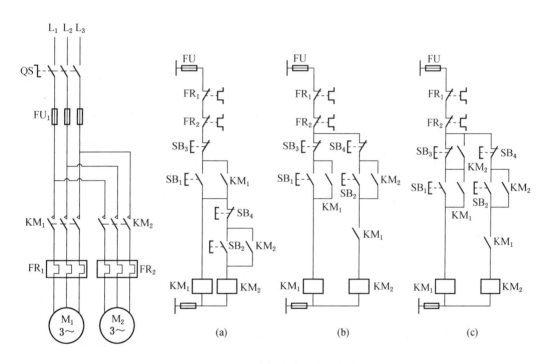

图3-65 S7-300系列控制系统顺序控制的电气原理图

2. 单设备电机启停控制

在实际生产过程中，要求综采设备PLC控制系统不仅能对综采工作面设备进行顺序控制，还应具有单设备启停控制功能，图3-66为单设备电机启停的控制线路图。

3. 单设备启停功能

单设备启停控制对象包括采煤机的牵引电机和截割电机、刮板输送机、转载机、破碎机、液压支架等。

1) 采煤机牵引电机启停

采煤机牵引电机启停如图3-67所示。先给一牵引断电闭合信号，再给牵引电机启动

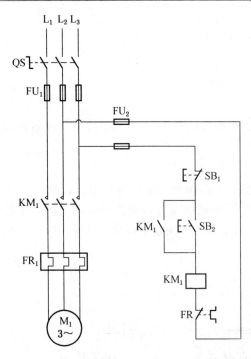

图 3-66 单设备电机启停的控制线路图

信号,牵引电机启动信号与牵引电机电磁阀闭合,中间加一温度闭锁。

2)采煤机截割电机启停

采煤机截割电机启停如图 3-68 所示。先给一截割电机断电闭合信号,再给截割电机启动信号,截割电机启动信号与截割电机启动电磁阀闭合,中间加一温度闭锁。

3)刮板输送机电机启停

刮板输送机电机启停如图 3-69 所示。先给一刮板输送机电机断电闭合信号,再给刮板输送机电机启动信号,刮板输送机电机启动信号与刮板输送机电机启动电磁阀闭合,中间加一温度闭锁。

4)转载机电机启停

转载机电机启停如图 3-70 所示。先给一转载机电机断电闭合信号,再给转载机电机启动信号,转载机电机启动信号与转载机电机启动电磁阀闭合,中间加一温度闭锁。

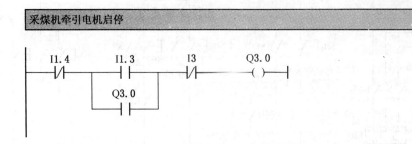

图 3-67 采煤机牵引电机启停

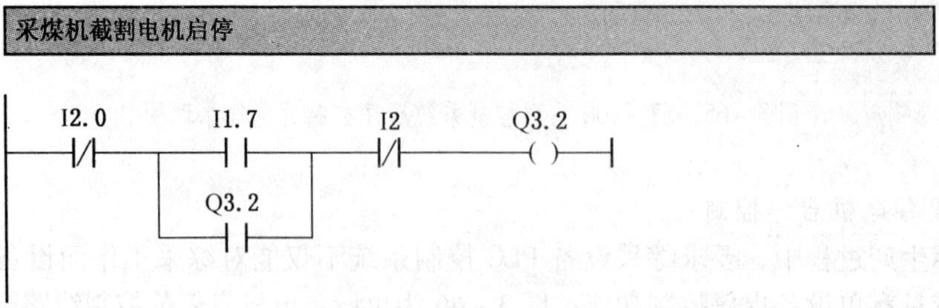

图 3-68 采煤机截割电机启停

5)破碎机电机启停

破碎机电机启停如图 3-71 所示。先给一破碎机电机断电闭合信号,再给破碎机电机启动信号,破碎机电机启动信号与破碎机电机启动电磁阀闭合,中间加一温度闭锁。

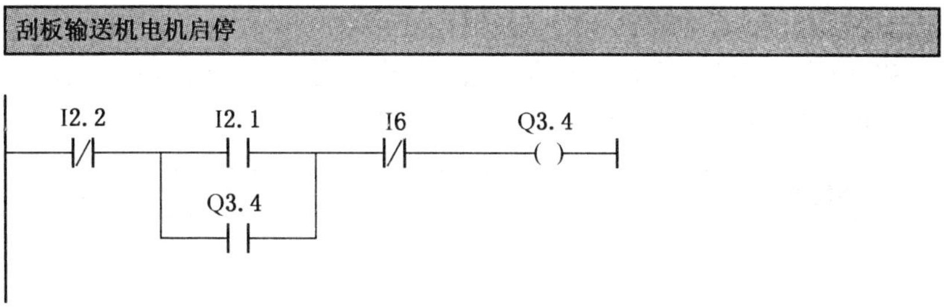

刮板输送机电机启停

```
   I2.2      I2.1      I6       Q3.4
───┤/├──┬───┤ ├──────┤/├───────( )───
        │    Q3.4
        └───┤ ├──┘
```

图 3-69　刮板输送机电机启停

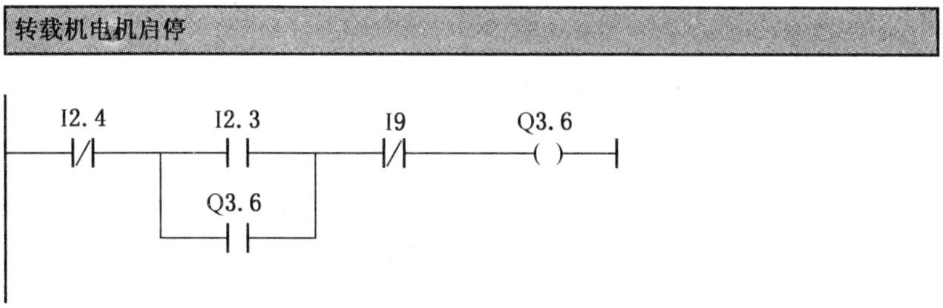

转载机电机启停

```
   I2.4      I2.3      I9       Q3.6
───┤/├──┬───┤ ├──────┤/├───────( )───
        │    Q3.6
        └───┤ ├──┘
```

图 3-70　转载机电机启停

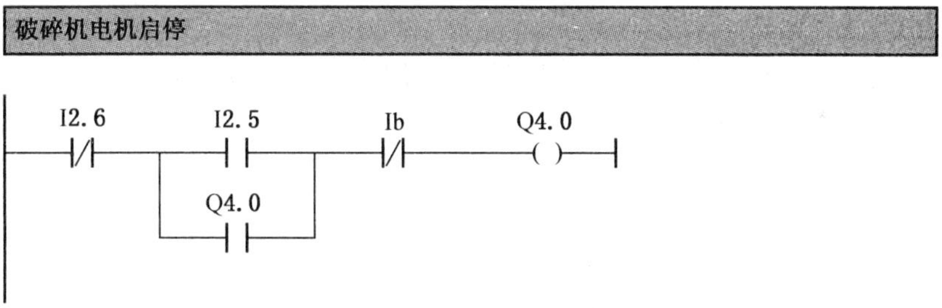

破碎机电机启停

```
   I2.6      I2.5      Ib       Q4.0
───┤/├──┬───┤ ├──────┤/├───────( )───
        │    Q4.0
        └───┤ ├──┘
```

图 3-71　破碎机电机启停

6) 带式输送机电机启停

带式输送机电机启停如图 3-72 所示。先给一带式输送机电机断电闭合信号，再给带式输送机电机启动信号，带式输送机电机启动信号与带式输送机电机启动电磁阀闭合，中间加一温度闭锁。

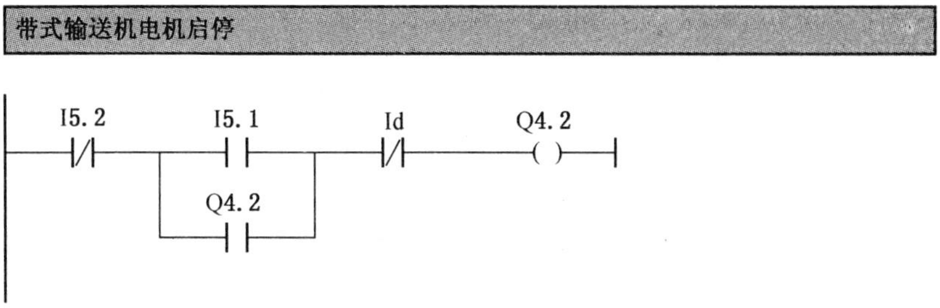

带式输送机电机启停

```
   I5.2      I5.1      Id       Q4.2
───┤/├──┬───┤ ├──────┤/├───────( )───
        │    Q4.2
        └───┤ ├──┘
```

图 3-72　带式输送机电机启停

7) 液压支架移动

液压支架移动如图 3-73 所示。先给一急停闭合信号,再给支架移动信号,支架移动信号与支架移动电磁阀闭合,中间加一牵引电机电流闭锁。

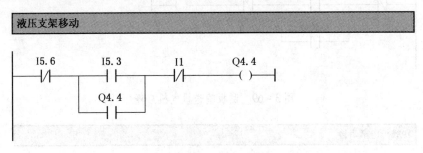

图 3-73 液压支架移动

4. 逆煤流启动功能

逆煤流启动,即顺序开机功能,如图 3-74 所示。启动顺序如下：带式输送机→破碎机→转载机→刮板输送机→采煤机截割电机。其中每台机器与其上下连接的机器闭锁,首先都接入一急停按钮闭合信号。

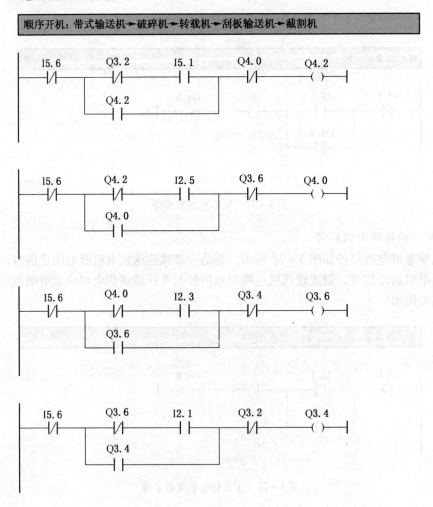

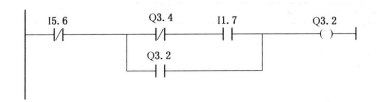

图 3-74　逆煤流启动

5. 顺煤流停止功能

顺煤流停止功能，即顺序停机功能。停机顺序如下：采煤机→刮板输送机→转载机→破碎机→带式输送机。

1）采煤机停机

采煤机停机如图 3-75 所示。首先接入一急停闭合信号，接着接一截割电机停止闭合信号，其与刮板输送机电机停止信号、转载机电机停止信号、破碎机电机停止信号、带式输送机电机停止信号闭锁。

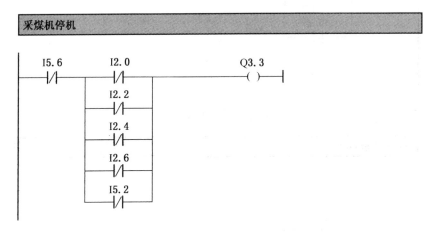

图 3-75　采煤机停机

2）刮板输送机电机停机

刮板输送机电机停机如图 3-76 所示。首先接入一急停闭合信号，接着接一刮板输送机电机停止闭合信号，其与转载机电机停止信号、破碎机电机停止信号、带式输送机电机停止信号闭锁。

3）转载机电机停机

转载机电机停机如图 3-77 所示。首先接入一急停闭合信号，接着接一转载机电机停止闭合信号，其与破碎机电机停止信号、带式输送机电机停止信号闭锁。

4）破碎机电机停机

破碎机电机停机如图 3-78 所示。首先接入一急停闭合信号，接着接一破碎机电机停止闭合信号，其与带式输送机电机停止信号闭锁。

5）带式输送机电机停机

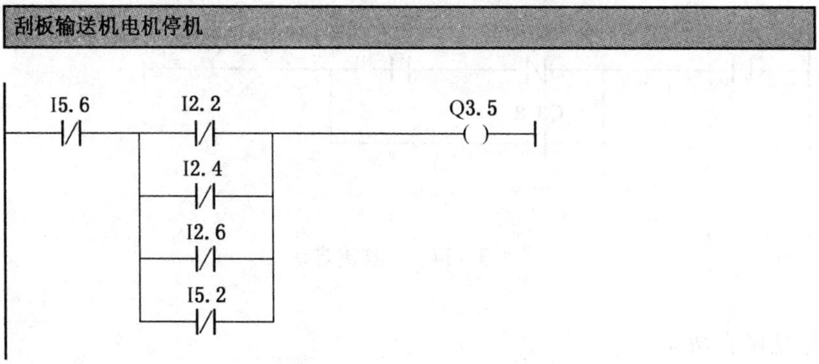

刮板输送机电机停机

```
 I5.6    I2.2              Q3.5
──┤/├───┬─┤/├──┬───────────( )──
        │      │
        │ I2.4 │
        ├─┤/├──┤
        │      │
        │ I2.6 │
        ├─┤/├──┤
        │      │
        │ I5.2 │
        └─┤/├──┘
```

图 3-76　刮板输送机电机停机

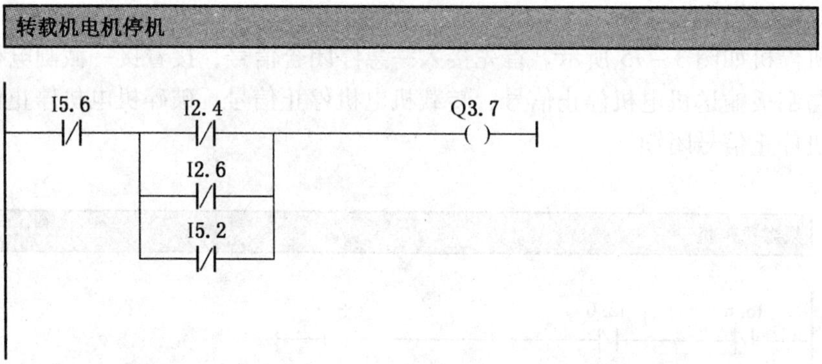

转载机电机停机

```
 I5.6    I2.4              Q3.7
──┤/├───┬─┤/├──┬───────────( )──
        │      │
        │ I2.6 │
        ├─┤/├──┤
        │      │
        │ I5.2 │
        └─┤/├──┘
```

图 3-77　转载机电机停机

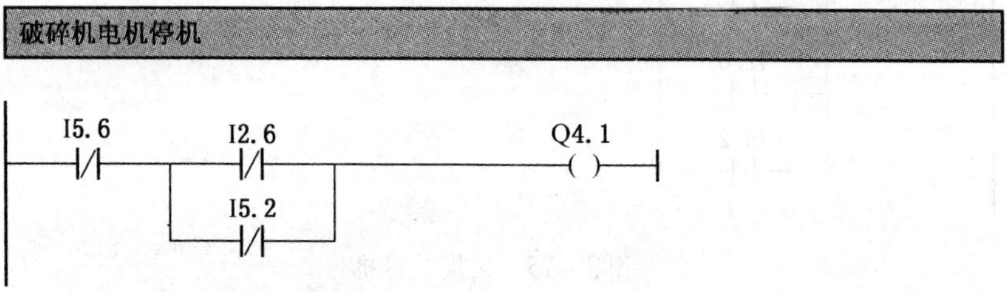

破碎机电机停机

```
 I5.6    I2.6              Q4.1
──┤/├───┬─┤/├──┬───────────( )──
        │      │
        │ I5.2 │
        └─┤/├──┘
```

图 3-78　破碎机电机停机

带式输送机电机停机如图 3-79 所示。首先接入一急停闭合信号，接着接一带式输送机电机停止闭合信号。

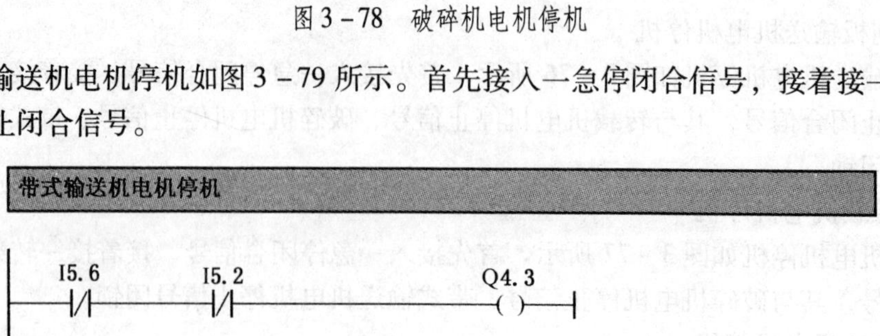

带式输送机电机停机

```
 I5.6     I5.2              Q4.3
──┤/├────┤/├───────────────( )──
```

图 3-79　带式输送机电机停机

第四章　综采电气设备集中控制操作

第一节　集中控制台操作工必知必会

一、集中控制台操作工安全要求

（一）接班

接班时必须做到：

(1) 必须佩戴齐全完备的劳动防护用品，持有效岗位资格证上岗。

(2) 详细检查各电气设备的备品备件、绝缘用具、图纸资料及专用工器具的存放情况。

(3) 认真查看运转日志，向交班人详细询问，掌握工作现场各电气设备的运转、使用情况。

(4) 掌握工作面通信系统及闭锁功能是否正常，了解工作面生产情况。

（二）工作前

工作前必须做到：

(1) 检查作业环境是否安全。

(2) 检查移动变电站整体固定情况及安全装置是否符合要求。

(3) 检查各类电工专用工器具、仪器、仪表是否齐全完好。

(4) 检测变压器、高压连接器及电缆等温度是否正常。

(5) 检查各电气设备显示内容、指示信号、仪表是否正常。

(6) 检查各电气设备的外观、接地系统是否完好，杜绝失爆。

(7) 检查各电气设备的保护是否正常。

（三）工作中

工作中必须做到：

(1) 工作过程中集中精力，时刻观察作业环境和控制台运转状况。

(2) 及时与工作面人员取得联系，确保信息畅通，全面了解工作面生产状况。

(3) 接到开机指令后，通过扩音电话警示工作面作业人员，准备开机。

(4) 按照开机顺序，依次启动工作面设备。

(5) 密切观察设备运转情况，出现异常状况，立即采取停机措施。

(6) 处理故障时，严格执行停送电制度。

(7) 安全快速判断、处理电气设备故障，并及时记录、汇报。

(8) 准确汇报、反馈工作面生产信息。

（四）交班前

交班前必须做到：

(1) 掌握电气设备运转状况及工作面生产信息。

(2) 将所有电气设备开关把手置于停止位置、闭锁。

(3) 清理电气设备外壳灰尘，保持作业环境卫生。

(4) 将专用工器具、绝缘用具及图纸资料按指定位置放好。

(5) 认真填写电气设备运转日志及交接班记录。

（五）交班

交班时必须做到：

(1) 将本班电气设备运转情况、出现故障及处理情况，详细告知接班人员。

(2) 将各种仪表、绝缘用具、图纸资料等交给接班人员。

(3) 配合接班人员做好检查工作，及时处理接班人提出的问题。

二、集中控制台操作工岗位必知

(1) 井下通信、控制、保护系统功能。井下通信、控制、保护系统可实现对综采、综掘工作面、工作面顺槽设备进行保护、控制、沿线通话、故障检测、汉字显示及语言报警等功能。系统可与计算机或其他采用相同通信方式的设备配接，实现信息共享。

(2) 井下通信、控制、保护系统组成：主控制器、矿用隔爆兼本质安全型电源、系列组合扩音电话、系列组合急停闭锁开关、系列本安输入输出、系列多功能终端、系列传感器、系列矿用七芯拉力阻燃电缆、矿用远程控制箱及系列特殊产品。

(3) 开停机顺序：

①开机顺序：带式输送机→破碎机→转载机→刮板输送机→采煤机；②停机顺序：采煤机→刮板输送机→转载机→破碎机→带式输送机。

(4) 掌握工作面供电系统、负荷分配及电气设备原理、性能、操作。

(5) 集中控制台操作工接到工作面设备启动指令后，首先重复启动指令，核对指令正确后，方可启动工作面设备。

(6) 操作井下电气设备时必须遵守：操作高压电气设备主回路时，操作人员必须佩戴绝缘手套，并穿电工绝缘靴或站在绝缘台上；手持式电气设备的操作手柄和工作中必须接触的部分，必须有良好绝缘。

(7) 严禁带电检修、搬迁电气设备、电缆和电线，以及带电开盖操作电气设备。

(8) 处理故障时，要严格执行停送电制度，停电、闭锁，并悬挂"有人工作，严禁合闸"警示牌，并派专人看守，专人停送电、验电、放电。放电前先检查周围环境瓦斯浓度，瓦斯浓度低于1%时，方可对地放电。

(9) 电气设备严禁带病运行，禁止短接保护、随意更改保护值。

(10) 煤矿井下安全供电的"三大保护"，即过流保护、漏电保护、保护接地。

(11) 隔爆是指设备内部爆炸而不引起外部爆炸，失爆是指电气设备的外壳失去隔爆性和耐爆性。

(12) 开关等电气设备垂直面的倾斜角度不得大于15°。隔爆面擦净后涂一层防爆油，但不可涂油过多，否则会影响间隙对壳内爆炸压力的泄放效果。

（13）瓦斯爆炸的条件：瓦斯浓度在5%～16%，氧气浓度大于12%，瓦斯点燃能量的热源存在，且时间大于引火感应期。

（14）电气间隙是指两个裸露导体之间的最短距离；爬电距离是指不同电位两个导体之间沿绝缘材料表面的最短距离。

（15）使用兆欧表测量绝缘电阻时，表应放平，当转速达120 r/min时，读出并记录摇测15 s和60 s时的绝缘电阻值，并求出吸收比（R60/R15）。如果吸收比大于1.3，说明绝缘是干燥的。

（16）使用万用表时，红笔插在标"＋"号的插孔内，黑笔插在标"－"号的插孔内。正确选择测量种类、量程开关挡位。使用欧姆挡测量时要先进行调零，万用表使用完毕后，将量程开关置于交流电压量程高挡。

（17）电缆及电动机对地应符合下列要求：电压为660 V时，绝缘电阻大于22 kΩ；电压为1140 V时，绝缘电阻大于40 kΩ；电压为3300 V时，绝缘电阻大于60 kΩ。

（18）确认设备停电后，必须进行放电，放电时应注意：
①放电前要进行瓦斯检查。
②放电人员必须戴好绝缘手套、穿上绝缘靴或在绝缘台上进行放电。
③放电前，还必须先将接地线一端接到接地网（极）上，接地必须良好。
④最后用接地棒或接地线放电。

（19）放电后，再将检修高压设备的电源侧接上短路接地线，方准工作。

第二节　操作控制台、移动变电站和组合开关

一、操作控制台

（一）集中控制系统的组成

集中控制系统由集控主机、隔爆型本质安全电源、分站、扩音电话、通信电缆、终端元件等组成。集中控制系统如图4-1所示，各组成部分具体功能如下：

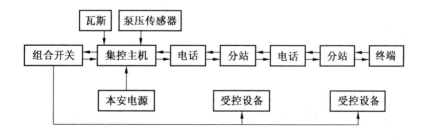

图4-1　集中控制系统示意图

（1）集控主机，实现全系统的集中控制、单机手动控制、参数采集、显示等。

（2）隔爆型本质安全电源，用于对全系统的供电。

(3) 分站，通过数据传输线，双向传送控制指令，在检修状态下，可实现就地控制。

(4) 扩音电话，可实现系统沿线通话报警及全线设备急停和闭锁。

(5) 通信电缆，采用七芯通信电缆，用于系统中各设备的连接。

(6) 终端元件，用于全系统的终端连接。

（二）系统功能

(1) 设备状态检测和参数采集：对所控设备的启停状态、故障状态及沿线闭锁位置等参数的采集和处理。

(2) 设备状态显示：控制器对采集到的各种信息，在液晶显示屏上以图文、动画等形式显示。

(3) 语音通信功能：可完成集控主机、分站、扩音电话装置之间的直接语音通信、设备启动预警和故障报警功能。

(4) 急停闭锁：在采煤工作面沿线设置的任一闭锁点按下闭锁按钮后，均可立即全线停车，并通过扩音电话，自动发出全线急停语音报警声。

(5) 工作面设备的启停控制模式。控制模式有集控模式、手动模式两种。集控模式具有单动、联动、自动、检修四种模式；手动模式为手动控制。

(6) 电缆及连接件。电缆为七芯电缆，将不锈钢插头插入插座，再用 U 型卡快速锁定。

（三）分站

1. 分站介绍

(1) 通过分站上的小液晶显示屏，可以对分站所对应的设备启停情况进行观测。同时，分站还具有语音通信和急停闭锁功能。分站上的启停键与复位键只在检修状态下有效，其余状态无效，复位键在通信不正常时使用，其余时间无效。在分站所对应的设备有故障时，故障灯亮；沿线有闭锁时，故障灯全亮。

(2) 分站站址的设置：面板上 4 位红色拨码开关表示分站是几号分站。一号分站时，拨码开关的 1 拨在数字位置 1，其余拨在 ON 位置；二号分站时，拨码开关的 2 拨在数字位置 2，其余拨在 ON 位置；三号分站时，拨码开关的 3 拨在数字位置 3，其余拨在 ON 位置。

一个分站必须有一位拨码拨在数字上（只有一位）。

2. 分站接线

分站接线如图 4-2 所示。

（四）扩音电话

1. 操作面板

扩音电话操作面板如图 4-3 所示。扩音电话具有语音通信和急停闭锁功能。

2. 扩音电话的使用方法

按下任意一台扩音电话的送话按钮，对着话筒讲话，其他所有电话的扬声器即会发出讲话者的声音；松开送话按钮回到接收状态，可以等待其他电话送话的声音。送话时的送话音量和接收时的放音音量均可通过组件上的 P_1 和 P_2（图 4-4）进行调节。其中，P_1 用于调节送话音量，P_2 用于调节放音音量。

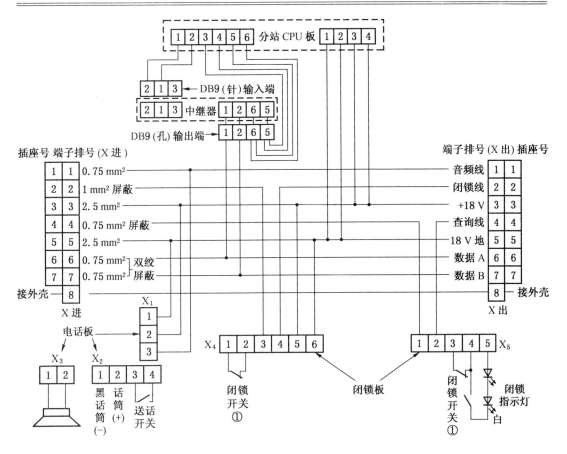

图4-2 分站接线图

急停闭锁：发生紧急情况时，按下沿线任一闭锁点按钮，闭锁指示红灯亮，同时闭锁信号经七芯电缆，将信号传送到集控主机，主机立即发出全线停车指示信号。同时，集控主机、分站和沿线扩音电话发出紧急闭锁报警声，主显示屏显示闭锁点准确位置，以便迅速查出闭锁原因。查出原因后必须解除闭锁，并在主机操作面板复位后，才能再次启动设备。无论设备处于何种状态，急停闭锁均可有效发挥急停作用，以确保紧急情况下避免造成人员伤害及设备的损失。

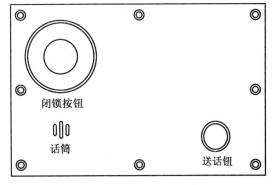

图4-3 扩音电话操作面板

扩音电话内部接线如图4-4所示。

3. 语音处理模块插座、引脚

语音处理模块中的插座、引脚如图4-5所示。

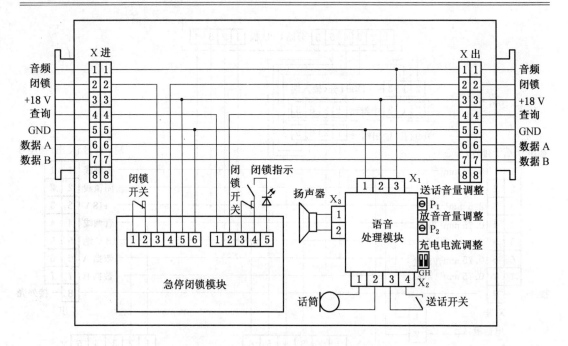

图 4-4 扩音电话内部接线图

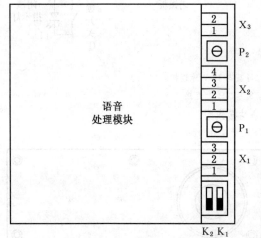

图 4-5 语音处理模块示意图

1）电流充电方式

电源预先充电，充电时间视电池组电量而定，一般在 24 h 以上。

充电电流的设定方式：K_1、K_2 均打在下方位置，充电电流为 15 mA；K_2 打在上方、K_1 打在下方时，充电电流为 20 mA；K_2 打在下方、K_1 打在上方时，充电电流为 25 mA；K_1、K_2 均打在上方时，充电电流为 30 mA。充电电流大小的设置原则：整个通信系统话机台数较少时，充电电流可适当加大，以尽量满足电池组的充电要求；整个通信系统话机台数较多时，充电电流适当减小，以避免 18 V 稳压电源过载。18 V 稳压电源是否过载，可通过观察稳压电源的电压表指数来判定：当降到 17.8 V 以下，表示已经开始过载，下降越多，说明过载越严重。只要系统许可，尽量采用 30 mA 挡充电。

2）受话及送话

受话：扩音电话平时处于受话状态，如对方有人送话，扩音电话即会发出送话者的声音，扬声器的音量可以通过语音处理模块上的 P_2 微调电位器进行调节，顺时针旋转，音量增大；逆时针旋转，音量减小。

送话：按前面板上的送话按钮不放，扩音电话即进入送话状态。此时对着话筒开口位置讲话，语音便可传送到对方扩音电话，讲话音量大小可以通过语音模块上的 P_1 微调电位器进行调节,顺时针旋转,音量增大;逆时针旋转,音量减小。

如安装完毕初次使用,若有扬声器发声嘶哑、音轻现象,且调节 P_2 无效,则可能是扩音电话内置电池组电量不足,经适当时间充电后,即可正常使用。

扩音电话在使用过程中应避免水分浸入话筒开孔处,防止煤粉等污物堵塞话筒开孔,设备运行间隙,不可停止 18 V 电源送电,更不宜在 18 V 电源停电的情况下,长时间使用扩音电话,以防止因电池组不能充电而导致电量枯竭,缩短电池组使用寿命。

(五) 本安电源

隔爆型本安电源为整个集控系统提供所需的工作电源,其具有双重过载、短路保护功能。

本安电源接线端子如图 4-6 所示。

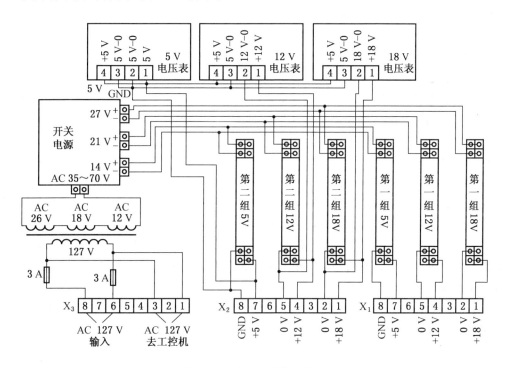

图 4-6 本安电源接线端子

二、移动变电站

移动变电站由矿用隔爆型高压真空配电装置、矿用隔爆型低压保护箱和矿用隔爆型干式变压器等组成。

以 KBG-315/10(6)Y 矿用隔爆型移动变电站用高压真空开关、BXB-Y 矿用隔爆型移动变电站用低压侧保护箱为例加以说明。

(一) 高压真空开关及低压侧保护箱主要结构、特性

1. 高压真空开关

KBG-315/10(6)Y 矿用隔爆型移动变电站用高压真空开关,用作移动变电站高压侧开关,用于开断和闭合移动变电站的负荷电流和空载电流。

1) 组成结构

高压真空开关的配电装置主要由隔爆箱、断路器和 PLC 智能型综合保护器（包括人机屏 GOT）三大部分组成。隔爆箱体分接线腔、隔离刀闸腔和断路器箱三个腔体，隔爆箱由箱体、箱门、盖板等组成。

箱体为长方形，中间隔板将整个箱体隔成 3 个防爆腔室。上腔接线腔左右两侧各有一条高压电缆引入装置。上腔隔离开关腔内装有一个刀闸隔离开关，并设有观察窗。下腔装有电流互感器、电压互感器和真空断路器，断路器由左右 2 根导条导入，并可以在 2 根导条内部固定断路器。箱体右侧板上设有隔离开关分合闸手柄、断路器机械合闸手柄、机电闭锁装置等。

箱体前门内部装有 PLC、GOT、信号取样检测板，前门设备液晶显示窗，显示配电装置运行状态和各种故障状态。面板还设有参数设定按钮，以及过载、短路、复位、急停、电合、电分、手分操作按钮，用于实现参数设定和功能操作。

2) 结构特性

（1）具有独立的高压隔离开关，运行及维护安全、可靠。

（2）具有电动合闸及手动储能合闸双重机构。

（3）具有与国产变压器和进口变压器两种安装配套模式，可与国产变压器和进口变压器配套使用。

2. 低压侧保护箱

1) 组成结构

低压侧保护箱主要由防爆箱、断路器和 PLC 智能型综合保护器（包括人机屏 GOT）三大部分组成。隔爆箱体分为接线箱和保护箱两个箱体。隔爆箱由箱体、箱门、盖板等组成。箱体为长方形，中间隔板将整个箱体隔成 2 个防爆腔室。上腔接线腔左右两侧各有两条电缆引入装置。下腔装有信号取样单元和保护单元。箱体右侧板上设有闭锁开关分合闸转盘；箱体前门内部装有 PLC 和 GOT，面板设有液晶显示窗，显示保护箱运行状态和各种故障状态。面板还设有参数设定按钮，以及过载、短路、漏电、复位、电分操作按钮，用于实现参数设定和功能操作。

2) 保护特性

（1）具有高低压闭锁机构和门闭锁机构，运行及维护安全、可靠。

（2）配套移动变电站，采用国际流行的低压侧故障分断高压侧电源的运行模式。

（3）具有电动分断高压侧电源机构。

（4）具有与国产变压器和进口变压器两种安装配套模式，可与国产变压器和进口变压器配套使用。

（二）显示屏的使用及故障处理

1. 显示屏的外形及键的使用

显示屏的外形如图 4-7 所示。

其中：未采用的键是 F_1、F_2、F_3、F_4、ALM 键。

其他键的作用："ESC"退出键，进入后按"ESC"键可返回原界面；"SET"键，设定键，进入设定界面后，按"SET"键，所改参数可存储于屏的内存中。"▲"键有两个作用：一是屏参数设定完成后，按"▲"键起到把屏内存中设定的参数输入到 PLC 中，此键必须操作，不然设定不起作用；另一个作用是把数值从 0 增加到 9。"▼"键的作用：使数值从 9 减到 0。"◄"作用是向左移动光标位置，在设定界面按"◄"是返回主界面；"►"作用是向右移动光标。

另外，显示屏的按键可与新的功能相对应。

2. 接口的连接

图 4-7 中的 1 为屏的电源接口为 +24V 电源，由 PLC 提供。

图 4-7 中的 2 为模式按钮，在输入程序时使用，平常在 RUN 状态。

图 4-7 中的 3 为对比度调整电位器，一般不用调整。

图 4-7 中的 4 为 RS-485 通信口。

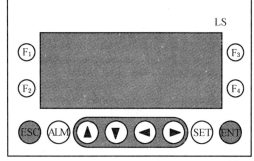
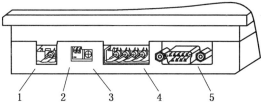

1—电源接口；2—模式按钮；
3—对比度调整电位器；4、5—通信口

图 4-7 显示屏的外形图

连接方法为 RDA 与 SDA 连接后与 PLC RS-485 通信口"+"连接；RDB 与 SDB 连接后与 PLC RS-485 通信口"-"连接。

图 4-7 中的 5 为 RS-232 通信口，未采用，仅作输入程序使用。

3. 参数的整定及密码的使用方法

1）参数的整定

PLC 智能型综合保护器的整定和 GOT 组成保护显示系统，参数整定通过 GOT 直接完成。参数整定灵活方便，运行、故障画面直观简明。

2）密码的使用方法

GOT 设定密码情况，设定有密码保护的键，只有解除密码，才能解除动作。监视模式中按住【ENT】键 3 s，显示如下画面。

```
1. 取消锁住密码
2. 锁定密码
3. 密码变更
```

选择不同选项，按【ENT】键后出现如下情况：

（1）选择 1 号，a：输入当前设定密码，即可解除密码，显示【取消锁住密码】。

b：密码没有设定情况，画面显示【密码不存在】。

以上两种情况均可按【ESC】两次返回监视模式，可执行设定参数的动作。

（2）选择 2 号，锁定密码。显示【密码已锁定】。

按【ESC】两次返回监视模式，不可执行设定参数的动作。

（3）选择 3 号，可以变更现在密码。

密码设定可以设定到 4 位以内的 10 进制数（注：早期的显示屏可以设定到 10 位以内的 10 进制数）。

密码设定为 0 的情况，成为无密码状态。在密码设定的情况下，如遗忘密码，将不能正常使用。

4. 整定过程

在正确输入密码状态后，进入整定程序。人机屏 GOT 开机后显示运行界面如图 4-8 所示。

第一步：在运行状态下（图 4-8），按下参数键"设定◀"，进入参数设定界面，如图 4-9 所示。

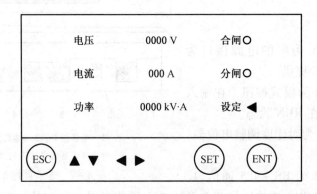

图 4-8 人机屏运行界面

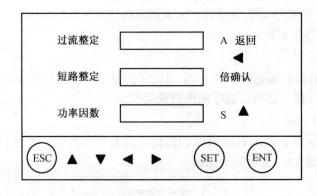

图 4-9 参数设定界面

第二步：按下"SET"键，第一条"过流整定"数据区光标闪烁，按"▼""▲"键减增数值，按"◀""▶"键移动光标至所需位置，直至输入所需数值，"过流整定"数据设定完成。

第三步：第二步完成后，光标自动进入"短路整定"数据区，参数设定同第二步，再按"ENT"键后，自动进入功率因数设定区。

第四步：第三步完成后，光标自动进入"功率因数"数据区，参数设定同第二步，按"ENT"键后，显示屏共同（GOT）参数设定完成。

第五步：数据设定完成后，按下确认键"▲"，同时蜂鸣器出现"嘀"的一声提示音，则表明人机屏内部数据已输入 PLC（注：输入有效时，蜂鸣器响一次，输入无效时，蜂鸣器响三次）。

【例】过流设定值为 218 A，短路保护为 8 倍，过流整定值的设定方法为按参数键"设定◀"出现设定画面，按下设定"SET"键，过流整定数据区个位数光标闪烁，按"▲"键 8 次或按"▼"键 2 次使个位数为 8，然后按"◀"键移动闪烁光标至十位数，按"▲"键，使十位数为 1，按"◀"键移动闪烁光标至百位数，按"▲"键 2 次使百位数为 2，按下"ENT"键，过流整定设定完成。同时光标自动进入短路整定区闪烁，按"▲"键 8 次或按"▼"键 2 次使短路设定值为 8。按下"ENT"键后，光标自动在功率因数区闪烁，按"▲"键，使个位数为 8，按"ENT"键功率因数设定完成，确认全部正确，按"▲"键，使参数输入 PLC。按下"▲"键，人机界面显示工作画面。

5. PLC 的基本结构

PLC 的基本结构由 CPU 模块、I/O（输入/输出）模块、编程器、电源等组成。控制系统示意图如图 4-10 所示。

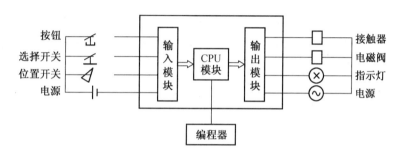

图 4-10 控制系统示意图

6. 接线方式（图 4-11）

LG PLC 接线为共负接法，即 PLC 输出 -24 V 必须和 COM 全部连接起来，输入和输出信号用 +24 V 来驱动。

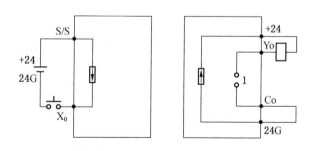

图 4-11 接线方式图

7. 显示屏常见故障及处理

1）显示屏不显示

首先检查 +24 V 电源是否正常，如正常仍不显示，可调整亮度电位器；如仍不显示，则屏坏；如无，则检查 +24 V 电源。

2）不通信

如不通信，则屏上参数全为0，且不显示故障，参数无法设定，此时应仔细检查通信线是否良好。

另外老式台达屏显示"正在通信"，则说明通信线未接好或PLC不运行。

3）屏显示画面混乱（乱显示）

一般情况是PLC故障或A/D模块故障。

4）显示屏按键不响

从外面按不响，可能是铜按钮未碰到显示屏上的键，此时稍微用点力或将屏拆下后再按，如不响，则显示屏坏。

5）屏幕变黄或白

显示屏坏，液晶干涸。

6）显示屏黑屏但仍显示参数

不是故障，而是设置睡眠状态，按任一功能键，即可激活。

7）显示屏一部分字或只亮不显示，属白屏

此属于磁场干扰，拉合一次隔离开关，重新上电即可解决，或检查接线是否良好。

（三）断路器原理

1. 高压真空断路器原理（弹簧式）

高压真空断路器电气原理如图4-12所示。

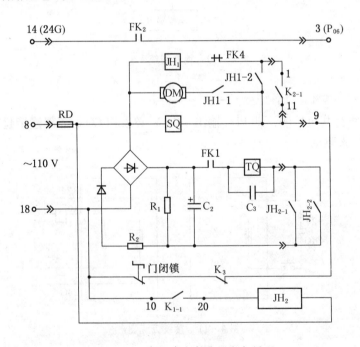

图4-12 高压真空断路器电气原理

1）合闸

（1）高压隔离开关具有合闸、分闸两个位置。按下机电闭锁按钮后，向前推动手柄，可进行合闸；向后拉动手柄，可进行分闸。

（2）操作储能手柄→带动离合器转动→通过手合机构，启动电合按钮→电合接触器闭合→通过电合机构，驱动棘轮单向转动→储能弹簧逐渐拉伸→驱动棘轮过中位后**储能弹簧能量释放→凸轮撞击脱扣器四连杆机构→推动主轴转动→其拐臂推动绝缘子→闭合真空开关管**→合闸。随着主轴转动合闸，分闸弹簧被拉伸和触头弹簧被压缩而储能，使脱扣器四连杆机构过中位后稳定下来，保持合闸位置。

2）分闸

按下手动分断按钮，用外力直接驱动冲杆，撞击按压电分按钮或保护装置动作→直流阀得电冲杆撞击，按电气闭锁按钮或保护装置动作→电磁铁失电，冲杆撞击脱扣，主轴转动→脱扣器四连杆机构失去平衡→在分闸弹簧和触头弹簧的作用下，主轴转动→其拐臂带动绝缘子→拉开真空开关管→分闸。分闸后，3个绝缘子的螺钉紧靠在分闸限位缓冲器上，保持分闸位置。

3）易出故障部位

(1) 连杆长，合闸时凸轮抵住连杆，过长时易造成半合不合，不分闸。太短时，连杆直立不动作，不分离。

(2) 摩擦力过大，无滑动不分闸，用砂纸打磨。

(3) 分闸弹簧太松，连杆无向下运动力，不分闸。

(4) 辅助开关不闭合，合闸电动机一直转动。

4）断路器动作特性和技术参数

(1) 动作特性：

①电源电压在85%~110%额定电压内，可靠合闸；

②分励脱扣器在电源电压65%~120%额定电压范围内，可靠分闸；

③在合闸位置，失压电磁铁热压时，失压脱扣器在额定值的35%~60%范围内能分闸，低于35%不能合闸。

(2) 断路器技术参数见表4-1。

表4-1 断路器技术参数

项　目	参　数	
额定工作电压/kV	6	10
最高工作电压/kV	7.2	12
额定工作频率/Hz	50	50
主回路设定电流/A	50~250	50~315
额定短路开断电流/kA	10	12.5
额定热稳定时间/s	2	2
额定热稳定电流/kA	10	10
额定动稳定电流/kA	25	25
额定关合电流（峰值）	25	31.5
额定短路开断电流的开断次数/次	30	30
操作过电压/倍	≤3.5	≤3.5

2. 高压真空永磁断路器原理

隔离开关合闸通电 15 s 后,按合闸按钮,动铁芯下移,被永久磁力吸合到下端盖的表面,且保持在这个位置即合闸位置,依靠永久磁铁与其外围的动铁芯、下端盖、外套形成一个磁回路,其状态的保持不需要线圈提供保持电流,零功耗,只要外力使动铁芯运动到下端盖表面即可保持住。在合闸的同时,要给断路器的分闸弹簧储能,合闸过程完成时分闸弹簧的储能也完成,为分闸做好准备。

分闸位置是依靠分闸弹簧,将动铁芯拉在上端盖的表面,并保持在这个位置,即分闸位置。其上端盖不是铁磁质,永久磁铁不能在其表面形成强磁回路,所以永久磁铁形成的稳定状态只有合闸状态一个状态,即单稳永磁结构,具有这一结构的断路器称为永磁断路器。单稳态永磁机构分闸需要在线圈中通过与合闸相反方向的电流,形成与合闸相反的电磁场,这个磁场使下端盖与动铁芯接触面的磁通密度减小,合闸保持力也减小,在已储能分闸弹簧的反力作用下,实现分闸操作。

永磁断路器分合闸原理如图 4-13 所示,当按下手分按钮时,短路环挑杆释放短路环,短路环运动到动铁芯的上表面,永久磁铁磁场被短路环分去一部分,使下端盖与动铁芯接触面的磁场强度减小,合闸保持力也减小。在已储能分闸弹簧的反力作用下实现分闸操作,同时放开手分按钮后,短路环挑杆重新锁住短路环。

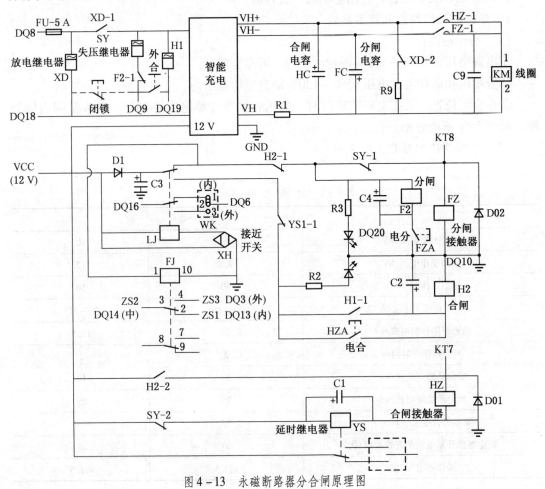

图 4-13 永磁断路器分合闸原理图

（四）漏电保护

漏电保护是采用附加直流 50V（非零序电流或零序功率）。漏电检测原理如图 4-14 所示。

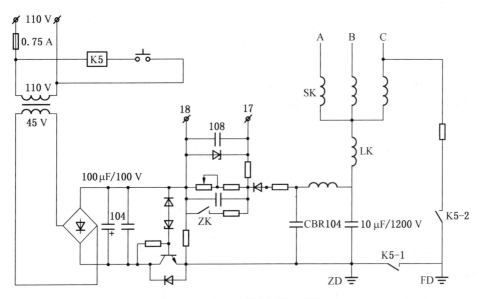

(a) 1140 V/660 V 漏电检测原理图

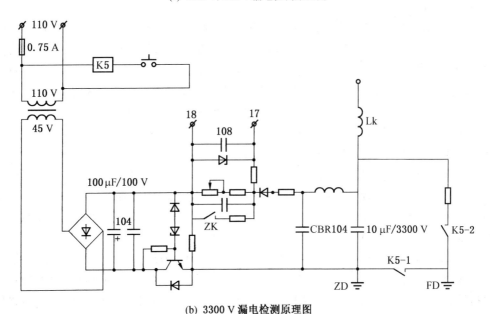

(b) 3300 V 漏电检测原理图

图 4-14 漏电检测原理

SK 是把直流辅助回路和三相交流电路联系起来的元件。LK 单相抗流线圈因本身具有较大的电抗值，可以保证电网中性点对地绝缘水平，通过它的电感电流，可以补偿通过触电人体的电容电流，以及一相碰壳或接地时的入地电容电流。

1. 高压侧漏电保护

1）工作原理

(1) 合隔离开关送高压，高压电压互感器（PT）二次输出直流电流（AC）110 V。

(2) AC110 V 给 PLC 供电，PLC 得电，首先对整个系统进行自检，系统正常后，PLC 投入运行。PLC 输出 DC24 V 供给 GOT，GOT 显示电压、电流、功率的主界面。其中，电压显示经真空开关的电压/电压转换器、取样电路送入 PLC、CH3、A/D 通道，经 PLC 处理后显示 6000 V（10 kV）电压、电流显示 0、功率显示 0 为正常，真空开关正常运行。

(3) AC110 V 同时供给真空断路器作合闸分闸的操作电源。电源失压时，真空断路器合不上闸。电源正常，可保证合闸操作时，合上真空断路器，给负荷供电。

(4) 真空开关正常运行后，即可对真空断路器进行合闸、分闸、试验等操作。如合闸后负荷启动，GOT 屏有电流、功率显示，则其电流是取自 B 相电流/电压转换器、取样电路送入 PLC CH0 A/D 通道，经 PLC 处理后显示实际电流值。同时，按功率公式显示瞬时功率变化。

(5) 真空开关运行后，对系统的过载、短路、断相、过压、欠压及低压侧反馈过来的故障信号，PLC 根据各种逻辑关系，输出控制和保护信号给执行单元，驱动断路器上脱扣器动作，使断路器跳闸，从而实现保护，同时 GOT 上显示故障画面。

(6) 在故障界面下，PLC 进行闭锁保护，保证不执行合闸操作、手动合闸合不上。只有在故障处理后，按复位 GOT 显示主界面情况下，才能进行合分闸等操作。

2）保护特性

(1) 过载保护：真空开关的过载 1.2 倍保护采样值取自 B 相电流/电压转换器。该取样值送入 PLC CH0 A/D 通道，经 A/D 转变后送入 PLC 内部 D1 寄存器。当该寄存器内数据大于 PLC 过载整定设定值的 1.2 倍时，PLC 延时输出一开关信号，使高压真空断路器跳闸，动作时间小于 120 s，同时人机屏显示过负荷故障画面。真空开关过载 1.5~6 倍保护采样值取自 A、C 相电流/电压转换器，该取样值送入 PLC CH1 A/D 通道，经过 A/D 转换后送入 PLC 内部 D2 寄存器。当 A、C 任一相电流超过设定值时，PLC 按规定的反时限特性进行保护，同时人机屏显示过负荷故障画面。

(2) 短路保护：真空开关的短路保护采样值取自 A、C 相电流/电压转换器，该取样值送入 PLC CH1 A/D 通道，经 A/D 转换后送入 PLC 内部 D3 寄存器。当 A、C 任一相电流超过速断设定值时，PLC 送出一开关信号，迅速使高压真空断路器动作，动作时间小于 80 ms，同时人机屏显示短路故障画面。

(3) 断相保护：PLC 在每个扫描周期内将送入 D1、D2、D3 寄存器内的电流值进行比较，找出电流最大值寄存器（如 D1），然后分别用 D1 减去其他两寄存器内的数据。当差值持续超过设定电流值的 70% 达 15 s 时，PLC 送出一开关信号，使高压真空断路器动作，同时显示断相故障界面。

(4) 欠压、过压保护：欠电压、过电压保护采样值取自真空开关电流/电压转换器，送入 PLC CH3 A/D 通道。经 A/D 转换后送入 PLC 内部 D4 寄存器。PLC 在每个扫描周期内将 D4 内数据与额定电压值进行比较。当取样电压低于额定电压的 75% 时，或高于额定电压值的 115% 时，PLC 输出信号控制断开高压真空断路器。同时，人机屏显示对应过、欠压保护画面。

(5) 超温保护：当变压器温度超过变压器设计温度时，PLC 控制瞬时断开高压真空断路器。同时，人机屏显示移动变电站温度过高界面。

(6) 上级电源急停保护：当上级电源需要紧急停电时，按下真空开关的急停按钮，即可迅速停掉上级电源（与上级电源配电装置连接控制线时）。

2. 低压侧漏电保护

1）工作原理

(1) 高压真空开关电压互感器（PT）二次输出的直流（AC）110 V 电压，通过变压器四芯接线柱输入到低压侧，作为 PLC 智能型低压综合保护器的工作电源。

(2) 电压互感器（TB1）二次输出的 AC 12V 电压，经采样处理后作为电压信号输入给 PLC，用于主回路电压显示，并同时作为合分闸信号显示。

(3) 当低压保护箱投入运行后，PLC 首先对整个系统进行自检，系统正常后，方可投入运行。

保护箱运行后，PLC 对保护箱的主回路、控制回路电压、电流、绝缘等状态进行实时监控及显示；对系统的过载、短路、漏电、过压、欠压等故障，PLC 根据各种逻辑关系，输出显示故障，同时把保护信号传送给高压真空开关的 PLC，驱动真空断路器分闸，从而实现对移动变电站的保护。

2）保护特性

(1) 过载保护：保护箱的过载保护采样值取自 B 相电流/电压转换器，该取样值送入 PLC CH0 A/D 通道。经 A/D 转变后送入 PLC 内部 D1 寄存器。当该寄存器内数据大于 PLC 内部设定值的 1.2 倍时，PLC 延时输出一开关信号传输至高压，使高压侧真空断路器跳闸，动作时间小于 120 s，同时人机屏显示过负荷故障画面。装置过载 1.5~6 倍保护采样值来自 A、C 相电流/电压转换器。该取样值送入 PLC CH1 A/D 通道，经 A/D 转换后送入 PLC 内部 D2 寄存器。当 A、C 任一相电流超过设定值倍数时，PLC 按规定的反时限特性进行保护。同时，人机屏显示过负荷故障画面。

(2) 短路保护：保护箱的短路保护采样值取自 A、C 相电流/电压转换器，该取样值送入 PLC CH1 A/D 通道，经 A/D 转换后送入 PLC 内部 D3 寄存器。当 A、C 任一相电流超过速断设定值时，PLC 送出一开关信号迅速传输至高压侧，使高压真空断路器分闸，动作时间小于 0.2 s。同时，人机屏显示短路故障画面。

(3) 漏电保护及漏电闭锁：保护箱的漏电保护和漏电闭锁采取附加直流电源的方式来实现。当系统漏电或绝缘值降低时，附加直流电源的电流通过设备外壳、大地、电缆线、三相电抗器、零序电抗器和取样电阻 R 流回电源负极，在电阻 R 上产生一取样电压，该电压送入 PLC CH2 A/D 通道，经 A/D 转换后送入 PLC 内部 D4 寄存器。当 D4 内的数据大于 PLC 内部漏电保护闭锁规定值时，PLC 保护动作，人机屏显示漏电保护或闭锁画面，同时 PLC 送出一开关信号，迅速传输至高压侧，使高压真空断路器分闸。

(4) 欠压、过压保护：欠压、过压保护采样值取自保护箱电流/电压转换器，送入 PLC CH3 A/D 通道。经 A/D 转换后，送入 PLC 内部 D5 寄存器。PLC 在每个扫描周期内将 D5 内的数据与设定值进行比较。当取样电压低于设定电压的 75% 时，或高于设定值的 115% 时，人机屏显示对应保护画面，同时 PLC 送出一开关信号，传输至高压侧，使高压真空断路器分闸。

3. 连锁

1) 与前门连锁

低压保护箱运行时，低压保护箱前门由于连锁螺杆的旋入将不能打开。当需要打开前门时，必须将低压保护箱打在"分"位置，前门连锁螺杆才能旋出前门连锁孔，低压保护箱前门才能打开。

2) 与高压开关连锁

当低压保护箱合闸手把打到"分"位置或低压侧显示故障时，通过与高压联系通信线，控制高压侧断路器跳闸，并通过保护断电器闭锁，使真空断路器不能再次吸合，使低压侧无高压。只有将低压前门闭锁打到"合"位置、高压开关真空断路器电动或手动合闸时，才能吸合。这样从根本上保证了高压开关只有在低压保护箱处于运行位置和无故障状态时，才能合闸。

（五）变压器内部七芯信号线的布线

移动变电站信号连接如图 4-15 所示。

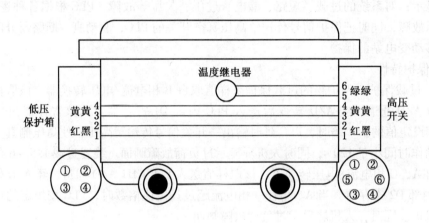

图 4-15　移动变电站信号连接示意图

将信号线接入变压器七芯接线柱，两条红黑色线接 1、2 号端子，为 AC 110 V 电源线；黄色线接 3、4 号端子，为控制线。接错将造成保护器元件的损坏。

将 3 条母线电缆接入相应相端，注意压紧平垫和弹垫并确认紧固，以防松动造成打火和高接触电阻过热。

（六）QJZ-1600/1140-□等系列矿用隔爆兼本质安全型组合开关

以 QJZ-1600/1140-□（QJZ-1200/3300-□）系列矿用隔爆兼本质安全型组合开关（以下简称组合开关）为例，对矿用隔爆兼本质安全型组合开关加以说明。

QJZ-1600/1140-□（QJZ-1200/3300-□）系列组合开关，采用工业专用可编程逻辑控制器（PLC）作为核心控制与保护元件，配以可编程 10.4 in 高清晰液晶显示屏，组成目前最先进的矿用组合开关控制与保护系统。该系统采用人性化设计，全中文人机交互式操作界面，具有技术先进，操作简便的优点。

可编程逻辑控制器的使用使组合开关之间的控制电路大大简化，极大地减少了开关硬件、电路的故障率，提高了组合开关的可靠性。与此同时，在不改变硬连接的情况下，通过修正程序，可便于改变、增加组合开关的功能，这样即可在现场更好、更快地适应煤矿现场实际运行工况的需要。在 PLC 应用程序的设计上，通过不断优化程序结构，严格把握指令的选用，从而将整个程序的扫描周期限制在 10 ms 以内，加上各主电路控制元件的固有动作时间，使组合开关各种故障保护的动作时间完全满足产品相关标准的规定。该组合开关保护功能齐全，具有过载、短路、断相和漏电闭锁保护等功能。它还可以与上级馈电或移动变压器配合实现故障拒动情况下的后备保护跳闸。

QJZ-1600/1140-□、QJZ-1200/3300-□ 系列组合开关通过 PLC 控制系统，实现对驱动的智能控制。开关在合闸前具有漏电闭锁及试验功能，运行过程中能利用主菜单显示各支路的工作状况，并对每一路的实际工况和原始设置参数进行实时对照，因此，设备运行情况一目了然。当设备出现过载、短路、漏电等故障时，能自动切断电源并显示故障发生时间和内容，而且具有故障自诊断功能，可快速排除系统故障，提高工作效率。

QJZ-1600/1140-□ 系列中的组合开关，可用于综采工作面的集中控制，最多可配置 8 个驱动单元，总负荷量达 1600 A，每一驱动单元都具备完善的各种保护，可根据驱动单元的需要进行选择。

1. 主要用途及适用范围

QJZ-1600/1140-□、QJZ-1200/3300-□ 系列组合开关适用于煤矿井下和其他周围介质中含有甲烷与煤尘混合物的爆炸性气体环境中，使用在交流 50~60 Hz、三相电压 1140 V（3300 V）、总电流 1600 A（1200 A）及以下的控制线路中。

控制系统可实现单台独立运行、多台程序运行、单台双速运行和 2 台双速联动运行等灵活多样的运行方式，可满足国内绝大多数综采工作面的需求。

该组合开关可为井下 1140 V 综采工作面动力设备提供一种简单、高效的控制方法。

2. 外形尺寸及质量

负荷中心组合开关外形尺寸及质量见表 4-2。

表 4-2 负荷中心组合开关外形尺寸及质量

序号	名 称	型 号	外形尺寸（长×宽×高）/（mm×mm×mm）	质量/kg
1	负荷中心组合开关	QJZ-1600/1140-4	2120×1110×1175	约 2900
2	负荷中心组合开关	QJZ-1600/1140-6	2850×1110×1175	约 3500
3	负荷中心组合开关	QJZ-1600/1140-8	2850×1110×1175	约 3900
4	负荷中心组合开关	QJZ-1200/3300-4	2120×1110×1175	约 2900
5	负荷中心组合开关	QJZ-1200/3300-6	2850×1110×1175	约 3500
6	负荷中心组合开关	QJZ-1200/3300-8	2850×1110×1175	约 3900

3. 型号组成及其代表意义

以 QJZ-1600/1140-□ 型组合开关为例，具体型号组成及其代表意义如下：

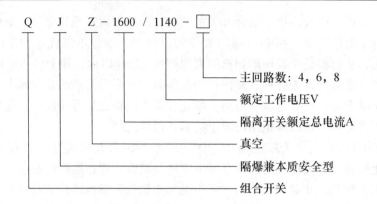

4. 总体结构及系统组成

1) 总体结构特征

组合开关的外壳为钢板焊接结构，带有主控制腔，隔离换向开关腔、控制接线箱及照明电源控制箱，主电缆全部采用快速接插连接器，主控制腔采用快开门结构，其外形如图4-16所示。

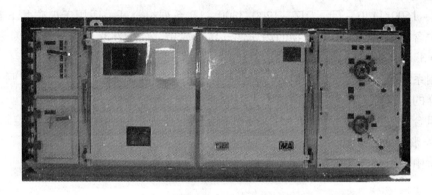

图4-16 组合开关外形图

2) 安全连锁机构

安全连锁装置的设置是根据（GB 3836—2000）《爆炸性气体环境用电气设备》的规定，通过机械和电气的方法，保证防爆封闭式外壳开门之后无法操作开关，开关的所有导电部位均不带电，同时所有隔离换向开关都与中央快开门闭锁装置耦合，保证开门后所有的隔离换向开关处于分断状态。相反，只有在门盖正确关闭之后，隔离换向开关以及接触器才能进行合闸操作。

该组合开关设置了多重安全连锁装置。

(1) 隔离换向开关手柄盘同分断按钮之间的机械连锁。

(2) 隔离换向开关手柄同安全连锁旋钮之间的机械连锁，以及同电气控制系统的电气连锁。

(3) 隔离换向开关同电气控制系统的电气连锁。

(4) 安全连锁旋钮同右中央门之间的机械连锁。

该组合开关的连锁关系是由操纵杆与操作轴的直接耦合来实现的，在隔离换向开关腔上设计了闭锁装置，门需要打开时，分别按下 2 个停止按钮，将 2 个隔离开关的操作手柄分别置于"分断"位置（水平偏下 20°），然后再顺时针转动操作杆上方安全连锁旋钮 180°至安全闭锁位置，使闭锁轴与闭锁缺口分离后，才能开启主控制腔门或者隔离换向开关腔门。

上述连锁装置可实现以下功能：

（1）只有当隔离换向开关处于"分断"位置，才能打开组合开关的主控制腔门。

（2）隔离换向开关操作至"分断"位置之前，必须率先将各功率驱动单元的接触器进行分断，以防止隔离换向开关带载操作。

当打开输入腔门盖时，上述连锁装置还可保证切断供电变压器的输出电源，使输入接线端不带电，并保护供电变压器免遭损坏。

3）主控制腔

主控制腔采用快开门结构，具有完整的机械连锁机构和可靠的电气闭锁装置，具有较强的安全性能。

中央门开闭均应遵循安全操作顺序才能实现，否则无法开启或闭合。

中央门开启前，应先将 2 台隔离开关操作至"分断"位置，再将隔离腔最上部的安全连锁旋钮顺时针旋转 180°，将主控制腔左、右门的机械连锁解除，扳动左中央门盖操作手把，左中央门盖向右平移，退出左中央门与壳体法兰之间的锁扣，左中央门才能打开；扳动右中央门盖操作手把，右中央门盖向左平移，退出右中央门与壳体法兰之间的锁扣，右中央门才能打开。

主腔门盖关闭时，必须扳动左（右）中央门盖操作手把，将左（右）中央门盖向左（右）平移到位，才能关闭左（右）中央门。然后，才能逆时针转动操作杆上方安全连锁旋钮 180°，使与安全连锁旋钮连接的闭锁条与隔离换向开关操作杆脱扣，自行转动隔离换向开关操作杆，闭合隔离换向开关。

4）隔离换向开关腔

隔离换向开关腔内安装了 2 个 ZGK - 800/1140 型手动隔离换向开关。该开关具有向前（Forward）、试验（Test）、反转（Reverse）和分断（Off）四个位置，隔离换向开关采用手动方式，在隔离换向开关前部还附有用于安全跳闸的连锁开关。

2 个隔离换向开关安装在隔离换向开关腔内的抽屉内，手柄盘与停止按钮 S001、S002 机械连锁，只有按下停止按钮 S001/002，才能转动隔离换向开关手柄，隔离换向开关到位后，停止控制按钮会自动弹出，控制系统才能正常通电。隔离换向开关腔门打开，松开隔离换向开关抽屉的定位螺钉，隔离换向开关腔内的抽屉可向外拉出，以利于隔离换向开关的检修。

在隔离换向开关腔门的上部，安装了一个安全连锁旋钮，只有将安全连锁旋钮的红点对准正常工作位，隔离换向开关手柄才能正常转动。当需要打开隔离换向开关腔门时，必须将隔离换向开关手柄置于分断位置，将安全连锁旋钮的红点对准停机闭锁位置，才能打开隔离换向开关腔门。

5）进出线电缆引入装置

进出线电缆引入装置位于箱体右侧，共 4 个，每路 400 A，可穿入电缆外径范围为 30 ~ 73 mm。

出线电缆位于箱体左侧，共 8 个，每路 400 A，可穿入电缆外径范围为 30～73 mm。

6) 控制接线箱

控制接线箱位于左侧，其中，本安控制电路接线端子同非本安电路接线端子分开布置，以适应某些本安控制设备的连接。

控制电缆输出口共 10 个，在左侧外壁上，分别可穿入直径不大于 20 mm 的橡套电缆。

7) 驱动单元

驱动单元安装在抽拉式机架上，包括真空接触器，过载、短路保护、取样用的电流互感器真空接触器，压敏电阻，RC 保护组件和中间继电器等。

当驱动单元机架插入导轨、旋紧锁紧螺钉时，接触器动静触头两端的主电路进、出线插头自动与安装隔架主电路进、出线插座连接上，控制接线采用 CS42-29T 型电路连接器连接。

8) 紧急停止、复位按钮

在左中央门上安装急停按钮和复位按钮，按下急停按钮，将断开所有主电路的接触器；复位按钮用于故障及试验动作后对系统进行复位。

9) 液晶显示屏

通过装在左中央门上的液晶显示屏，可对各驱动单元的工作参数、控制方式和所控负载等内容进行整定。对各驱动单元进行就地启动与停止操作，还可进行过载、短路、漏电等试验。液晶显示屏显示所有内部驱动单元的工作状态、存储故障信息，易对全部保护功能、设置信息等进行查看。

10) 后备跳闸回路

按下隔离换向开关箱门上的后备跳闸按钮，或者隔离换向开关箱门打开，后备跳闸回路即开始工作。后备跳闸出线端子安装在控制接线箱内部的接线排上。

11) 控制线电连接器

由于组合开关的大部分控制线是用控制线电连接器连接，而且在有的部位还集中多个连接器，为防止插错，将各连接器做了不同的编号。插头与插座对接时，要注意编号一致。

5. 主要电气性能

组合开关采用由多个 A/D 输入模块、I/O 输入/输出模块与 CPU 模块构成的 PLC 系统，对最多可达 8 路的主回路驱动单元进行实时控制，并对每一驱动单元的线路及负荷进行实时监控与保护。具体保护包括过电压保护、启动前的漏电闭锁保护、过载保护、短路保护、断相保护等。

1) 组合开关主要技术参数

(1) 额定电压：AC 1140 V(AC 3300 V)。

(2) 额定路数：4、6、8。

(3) 每路接触器额定输出电流：400 A。

(4) 隔离开关额定输入电流：800 A(600 A)。

(5) 额定频率：50 Hz。

(6) 额定工作制：8 h 工作制。

2）远控电路本安参数

远控电路为本质安全电路，其本安参数如下：

(1) 电源变压器：AC50 V/AC18 V。
(2) U_0：AC 14 V/DC 8 V；I_0：120 mA/20 mA。
(3) 控制电缆长度：150 m。
(4) 控制电缆分布电感：1 mH/km。
(5) 控制电缆分布电容：0.1 μF/km。
(6) 漏电闭锁直流检测电压：DC 48 V。
(7) 顺控延时设定：0～30 s。
(8) 双速切换时间设定：0～30 s。
(9) 控制方式选择：就地控制/远程控制/先导控制。

6. 组合开关设置的保护

1）漏电闭锁保护

组合开关漏电闭锁动作值：$40 \times (1+20\%)$ kΩ、$100 \times (1+20\%)$ kΩ。

2）过载保护

组合开关过载保护特性参数符合表 4-3 的要求。

表 4-3 过载保护特性参数

过载电流倍率	1.05	1.2	1.5	6.0
动作时间	长期不动作	5 min < t < 20 min	1 min < t < 3 min	8 s ≤ t ≤ 16 s
起始状态	冷态	热态	热态	冷态
复位方式	手动	手动	手动	手动

3）断相保护

组合开关断相保护特性参数符合表 4-4 的要求。

表 4-4 组合开关断相保护特性参数

序 号	过电流/整定电流		动作时间	起始状态
	任意两相	第 三 相		
1	1.0	0.9	不动作	冷态
2	1.15	0	< 20 min	热态

4）短路保护

组合开关短路保护整定范围：$8I_e \sim 10I_e$，动作时间 200～400 ms。发生短路跳闸后，不能采用手动复位，必须断电停机、排除故障后，才能复位。

5）工频耐压要求

组合开关的工频耐压要求应符合表 4-5 的规定。

6）接通与分断能力

表 4-5 工频耐压要求

电路的额定工作电压/V	工频试验电压值（交流有效值）/V	电路的额定工作电压/V	工频试验电压值（交流有效值）/V
≤60	1000	1140	4200
220	2000		

组合开关的接通与分断能力应符合表 4-6 的规定。

表 4-6 接通与分断能力

使用类别	额定工作电流/A	接通条件			通断条件			通电时间/s	间隔时间/s	操作循环次数
		I/I_e	U/U_e	$\cos\varphi$	I/I_e	U/U_e	$\cos\varphi$			
AC-3	$I_e \leq 100$	10	1.1	0.35	8	1.1	0.35	0.05	2	50
	$I_e > 100$	8	1.1	0.35	6	1.1	0.35	0.05		
AC-4	$I_e \leq 100$	12	1.1	0.35	10	1.1	0.35	0.05	2	50
	$I_e > 100$	8	1.1	0.35	8	1.1	0.35	0.05		

7）控制功能组合

组合开关的 8 路（或 4、6 路）驱动单元可选择单台单独启动或多台顺序启动，顺序启动延时时间可从 0~30 s 之间自由设定。

组合开关的多路驱动单元中的任意 2 路驱动单元，均可设置成双速运行状态，任意 4 路驱动单元均可设置 2 台双速联动运行状态。

双速切换为自动切换，切换延时时间可选择 0~30 s。

8）隔离换向开关的试验位置

隔离换向开关转到试验位置时，可对组合开关各驱动单元进行动作试验和保护试验。

7. 安装与接线

QJZ-1600/1140-□、QJZ-1200/3300-□ 系列组合开关应整体通过底部的安装螺孔，采用 M20 高强度螺钉牢固安装在轨道设备小车上。安装时应保证安装平面平整。若发现平整度不良时，应先在设备小车上，安装好平整的导轨后，再将组合开关固定在导轨上。

1）主回路驱动单元

打开中央门，8 路主回路驱动单元分别安装在左右两个单元安装架上，左边安装架上的 4 路驱动单元，从上到下依次为驱动单元 1、2、3、4；右边安装架上的 4 路驱动单元，从上到下依次为驱动单元 5、6、7、8。

2）电缆进出线引入装置

组合开关左端设置了 4 根电缆进线引入装置，用于 2 路三相交流电源的引入。8 根电缆出线引入装置位于开关的左端，可以输出 8 路动力电缆，可引入电缆最大外径不大于 73 mm。

3）控制接线腔

组合开关控制接线腔设置了两两一组共 8 组、16 个本安远程控制端子，分别与每一主回路驱动单元的远方启动/停止控制相对应。控制接线腔中控制端子的布置如图 4-17 所示。

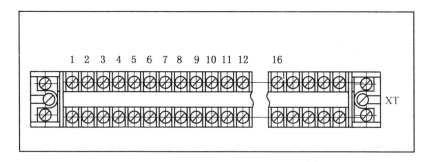

图 4-17 控制接线腔中控制端子布置

4）接地

组合开关的外壳上，在左右输入输出接线箱的侧面下部，均安装专用的地线接线端子，实现可靠接地。

远控输出接线。驱动单元 1~4 及驱动单元 5~8 的远控输出接线，通过控制电缆穿过控制出线口，分别连接到接线端子排 XT 的 1~16 号端子上。远控输出接线见表 4-7。

表 4-7 远控输出接线

端子 1	端子 2	端子 3	端子 4
单元 1 远控输出	单元 1 远控输出地	单元 2 远控输出	单元 2 远控输出地
端子 5	端子 6	端子 7	端子 8
单元 3 远控输出	单元 3 远控输出地	单元 4 远控输出	单元 4 远控输出地
端子 9	端子 10	端子 11	端子 12
单元 5 远控输出	单元 5 远控输出地	单元 6 远控输出	单元 6 远控输出地
端子 13	端子 14	端子 15	端子 16
单元 7 远控输出	单元 7 远控输出地	单元 8 远控输出	单元 8 远控输出地

第三节 集中控制台、移动变电站和组合开关的操作

一、集中控制台的操作

（一）主机键盘功能介绍

集中控制台的主机键盘如图 4-18 所示。破碎启停键、转载低速键、转载高速键、前溜头低键、前溜尾低键、前溜头高键、前溜尾高键、后溜头低键、后溜尾低键、后溜头高键、后溜尾高键，为可参加集控的设备在单独状态下的启、停按钮。

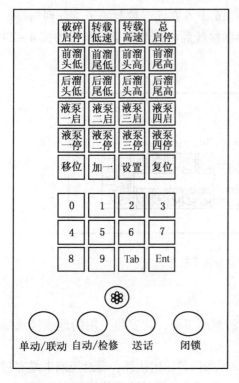

图4-18 主机键盘

液泵一启键、液泵一停键、液泵二启键、液泵二停键、液泵三启键、液泵三停键、液泵四启键、液泵四停键,是不参与集控设备的启、停按钮,任何时间、任何状态都可手动启、停,按复位键不停车。

总启停键:集控设备在自动状态下的总启、总停按钮。

移位键、加一键、设置键3个按钮,是用来设置在自动状态下的启动时间间隔,该设置在主机内的汉字小液晶屏上完成。

(二)集中控制模式下的主机操作方法

1. 工作状态设定

1)单动状态

当显示界面状态栏内显示"单动"时,按一下破碎启停键,破碎机启动,破碎机启动后再按一下破碎启停键,破碎机停止(转载低速键、转载高速键、前溜头低键、前溜尾低键、前溜头高键、前溜尾高键、后溜头低键、后溜尾低键、后溜头高键、后溜尾高键的功能与破碎启停键功能相同)。这种状态适用于安装时对电动机正、反转的调整。

双速电动机必须低速停止后再启高速,或高速停止后再启低速。如果在低速(或高速)已启动状态下,再误启高速(或低速)启动键,主机会判断其为"互锁错误"故障,应立即将双速全部停止,而且均不能再次启动,以免双速电动机两绕组同时供电。必须主控机复位后,方能再次启动其中一个速度。

2)联动状态

当显示界面状态栏内显示"联动"时,按一下破碎启停键后,语音提示"破碎机准备启动",语音提示结束后破碎机启动,破碎机启动后再按一下破碎机启停键破碎机停止;按一下转载低速键后语音提示"转载机准备启动",语音提示结束后转载机低速启动,达到设定时间后自动转换为高速,转载机启动后再按一下转载低速键转载机停止;按一下前溜头低速键后,语音提示"前部输送机准备启动",语音提示结束后前部输送机机头低速启动1s后,前部输送机机尾低速启动,达到设定时间后前部输送机机头、机尾自动转换为高速;前部输送机启动后,再按一下前溜头低速键前部输送机停止;按一下后溜头低速键后语音提示"后部输送机准备启动",语音提示结束后后部输送机机头低速启动1s后,后部输送机机尾低速启动,达到设定时间后,后部输送机机头、机尾自动转换为高速;后部输送机启动后再按一下后溜头低速键,前部输送机停止。

3)自动状态

当显示界面状态栏内显示"自动"时,按一下总启停键后语音提示"破碎机准备启动",语音提示结束后破碎机启动;破碎机启动后达到设定的启动时间间隔,语音提示"转载机准备启动",语音提示结束后,转载机低速启动,达到设定的时间后自动转换为高速；转载机启动后，达到设定的启动时间间隔，语音提示"前部输送机准备启动"，语音提示结束后，前部输送机机头低速启动，1 s后前部输送机机尾低速启动，达到设定的时间后，自动转换为高速；起步输送机启动后，达到设定的启动时间间隔，语音提示"后部输送机准备启动"，语音提示结束后，后部输送机机头低速启动，1 s后后部输送机机尾低速启动，达到设定的时间后自动转换为高速；再按一下总启停键，后部输送机停止、达到设定的时间间隔，前部输送机停止，达到设定的时间间隔转载机停止、达到设定的时间间隔破碎机停止。

4）检修状态

当显示界面状态栏内显示"检修"时，破碎启停键、转载低速键、转载高速键、前溜头低键、前溜尾低键、前溜头高键、前溜尾高键、后溜头低键、后溜尾低键、后溜头高键、后溜尾高键无效，用分站上的按键可进行就地启、停控制，便于对设备的维护、维修。

2. 单动、联动、自动、检修状态的设定

单动/联动按钮、自动/检修按钮均为状态切换按钮。

（1）在单动状态时，按一下单动/联动按钮后，按一下复位键进入自动状态；按一下自动/检修按钮后，按一下复位键进入检修状态；两个按钮同时按下后，按一下复位按钮进入联动状态。

（2）在联动状态时，按一下单动/联动按钮后，按一下复位键进入检修状态；按一下自动/检修按钮后，按一下复位键进入自动状态；两个按钮同时按下后，按一下复位按钮进入单动状态。

（3）在自动状态时，按一下单动/联动按钮后，按一下复位键进入单动状态；按一下自动/检修按钮后，按一下复位键进入联动状态；两个按钮同时按下后，按一下复位按钮进入检修状态。

（4）在检修状态时，按一下单动/联动按钮后，按一下复位键进入联动状态；按一下自动/检修按钮后，按一下复位键进入单动状态；两个按钮同时按下后，按一下复位按钮进入自动状态。

每次状态转换后，必须按一下复位键，否则转换无效。手动、自动和检修状态，在工控机的显示屏上显示。

3. 启动设定

启动时，发出启动信号3 s后，如果没有接到返回信号，主机将自动停车，并显示该设备拒绝启动；如工作面上有闭锁按钮按下时，系统全部停车，语音报告"工作面沿线闭锁"。手动时，如某一支路接触器拒动，则不能重新启动该支路，需要复位后，方能重新启动。

4. 自动启动设定

自动启动时，设备启动的时间间隔和低速转高速的时间间隔设置。

在主站面板，按住设置键3 s以上放开，再按一下复位键，进入设置状态，在小液晶显示屏上有汉字显示。此时可以通过+1键和移位键进行设置。如果没有高低速电动机，两个时间可以设置相同，在设置好后，按住设置键3 s以上，系统自动退出设置并复位。

5. 控制系统设置

控制系统设置有 3 组备用输入检测接口和一组备用输出控制接口，分别称为备用输入 1、备用输入 2、备用输入 3 和备用输出，用于与集控系统外的设备连锁控制或显示。备用输入 1 为采煤机启动报警，采煤机控制系统内 1 组动合接点接入 X2-31 和 X2-32，采煤机启动后接点闭合，集控系统会发出警报声，主显示屏显示采煤机已启动。备用输入 2 为带式输送机启动报警，带式输送机控制系统内 1 组动合接点接入 X2-33 和 X2-34，带式输送机启动后接点闭合，集控系统会发出警报声，主显示屏显示带式输送机已启动。备用输入 3 和备用输出组成具有逻辑功能的控制单元，当备用输入 3 有闭合接点输入时，备用输出接点相应转换，可灵活利用常开或常闭接点，控制外部相关设备启动或停止。

6. 液泵操作

按下液泵一启键，一号泵启动；按下液泵一停键，一号泵停止。液泵二启键、液泵二停键、液泵三启键、液泵三停键、液泵四启键、液泵四停键与上述启、停键功能相同。

液泵启动必须按下 1 s 以上方可松开，以待返回接点送回信号，否则不能自保。如不能自保或运行过程中自动停车，则需要检查返回接点是否正常可靠。

手动控制模式：当集控系统发生故障，不能正常工作时，为满足井下应急需要，可切换至手动模式。

手动控制模式的切换方法：集控/手控状态设定，集控系统投入使用时需要设定控制方式，按动手控箱面板上的"集控/手控"按钮，按钮上方指示灯亮时为集控方式，熄灭时为手动控制方式。如需两种状态相互转换，只需按一下转换按钮，指示灯相应变为点亮或熄灭。

转入手控状态后，手动控制的手控箱面板上具有 11 组启动、停止、高低速转换等控制功能，并可保留设备的电流显示、瓦斯含量显示、液泵压力显示功能。集控主机停止工作，集控按钮全部失效。如集控主机断电，自动进入手控状态。手动控制功能正常，但各种显示失效。

手控方式下，高低速电机具有互锁功能。如转载机低速启动后何时转为高速，完全由现场操作人员掌握，只需按下高速启动按钮就可实现自动停止低速，转为高速，而不必先停低速再启高速。前部输送机机头、机尾低速有一键控制同时启停，机头机尾高速有一键控制同时转换。前部或后部输送机启双低或转双高时，必须有机头、机尾 2 台电动机的双低或双高返回接点，方能自保。运行过程中，如机头或机尾一台电动机停止，另一台电动机会自动跟随停止，以免造成单机驱动。

（三）分站的操作方法

当主控设置为检修状态，显示界面中的显示栏内显示"检修"时，分站显示窗内的检修指示灯亮。

1. 1 号分站

按下 1 启动键破碎机启动，启动 1 灯亮；按下 1 停键破碎机停止，此时启动 1 灯灭。按下 2 启动键转载机低速启动，启动 2 灯亮；按下 2 停键转载机低速停止，启动 2 灯灭。按下 3 启动键转载机高速启动，启动 3 灯亮；按下 3 停键转载机高速停止，启动 3 灯灭。4 启键、4 停键备用。

注意：转载机必须低速停止后再启高速，或高速停止后再启低速。

2. 2号分站

按下1启动键,前部输送机机头低速启动,启动1灯亮;按下1停键前部输送机机头停止,此时启动1灯灭。按下2启动键前部输送机机尾低速启动,启动2灯亮;按下2停键前部输送机机尾低速停止,启动2灯灭。按下3启动键前部输送机机头高速启动,启动3灯亮;按下3停键前部输送机机尾高速停止,启动3灯灭。按下4启动键前部输送机机尾高速启动,启动4灯亮;按下4停键前部输送机机尾高速停止,启动4灯灭。

注意:前部输送机必须低速停止后再启高速,或高速停止后再启低速。

3. 3号分站

按下1启动键后部输送机机头低速启动,启动1灯亮;按下1停键后部输送机机头低速停止,启动1灯灭。按下2启动键后部输送机机尾低速启动;按下2停键后部输送机机尾低速停止,启动2灯灭。按下3启动键后部输送机机头高速启动,启动3灯亮;按下3停键后部输送机机头高速停止,启动3灯灭。按下4启键后部输送机机尾高速启动;按下4停键后部输送机机尾高速停止,启动4灯灭。

注意:后部输送机必须低速停止后再启高速,或高速停止后再启低速。

二、移动变电站的操作

1. 隔离开关合闸

(1) 隔离开关合闸:上级电源送电后,按住机电闭锁按钮,操作隔离开关手柄至"合闸"位置,松开闭锁按钮,使之进入限位凹槽。

(2) 隔离开关合闸后,系统首先进行自检,正常状态下自检完毕后,显示运行画面。

(3) 观察低压保护箱人机屏显示是否正确,正常后,实行参数整定,复位待机。

2. 断路器合闸

(1) 顺时针操作储能手柄,反复转动几次(小范围),即可完成合闸。

(2) 按电动机合闸按钮,合闸后电动机启动,电合接触器保持至完成合闸;合闸后人机屏指示合闸,辅助开关合闸电机回路接点断开,储能手柄进入分离位置,以防止重复启动及储能。

(3) 再次合闸:仔细观察高压侧人机屏显示的故障原因,再观察低压侧人机屏显示的故障原因。故障排除并复位后,重复以上步骤;故障未排除不可重复合闸。

3. 断路器分闸

(1) 任何高低压保护范围内的故障均可使断路器自动分断,保护器将记忆故障原因,直至排除故障,按复位按钮后解除。

(2) 人为分断可按电分按钮,通过综合保护器实现继电器分断;按闭锁按钮,通过控制失压试验电磁铁回路,使断路器分断;按手动分断按钮,可实现机械快速分断。

(3) 移动变电站可通过低压侧试验按钮,实现分断高压侧电源。

4. 其他操作说明

(1) 箱门闭锁螺杆主要控制隔离开关的操作,即开门时不能送电合闸,箱门闭合后必须旋紧该螺杆,才能操作高压隔离开关。

(2) 远控接线口内部为七芯接线柱,主要用于输出开关状态接点信号(常开点),以远程分断上级供电装置。

(3) 按过载、短路等试验按钮时，显示屏显示相应故障界面，按复位按钮后，方可返回正常画面。

三、组合开关的操作

以 QJZ - 1600/1140 - □、QJZ - 1200/3300 - □ 组合开关为例，说明组合开关的操作。

（一）组合开关的操作

1. 显示屏窗体

显示屏窗体显示分为 5 部分。第一部分，在最上面显示日期时间。第二部分，显示隔离开关、母线电压，以及远近控选择按钮。其中每个隔离开关用一个长方形方框表示，方框不同的颜色表示不同的状态，红色表示合闸，绿色表示分闸。为组合开关选择远近控控制方式时，可直接按下对应的"远控"及"近控"按钮。第三部分，显示各驱动单元模块的状态，同样用矩形方框表示驱动单元的吸合状况，绿色表示分闸，红色表示合闸。第四部分，显示各驱动单元的工作状况，该工作状况分为工作电流、绝缘电阻、负载功率三部分。第五部分，为画面切换按钮部分，该部分可在人机屏各个不同的画面之间进行切换。

隔离开关状态显示：显示某隔离开关刀闸状态，绿色为分闸状态，红色为合闸状态。

接触器状态显示：显示某接触器状态，绿色表示接触器分闸，红色表示接触器合闸；

接触器工作情况显示：实时显示工作电流、绝缘值、负载功率等。

画面切换：在人机屏上各个不同画面之间进行切换，按下各个画面对应的切换按钮即可。

2. 保护设置

在主画面上按下"保护设置"按钮，即进入保护设置画面。在该画面内，可对组合开关内各驱动单元的过流、短路保护参数进行设置。在各驱动单元第一次使用或更换负荷后，必须在使用前进入保护设置画面，设置各项保护参数。对各项保护参数进行设置时，直接点击保护项目后的数字，程序自动弹出数码键盘，供操作人员进行设定。

设定值输入完毕后，按数字键盘上的"ENT"键，自动将设定数值输入 PLC 综合保护系统内，并在保护屏幕上显示。如要取消本次设定，按下"ESC"键，即可取消；按下"CLR"键，则自动清除已输入的数值。如不改动设定值，需退出本次设定框，直接按下"ENT"键即可。各驱动单元整定电流值为 50~400 的整数，短路电流倍数值为 3~8 的整数。设定过程中，设定值如超过上述数值，保护系统将显示错误，则输入无效并保留原始设定数值。

3. 驱动单元组合设置

在主画面上按下"开关组合画面"按钮，即进入驱动单元组合控制设置画面。在该画面内，对组合开关内各驱动单元间的组合控制逻辑进行设置。

1) 组合类型及选用开关

组合开关共预置了 4 种驱动单元组合方式，分别为刮板输送机类组合、破碎转载机类组合 1、破碎转载机类组合 2，以及单独驱动单元（驱动采煤机、泵站类负载）。如需进行开关组合设置，应首先选择对应的组合开关类型，按下选用按钮，则对应组合开关的指示灯亮起，表示该类组合开关已经选用，然后才能进入选择对应驱动单元的操作。

(1) 刮板输送机类组合：该组合适用于综采工作面需高低速切换的刮板输送机类负载。在前部刮板输送机低速启动后，后部刮板输送机低速延时启动。在经过电流或时间判断后，自动切换到前部刮板输送机及后部刮板输送机高速运行状态。

(2) 破碎转载机类组合1：该组合适用于破碎机及转载机高、低速运行组合。在破碎机启动后，延时设定时间，启动转载机低速运行。在经过电流或时间判断后，自动切换到转载机高速运行状态。

(3) 破碎转载机类组合2：该组合适用于需电流或时间判断进行切换的2台负载。在前一台负载启动后，经过电流或时间判断后，自动切换到下一台负载。

(4) 二组合（备用）：可根据工作需要，选择工作面负载1和负载2的顺序控制运行。该组合与"破碎转载机类组合2"相同。如破碎机1、转载机2的组合。

(5) 采煤机、乳化泵、单独控制备用：该类组合均为单独控制一个驱动单元的负载，因此需选择好控制端子。

2）负载类型及驱动单元输入

组合开关类型选择后，应根据现场实际情况，对选定组合内的各类负荷选择相应的驱动单元。需在对应负荷下点击驱动单元输入框，然后在弹出的键盘上按下对应的驱动单元号，即可完成对应负荷及驱动单元的设定。选择对应的组合类型后，必须将对应的驱动单元号全部输入，否则控制系统将显示错误，无法进行下一步工作。

3）驱动单元切换条件设置

驱动单元在组合类型内的切换条件设置与保护的设置方法基本相同。点击数字输入框后，直接输入设定的数值。如在驱动单元切换过程中，只需进行电流切换或时间切换，将不需要的一项设置为0即可。

4）驱动单元及组合控制端子设置

驱动单元的组合类型设置完毕后，需设置对应的控制端子，对应的控制端子为远控接线腔内的1~8号端子。设备的控制线与1~8号控制端子连好后，在控制选择栏内，输入组合远控端子具体编号。

驱动单元在组合内的切换条件设置与保护的设置方法基本相同，点击数字输入框后，直接输入设定的数值即可。

如不使用开关组合功能，1~8号端子与1~8号驱动单元的控制为一一对应关系。

5）驱动单元组合单、双速切换设置

驱动单元的组合设置后，有单、双速切换设置的组合类型中，要进行单、双速切换。当选择单速运行时，控制系统不能进行自低速运行方式至高速运行方式的选择设置。单、双速的切换，直接点击对应开关即可。

(二) 使用前的准备和检查

组合开关在送电前应注意以下几点：

(1) 组合开关具有可靠的机械闭锁机构和电气安全连锁机构，能保证外壳开门后，开关无法进行合闸操作；开关主腔内所有手能触及的导电部位都不带电，只有当全部门盖关好、锁好后，组合开关才能合闸送电。

(2) 组合开关关门前，要检查腔内是否有异物，各主要螺栓是否紧好，插件是否齐全。

(3) 检查进出线、信号线接线是否正确，接触是否良好。

（三）漏电、断相、过载和短路试验

组合开关正常受电后，应先进行过载、短路等试验，以检查保护电路及程序的正确性。

（四）停止运行后的注意事项

运行结束时，断开相应的远控电路的停止按钮，即可结束相应的设备运行。也可直接按下隔离开关腔前门上与两路隔离开关闭锁的停止按钮 S001、S002，分别切断两路供电电源。还可按下左侧中央腔前门上的停止按钮 S003，切断所有负荷。当全部运行结束时，应将隔离换向开关全部置于停止位，并采用专用工具（如锁扣）将盘锁死，以防其他人员误操作。

第四节 连续采煤机控制系统、操作及故障诊断

随着采煤综合机械化的发展，采煤工作面的开采能力大大提高，推进速度越来越快，这就要求加快掘进速度，以达到采掘平衡。连续采煤机（Continuous Miner，以下简称连采机）及其配套支护设备，既可在房柱式开采中作为采煤机使用，同时又是长壁开采系统中煤巷（软岩巷）掘进的高效能掘进机械，其显示出独特的优越性，使用越来越广泛。因而，本节将选择其中技术比较先进、美国久益公司生产的 12CM18-10D 型连采机的电气控制系统进行介绍。其电气设备布置如图 4-19 所示。

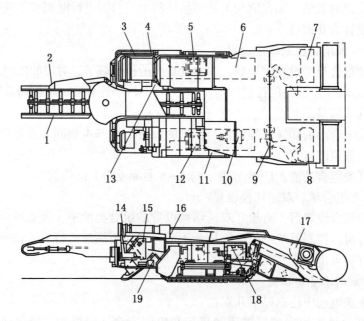

1、18—紧急停机开关；2—输送机；3—除尘器电动机；4—牵引控制器；5—左牵引电动机；
6—控制器；7—左截割电动机；8—右截割电动机；9—装载电动机；10—泵电动机；
11—低油位及温度开关；12—右牵引电动机；13—喷雾电磁阀；14—启/停开关；
15—操纵台；16—显示器；17—流量、压力开关；19—断路器箱

图 4-19 12CM18-10D 型连采机电气设备布置图

一、连续采煤机主回路

连续采煤机(以下简称连采机)主回路如图 4-20 所示。连采机的电源来自平巷的组合开关或磁力启动器,其提供的 1050 V 三相动力电源通过动力电缆首先接入主断路器 1CB,另外 3 个指示灯(氖灯)经过电容也接在三相电源上,通过断路器箱体上的窗口向司机提供电源指示。连采机的电源控制采用先导控制电路,其控制原理与电牵引采煤机相同,这里不再赘述。

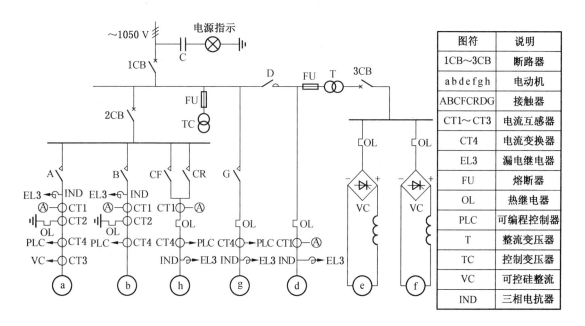

图 4-20 连采机主回路

连采机主回路的作用是实现对各电动机通、断电的控制,并在发生故障时执行保护电路的指令,切断电动机的电源。连采机主回路各电气设备工作原理如下:

1. 电动机

整个机器共有 a~h(不含 c)七台电机,它们分别为截割部、装运机构、液压机构(液压泵)、牵引部、除尘系统等提供动力,以实现落煤、装运、除尘,以及机器行走等功能。除 2 台直流牵引电动机是将交流电经晶闸管桥式整流器供电外,其余电机均为三相交流电源直接供电。所有这些电机均采用外水冷方式,并且其内部绕组中均设有热敏检测器,用于电动机过热检测,实现电动机过热保护。这些电动机的类型及主要参数见表 4-8。

2. 断路器

断路器是配电开关,3 个断路器负责向各主回路供电并实现过流保护。主断路器是电气控制系统的总电源开关;分断路器 2CB 是左、右截割电动机 a、b 及装运电动机 h(图 4-20)主回路的电源开关。分断路器 3CB 是直流牵引电动机 e、f(图 4-20)中的交流电源开关,用于向整流电路供电。断路器在发生短路或过流故障时,它将自动脱扣跳闸断电。

表4-8 连采机各电动机主要参数

电动机名称	图4-19中代号	图4-20中代号	类型	额定功率/kW	额定电压/V	数量
截割电动机	7、8	a、b	三相水冷	140	1050	2
液压泵电动机	10	d	三相水冷	52	1050	1
装运电动机	9	h	三相水冷	45	1050	1
除尘电动机	3	g	三相水冷	19	1050	1
牵引电动机	5、12	e、f	直流串励水冷	26	250	2

3. 真空接触器

真空接触器是控制开关。图4-20中A(B)是左(右)截割电机的控制开关，CF、CR是装运电动机的正反向控制开关，D是液压泵控制开关，G是除尘风机控制开关。它们可完成对各电动机的控制和过载、短路、过热、漏电闭锁等保护功能，所有这些任务均由PLC控制真空接触器的电磁线圈来完成。此外，真空接触器各有一个辅助常开接点，接到PLC的开关量输入端，使PLC了解这些接触器的执行情况，并进行相关故障分析和显示。例如显示"58 CUTTER CONTACT FAIL"，即第58号截割回路接触器故障。

需要说明的是，液压泵电动机的接触器D同时还是牵引电动机e、f的电源开关，所以牵引电动机受液压泵的制约：如果液压泵不启动运行，牵引电动机也无法运行；如果液压泵停止运行，牵引电动机同时停止运行。其他电动机也同样受到液压泵的制约，只是反映在控制回路中，详见本节"二、连采机控制电路 2.看门狗继电器"部分内容。

4. 电流互感器

电流互感器CT1、CT2分别可实现200 A∶5 A和250 A∶5 A两种变流比，电流互感器CT1、CT2将主回路的电流变小后，分别向电流表和热继电器提供主回路电流信号。电流表位于操纵台的窗口中，以供操作人员观察。左截割电动机回路上多设的电流互感器CT3可为晶闸管VC的触发器提供电流反馈信号，用以实现截割电动机电流对牵引速度的负反馈作用。

5. 热继电器

每个电动机都用热继电器OL实现过载保护，不同的是截割电动机功率较大，热继电器接在电流互感器二次侧，其他电动机则将热继电器直接串入主回路。热继电器的常闭接点分别连接PLC及其开关量输入端，当过载时常闭接点闭合，经PLC控制真空接触器来执行过载保护，并进行故障显示。热继电器选择自动复位方式。

6. 电流传感器

电流传感器CT4与电流互感器作用相同，不同的是将主回路的电流按比例变为4~20 mA，为PLC提供截割电动机主回路的实际电流测量信号。当发生过流时，由PLC控制真空接触器来执行过流保护并显示故障信息。例如"71 L.H. CUTTER JAM O/L"，即第71号故障，左截割头堵转过载。

7. 三相电抗器

三相电抗器IND的作用是为直流漏电检测信号，提供流入三相动力线的直流通路。三相电抗器接成星形连接，3个端线接入电网、中性点接入直流。

8. 变压器

整流变压器 T 用来将 1050 V 电压降压为交流 211 V，向晶闸管整流电路供电。

控制变压器 TC 用来将 1050 V 交流变为二次侧 110、24、12 V 三种电压，110 V 提供给 PLC 输出回路的电源、晶闸管触发器的工作电源，以及 24 V 直流电源的交流输入电源。

9. 晶闸管整流器

晶闸管整流器提供直流牵引电动机运行所需的直流电压。根据不同的速度要求，晶闸管触发器将控制它们产生不同的直流电压，而晶闸管触发器受 PLC 控制。

二、连采机控制电路

连采机控制电路采用可编程序控制器和微处理器。控制电路的作用在于对上述这 7 台电动机以及其他电磁机构实施控制。同时，实现对电动机、设备、系统的安全等方面进行电气保护。下面分别介绍控制电路中主要电气设备的作用。

1. 可编程控制器

可编程控制器 PLC 是该系统中的核心控制装置，其安装在牵引控制器 4 中的不锈钢箱体内，为自成一体的监控和驱动装置，它可完成以下功能：

（1）对所有主电路进行软件控制。

（2）驱动牵引电路中的触发模块。

（3）监测各开关状态。

（4）对控制开关进行软件诊断。

（5）与机器的显示单元进行通信。

PLC 所有的输入回路均为 24 V 直流电压，输入各种开关、继电器、传感器的开关量和模拟量信号；输出回路为两种电压：控制继电器以及控制左、右牵引漏电继电器和照明回路漏电继电器的输出回路为 24 V 直流电压，而其他输出回路为 110 V 交流电压。在 110 V 交流电压的输出回路中，又分以下几种情况（图 4-21）：①对于晶闸管触发器，采用隔离输出。②对于所有 110 V 继电器采用直接输出控制方式，即 110 V 继电器线圈经 PLC 的输出端接电源。只要 PLC 的输出继电器闭合，对应的 110 V 继电器就会吸合。③对于各接触器采用的是有条件的输出控制方式，即各电动机接触器线圈经 PLC 的对应输出端口，与看门狗继电器 WD 的常开接点接到 110 V 交流电源。只有 WD 常开接点吸合这一条件具备的情况下，才允许 PLC 把 110 V 交流电源送到对应的接触器，使其吸合。PLC 输出回路对上述回路实现逻辑控制。

2. 看门狗继电器

WD 继电器俗称为"看门狗继电器"。在 PLC 的控制下，WD 时刻看守着液压泵接触器 D，像 D 的影子一样，当 PLC 让 D 吸合的同时，也会让 WD 吸合。而当 D 无论什么原因释放时，WD 就会跟着释放。如上所述，该系统相当于利用 WD 来实现液压泵总开关的功能，从而保证各电动机在液压泵工作的情况下，方能启动工作。

3. 漏电继电器

漏电继电器用以实现漏电保护和漏电闭锁功能。其主要有交流电路漏电继电器 EL3、直流电路（牵引电动机）漏电继电器和照明电路漏电继电器。

交流电路漏电继电器 EL3 完成漏电闭锁功能，即在截割电动机、输送机、除尘风机、

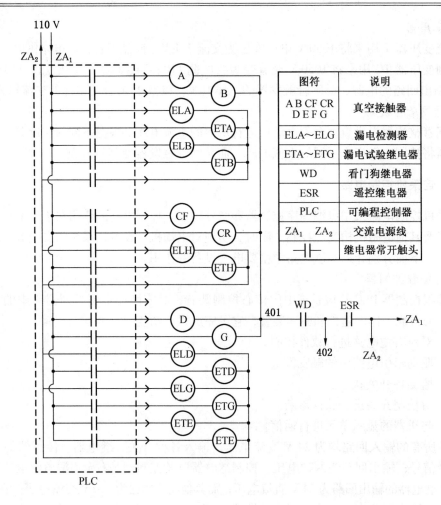

图 4-21 PLC 部分输出电路

液压泵回路送电前的很短时间内，进行漏电检测。由于这些电动机不会同时启动，所以可以共用同一个 EL3 检漏装置，哪个电动机要启动，PLC 就接通那个回路上的漏电检测继电器（ELA～ELG 中的一个），其常开接点闭合与 EL3 接通。检测完毕后，常开接点打开，使之与 EL3 断开。当检测漏电时，漏电继电器 EL3 向 PLC 发出信号，不允许主回路通电，实现漏电闭锁。当该回路通电后，漏电闭锁装置就不再对该回路进行漏电检测，而由采区供电系统中设置的检漏继电器继续监视。如发生漏电故障，该检漏继电器将会让系统中的开关跳闸断电，实现漏电保护。

直流电路漏电继电器可实现对牵引电动机回路的漏电保护。该保护采用的是自始至终进行检测的漏电监视方式，这是因为漏电检测信号是直流信号，而牵引回路经变压器变压后就隔断了直流检测信号的通路。所以，供电系统所提供的漏电检测直流信号就无法流进牵引回路，不能实现漏电监测与保护。牵引回路只能单独采用漏电监测方式，而且每个回路各设置一个。这种方式由漏电继电器执行漏电监测，并通过其内部的接点随时将检测结果向 PLC 报告，一旦发生漏电故障，PLC 将指挥晶闸管触发器，使晶闸管整流器关断，实施漏电保护。在被检回路通电和断电期间，牵引回路的漏电继电器采用的是两种不同的漏电测量方法，这两种方法的切换主要由 PLC 来控制。

照明电路漏电继电器也采用漏电监测方式，由 PLC 实施漏电保护。

4. 油温油位继电器

油温油位继电器位于操纵台 15 的箱体中。该继电器将油温及油位信号提供给 PLC，实现对油温油位的监控和保护。

5. 流量/压力开关

流量/压力开关 17 位于悬臂内，将信号提供给 PLC，实现对水压、流量状况的监视，以确保冷却和降尘。

6. 喷雾电磁阀

喷雾电磁阀 13 用于控制冷却及喷雾水。

7. 电机内部绕组中的热敏元件

电机内部绕组中均设有热敏元件，它们起着检测电动机内部绕组温度的作用。这些热敏元件表现出类似于开关的特征，当温度低于临界值时呈现低阻状态，相当于开关闭合；当温度高于临界值时突变为高阻状态，相当于开关断开。通过电缆芯线接到 PLC 的开关量输入端，这时，PLC 控制接触器跳闸，从而实现电动机过热保护。

8. 司机室内操作开关

司机室操纵台上有 8 个操作开关，采用的都是多位多联开关。其中 2 个操纵杆（左、右行走）、6 个旋转开关（主控制、漏电试验、液压泵、截割、装运和风机等开关）。2 个操纵杆各带动一个多位旋转开关，每个开关有 7 个位置：OFF（停机）居中，顺时针方向分别是前进的 3 个速度位，即 1ST（第 1 速度，爬行）、2ND（第 2 速度，低速）、3RD（第 3 速度，高速）；逆时针方向分别是后退的 3 个速度位，即 1ST、2ND、3RD。除主控开关直接由 24V 直流电源线 ZB1 提供电源以外，其他 7 个开关均通过一个遥控继电器 ESR 常闭接点接到 24V 直流电源线 ZB1 上。在手动操作时，ESR 常闭接点闭合，接通 7 个开关电源。只有在遥控操作方式时，遥控继电器才会吸合，其接点 ESR 断开，切除 7 个开关的电源解除手动操作。各操作开关的信号都输出到 PLC 的开关量输入回路中，但当开关处在 OFF 位上时，没有电源信号送入 PLC。

在司机室左后侧有启/停开关 14，它连接在先导回路中，通过先导控制，实现对连采机的电源控制。

在司机脚下的脚踏板下面还有脚踏开关，它接入 PLC 输入回路。其作用是行走的总控制开关，只有踩住这个开关，才可能在扳动行走操纵杆时，使履带行走。

9. 文字显示器

文字显示器位于司机正前方，用于显示机器的运行状况，提示状态信息，以及故障信息等。

10. 紧急停机开关

紧急停机开关 1、18 分别位于机器的前、后、操纵台，以及控制器、牵引控制器箱门等处，用于紧急停机。这些急停按钮都连接在先导回路中，当紧急情况下按下急停按钮时，先导回路被切断，从而使前级开关断开连采机电源。

11. 照明灯

安装连采机前方两侧的 2 个车灯，用来提供工作照明。

在上述基本构成的基础上，还可根据实际需求，增添其他装置或设备，如遥控装置等，从而增加系统的功能。

三、连采机的电气操作

（一）通电操作

开机前须接通各回路电源，其操作顺序如下：

（1）逆时针转动位于司机室操作台下方的主断路器1CB操作手柄，到合闸位。

（2）先导控制方式下，按下位于司机座左侧启/停开关上的启动按钮，使前级开关向连采机送电。

（3）逆时针转动位于司机室一侧的牵引回路断路器3CB操作手柄，到合闸位。

（4）向外扳动位于司机室一侧的截割及装运机回路断路器2CB，到合闸位。

（5）逆时针转动位于司机室一侧的顶部照明灯断路器8CB，至合闸位。

（二）开机操作

1. 操作方式选择

将主控制开关旋到RUN（手动）位上，选择手动操作。若装备遥控装置，还可选择REMOTE（遥控）位。手动操作通过操纵台上的开关来进行。下面按开机顺序，对开机操作逐一进行说明。

2. 液压泵起动操作

将操作台上的液压泵开关直接转到START（启动）位，然后松手，开关将自动返回到RUN（运行）位上，这时显示器显示"PUMP E/L CHECK"（液压泵回路漏电检查）。在PLC的控制下对该回路进行漏电检查。若未漏电，显示器将给出提示信息"PUMP READY"（液压泵准备好）。在大约3～7 s内，再次将液压泵开关扳到START位上，直到液压泵启动后再松手，开关自动返回RUN位上。液压泵为截割臂、装运机等提供液压，但下列一些特殊的情况会终止启动：

（1）在漏电检测中发现漏电故障，显示器将会显示这一故障信息"6 PUMP E/L LOCKOUT"（6号故障，液压泵回路漏电闭锁）。同时禁止液压泵电动机启动，实施闭锁。

（2）在提示信息"PUMP READY"出现后的规定时间内，未及时进行随后的启动操作，显示器将会显示"PUMP START ABORT"（液压泵启动终止），显示本次启动过程作废，液压泵将被锁定在禁止启动的状态上。无论再将开关转到START位上多少次，液压泵也不再启动。只有将操作开关重新扳回到OFF位上时，才能解除锁定。

（3）在启动过程中发生其他相关故障，液压泵也会拒绝启动，显示器会提供相应的故障信息。

（4）在液压泵运行过程中发生故障时，液压泵也同样会停止运行，并显示相应的故障信息。

3. 履带行走控制

首先升起装煤铲板和稳定靴，以便移动连采机。然后踩住脚踏开关，根据实际要求扳动2个行走操纵杆，连采机前进、后退或左转、右转（转弯时，2个操纵杆反方向扳动），调动至工作面。

在踩下脚踏开关（脚踏板）后，若无漏电，则显示器显示："TRACTION READY"

（牵引部准备好）。如果发生漏电，无论是在启动，还是在运行期间，电动机将会停止运行，并显示信息："66L. H. TRACTION E/L TRIP"（66 号故障，左牵引回路漏电跳闸）或"67R. H. TRACTION E/L TRIP"（67 号故障，右牵引回路漏电跳闸）。

在履带行走时，显示器显示一些行走的状态信息。此外，如果踩住脚踏开关的时间过长（超过 30 min），显示器将给出提示："M. LP. SW. TIME OVER LIMIT"（行走安全开关操作超时）。

如果没有踩住脚踏开关就操作行走操纵杆，或者行走操纵杆未处在 OFF（停机）位上时，试图启动液压泵，这时将会显示"TRACTION SWITCH NOT IN OFF POSITION"（行走操纵杆未在停机位上）。如果运行中发生故障，显示器将会显示故障信息。

4. 装运机启动操作

将装运机开关转至 START 位，显示器显示"CONV E/L CHEAK"（装运机漏电检测）。如显示器显示"CONV READY"（装运机准备好），说明无漏电故障。再将开关转至 START 位，装运机启动，为采煤运输做准备。

反转操作的不同，在于装运开关只有在 REV（反转）位上，装运机才会反转运行，只要一松手，就会自动返回到相邻的空位（反转停止位）上，装运机就停止运行。在启动或运行中发生故障时，同样也会停止运行，并显示相应的故障信息。

5. 截割头启动操作

先转动供水球阀手柄，接通冷却喷雾和湿式除尘风机供水回路，在冷却喷雾水的压力及流量均满足要求（压力大于 1 MPa，流量大于 21 L/min）的条件下，截割头才能启动。

截割头开关直接转到 START 位，进行漏电检测。此时，显示器给出信息："CUTTER E/L CHECK"（截割回路漏电检查）。若未漏电，显示器将提示："PRE – START INITATED"（预启动开始）。再过大约 7 s，如检测到水压和流量均满足要求，则显示器显示："CUTTER READY"（截割头准备好）。在上述显示信息后的一个规定时间内（大约 3~7 s），再次将截割头开关扳到 START 位，直到截割头启动运行后再松手，自动返回到 RUN 位。

在启动过程中，PLC 首先让左截割电动机启动，过 1~5 s 后再让右截割电动机启动。启动和运行中出现的问题与液压泵启动相同，也会显示相应的故障信息、停止运行，故不再介绍。

6. 除尘风机的启动操作

将风机开关定位在 AUTO（自动运行）上时，风机将会在截割头启动大约 2 s 后自动启动。而当截割头停止运行后，风机将会继续运行约 10 s 后自动停机。

如选择手动操作，与液压泵一样都是两次操作，过程及时间要求相同，出现的问题也相同，也会显示相应的故障信息、停止运行。

（三）停机

1. 停止工作电动机

只要将正在工作电动机的控制开关打到 OFF（停止）位，即可停止电动机的工作。对于装运机开关，与 REV 位相邻处有一个空位，即停机位。但从控制系统来讲，这个停机空位与 OFF 位在功能上有所不同，在有些情况（比如遥控操作）下，要求装运机开关必须回到 OFF 位。

出现过热、过载、短路、漏电等故障时，由于系统实施保护措施，也会迫使电动机停止运行，并显示相应的故障信息。

2. 停止连采机

有以下 3 种情况，可以使连采机停机：

（1）按下启/停开关中的停机按钮或任何一个急停按钮时，前级开关断开连采机电源，使所有电动机停止运行（若未使用先导控制方式，则这些按钮将不会起作用）。

（2）把主断路器 1CB 顺时针转到 OFF 位，采煤机断电停机。

（3）将液压泵控制开关打到停止位。对于其他所有电动机来说，只要液压泵电动机停止运行，其他正在运行着的电动机就会跟着停止运行。

四、连续采煤机电气系统故障诊断

当连续采煤机发生电气系统故障时，首先应查找和判断故障原因，随后进行有针对性的处理。当发生故障时，连续采煤机系统中的显示器会提供相应的故障信息。

这些故障信号来自于传感装置。具体来说，过载信号来自于热继电器，电动机过热信号来自于电动机内部的热敏器件，堵转过载信号来自于电流传感器，接触器故障信号是通过它的辅助常开接点的状态来进行判断的，漏电故障信号漏电继电器来提供，短路或大电流过流故障由断路器自动实施断电保护并向 PLC 提供信号。一般情况下，有了故障信息，并掌握故障信号来源，就可方便地找到故障点。不过，对于一些特殊的故障原因，还需要进行分析和判断。例如，当发生了线路故障时，就有可能产生一些"假"的故障信息，也就是说，实际故障并不是故障信息所指示的那个故障。例如，热继电器常闭接点与 PLC 输入端之间的连接线或电缆芯线，如果发生断路，起作用相当于热继电器接点断开，即使这时并没有发生过载故障，显示器也会显示出过载故障信息。又比如，接触器常开接点与 PLC 输入端之间连接线或电缆芯线的故障，会由于同样原因，使显示器显示出接触器故障信息。

显示器上给出的故障信息有两种，一种是标准信息，另一种是扩展信息。它是对标准信息的解释，以及对故障原因可能性的推断，这种信息在显示器上滚动显示。有了这些信息，就可有针对性地进行故障处理。不过，这些故障指示信息毕竟是有限的，在实际使用中，还会出现一些非常特殊的故障，比如，如果 PLC 出现了故障或是显示器出现了故障，故障显示功能就有可能不起作用：要么显示一些莫名其妙的内容，要么干脆什么也不显示。对于这种情况，就不可能按照显示的信息来进行故障判断。若碰到这种情况，就应首先判断是不是 PLC 或显示器出现故障。

还有可能出现其他特殊的故障，如向连采机供电的前级开关出现问题，使连采机得到的三相电源很不平衡，这种情况就有可能使连采机内部的控制电压超出允许的上/下限范围，因而使 PLC 或其他装置工作不正常。其实，类似这样的情况并不是连采机的故障，但它表现在连采机上，所以，容易使人"误入歧途"。

第五章　一般电气设备维护保养及故障处理

第一节　电气设备日常维护和保养

只有把电气设备的隔离换向开关手柄打到"OFF"位置，才能用专用工具将闭锁轴顺时针旋转90°恢复到原位。打开主腔门，此时主腔内除隔离换向开关电源侧带电外，其余部件均不带电。

一、电气设备日常维护规定及主要内容

（1）在有瓦斯的场所，防爆开关至少每3个月维护1次。在工作条件恶劣或者通风条件不好、灰尘大、潮湿严重等情况下，组合开关需在较短的时间间隔内进行维护。

（2）打开防爆开关外壳，检查门盖和外壳上隔爆面以及螺纹盲孔，必要时进行清理和干燥处理。隔爆面有破损时，须对该隔爆面重新进行冷磷化处理，并涂上防腐润滑脂。

（3）不得随意修理闭锁装置，要认真维护闭锁系统，以保证其活动自如。

（4）应注意防爆开关外壳表面是否凝水，因此防爆电气须远离潮湿处。

（5）检查金属电缆接头是否被腐蚀，若有，应进行处理。

（6）一旦发现观察窗的玻璃和进出线孔处的堵板损坏，应立即更换。

（7）维修时不得改变本安电路和与本安电路有关的元器件的型号、规格和参数。

二、电气设备运行时的维护、保养

（1）在使用电气设备过程中，应利用菜单界面，经常加强对各回路工作状况的监测，发现异常，及时排除。

（2）在使用过程中，应避免水滴直接滴落在防爆外壳上，必要时，在设备上方搭建防水棚，并应注意防爆外壳表面有无凝水，若有，应及时清除干净。

（3）在使用过程中，应注意外壳有无异常发热现象，若外壳异常发热，则应及时停机，查明原因，排除故障。

（4）在使用过程中，应注意显示屏观察窗内有无结露现象，若有，应停机，更换开关腔内的干燥剂，并检查隔爆面的防腐蚀油脂涂覆状况。必要时，应予修补。

三、电气设备维护、保养的注意事项

（1）外部盖板备有"通电后不能打开！"警告牌，外部盖板必须先断电后打开。

（2）在维修和使用中，不得改变本安电路和与之相关的元器件的型号、规格和参数。

(3) 不得利用接地线、屏蔽线外壳作为控制线使用。

第二节 电气设备常见故障及处理

一、故障诊断及处理原则

（一）电气设备维修的十项原则

(1) 先动口，再动手。对于有故障的电气设备，不应急于动手，应先询问产生故障的前后经过及故障现象。对于生疏的设备，还应先熟悉电路原理和结构特点，遵守相应规则。拆卸前要充分熟悉每个电气部件的功能、位置、连接方式，以及其与四周其他器件的关系。在没有组装图的情况下，应一边拆卸，一边画草图，并做标记。

(2) 先外部，后内部。应先检查设备有无明显裂痕、缺损，了解其维修史、使用年限等，然后再对机内进行检查。拆前应排除周边的故障因素，确定为机内故障后才能拆卸。否则，盲目拆卸，可能将设备越修越坏。

(3) 先机械，后电气。只有在确定机械零件无故障后，再进行电气方面的检查。检查电路故障时，应利用检测仪器寻找故障部位，确认无接触不良故障后，再有针对性地查看线路与机械的运作关系，以免误判。

(4) 先静态，后动态。在设备未通电时，判定电气设备按钮、接触器、热继电器，以及保险丝的好坏，从而判定故障的所在。通电试验，听其声、测参数、判定故障，最后进行维修。如在电动机缺相时，若测量三相电压值无法判别时，就应听其声；单独测每相对地电压，方可判定哪一相缺损。

(5) 先清洁，后维修。对污染较重的电气设备，先对其按钮、接线点、接触点进行清洁，检查外部控制键是否失灵。许多故障都是由脏物及导电尘块引起的，一经清洁故障往往会排除。

(6) 先电源，后设备。电源部分的故障率在整个故障设备中占的比例很高，所以先检修电源，往往可起到事半功倍的效果。

(7) 先普遍，后非凡（先简单后复杂）。因装配配件质量或其他设备故障而引起的故障，一般占常见故障的50%左右。电气设备的非凡故障多为软故障，要靠一定的经验和较高精度的仪表来量测并维修。

(8) 先外围，后内部。先不要急于更换损坏的电气部件，在确认外围设备电路正常时，再考虑更换损坏的电气部件。

(9) 先直流，后交流。检修时，必须先检查直流回路静态工作点，再检查交流回路动态工作点。

(10) 先故障，后调试。对于调试和故障并存的电气设备，应先排除故障，再进行调试。调试必须在电气线路正常前提下进行。

（二）电气设备故障检查方法

1. 直观法

直观法是根据电气设备故障的外部表现，通过看、闻、听等手段，检查、判定故障的方法。

1) 检查步骤

(1) 调查情况：向电气设备操作者和故障在场人员询问情况，包括故障外部表现、大致部位、发生故障时环境情况。如有无异常气体、明火、热源，查看电器是否有无腐蚀性气体侵入、有无漏水，是否有人修理过，修理的内容等。

(2) 初步检查：根据调查的情况，查看有关电器外部有无损坏、连线有无断路、松动，绝缘有无烧焦，螺旋熔断器的熔断指示器是否跳出，电器有无进水、油垢，开关位置是否正确等。

(3) 试车：通过初步检查，确认会使故障进一步扩大和造成人身、设备事故的故障后，可进一步进行试车检查，试车中要注意有无严重跳火、异常气味、异常声音等现象，一经发现应立即停车，切断电源。注意检查电器的温升及电器的动作程序是否符合电气设备原理图的要求，从而及时发现故障部位。

2) 检查方法

(1) 观察火花：电器的触点在闭合、分断电路，或导线线头松动时会产生火花，因此可根据火花的有无、大小等现象来检查电器故障。例如，正常紧固的导线与螺钉间发现有火花时，说明线头松动或接触不良。电器的触点在闭合、分断电路时跳火说明电路通，不跳火说明电路不通。控制电动机的接触器主触点两相有火花、一相无火花时，表明无火花的一相触点接触不良或这一相电路断路；三相中两相的火花比正常大，另一相比正常小，可初步判定为电动机相间短路或接地；三相火花都比正常大，可能是电动机过载或机械部分被卡住。在辅助电路中，接触器线圈电路通电后，衔铁不吸合，要分清是电路断路，还是接触器机械部分被卡住造成的。可按一下启动按钮，如按钮常开触点闭合位置断开时有微小的火花，说明电路通路，故障在接触器的机械部分；如触点间无火花，说明电路是断路。

(2) 动作程序：电器的动作程序应符合电气说明书和图纸要求。如某一电路上的电器动作过早、过晚或不动作，说明该电路或电器有故障。另外，还可根据电器发出的声音、温度、压力、气味等分析判定故障。运用直观法，不但可以确定简单的故障，还可以把较复杂的故障缩小到较小的范围以内。

2. 测量电压法

测量电压法是根据电器的供电方式，测量各点的电压值与电流值，并将其与正常值相比较。测量电压法具体可分为分阶测量法、分段测量法和点测法。

3. 测电阻法

测电阻法可分为分阶测量法和分段测量法，这两种方法适用于开关、电器分布距离较大的电气设备。

4. 对比法、置换元件法、逐步开路（或接入）法

(1) 对比法：把检测数据与图纸资料以及平时记录的正常参数相比较，来判定故障。对无资料又无平时记录的电器，可与同型号的完好电器相比较。电路中的电气元件属于同样控制性质或多个元件共同控制同一设备时，可以利用其他相似的或同一电源的元件动作情况，来判定故障。

(2) 置换元件法：某些电路的故障原因不易确定或检查时间过长，但为了保证电气设备的利用率，可置换为同一性能良好的元器件，进行实验，以证实故障是否由该电器引

起。运用置换元件法检查时应注意，当把原电器拆下后，要认真检查其是否已经损坏，只有肯定是由该电器本身因素造成损坏时，才能换上新电器，以免新换元件，再次损坏。

(3) 逐步开路（或接入）法。多支路并联且控制较复杂的电路短路或接地时，一般有明显的外部表现，如冒烟、有火花等，电动机内部或带有护罩的电路短路、接地时，除熔断器熔断外，不易发现其他外部现象。这种情况可采用逐步开路（或接入）法检查。①逐步开路法：碰到难以检查的短路或接地故障时，可重新更换熔体，把多支路交联电路，一路一路逐步或重点地从电路中断开，然后进行通电试验。若熔断器一再熔断，故障就在刚刚断开的这条电路上。然后再将这条支路分成几段，逐段地接入电路。当接入某段电路时熔断器又熔断，故障就在这段电路及某电气元件上。这种方法操作简单，但容易把损坏不严重的电气元件彻底烧毁。②逐步接入法：电路出现短路或接地故障时，换上新熔断器逐步或重点地将各支路一条一条地接入到电源上，重新试验。当接到某段时熔断器又熔断，故障就在刚刚接入的这条电路及其所包含的电气元件上。

5. 强迫闭合法

在经过直观检查电器故障后，既没有找到故障点，又无适当的仪表进行测量，可用一绝缘棒将有关继电器、接触器、电磁铁等用外力强行按下，使其常开触点闭合，然后观察电器部分或机械部分出现的各种现象，如电动机从不转到转动、设备相应的部分从不动到正常运行等，针对现象进行故障判断。

6. 短接法

设备电路或电器的故障大致归纳为短路、过载、断路、接地、接线错误、电器的电磁及机械部分故障等6类。这些故障中出现较多的是断路故障。它包括导线断路、虚连、松动、触点接触不良、虚焊、假焊、熔断器熔断等。对这类故障除用电阻法、电压法检查外，还有一种更为简单可行的方法，就是短接法。短接法是用一根绝缘良好的导线，将所怀疑的断路部位短接，如短接到某处，电路工作恢复正常，说明该处断路。具体操作可分为局部短接法和长短接法。

以上几种检查方法，要活学活用，遵守安全操作规章。对于连续烧坏的元器件应查明原因，后进行更换；电压测量时应考虑导线的压降；不违反设备电气控制原则，试车时手不得离开电源开关，并且保险元件的熔断电流应使用等于或略小于本线路额定电流；注意测量仪器档位的选择。

二、常见故障检测及处理

井下供电设备的检测是判断设备是否完好、查找故障的主要手段，检测内容主要有外观的检查和电路的断路、短路、漏电的测量。

(一) 隔爆电气设备的外观检测

隔爆电气设备外壳必须满足耐爆性要求，表面无裂纹、变形、锈蚀、凹凸不平等现象。外壳与外盖之间的结合面称为隔爆接合面，隔爆接合面必须满足隔爆性要求，接合面的间隙必须小于所规定的最大间隙，接合面有效宽度必须不小于所规定的最小有效宽度，接合面的粗糙度必须不大于规定的粗糙度。

(二) 断路的检测

断路是指回路不通。断路是最常见的故障，断路发生后电路将不能正常工作。电路断路,特别是在时断时续下工作时,会产生间歇电弧,在井下引发火灾和瓦斯爆炸,因此必须排除。断路检测可采用带电检测和不带电检测。带电检测可利用万用表电压挡或验电笔进行,不带电检测可利用万用表的电阻挡测量。为不影响其他设备的正常工作,可采用带电检测,但在井下有爆炸危险的环境中禁止采用带电检测,为确保安全,应采用不带电检测。下面分别介绍断路的具体检测方法。

1. 电压表检测法

当电路断开后,电路中没有电流通过,各元件两端不再有电压降,电源电压全部降落在断路点两端,因此可通过测量断路点两端电压,寻找断路点。

2. 验电笔检测法

验电笔是一种显示带电体高电位(对地电位)的工具,可通过验电笔显示电路中各点的电位来检测断路。现以断路点故障为例,介绍验电笔检测步骤:

(1) 接通主回路的隔离开关,控制变压器有电。

(2) 验电笔依次接到控制变压器的电源端 4 和 6、1 端,指示灯亮,说明均处于高电位;验电笔接到 2 端,指示灯不亮,说明 2 端为零电位,2 端和 1 端之间有电位差,说明两端间发生断路。

3. 电阻表检测法

当电路断开后,断路点两端电阻无穷大,而非断路点两端电阻近似为零或某一定值。以断路点故障为例,介绍电阻表检测步骤:

(1) 断开电气设备上级电源开关,确保在断电情况下进行测量。

(2) 将万用表打到 $R \times 10$(或 $\times 20$)挡,并进行电气调零。

(3) 分别测量各元件两端的电阻,当测量 4、6 端,2、9 端时,电阻均为零,测量 6、1 端时电阻为线圈电阻,而测量 1、2 端时,电阻为无穷大,说明 1、2 端发生断路。

(4) 注意测量导线接线柱或闭合触点的两端时电阻不为零,说明有接触不良现象。接触不良大多是由于触点氧化、虚接,焊点虚焊,接线柱压力太小所致,电路接触不良时工作,会产生发热现象,严重时会造成设备被烧毁或触点熔焊,无法断开电路,因此接触不良应予以排除。

(5) 断路故障点多发于熔体(由于过流而熔断)、开关触点、导线接线柱、导线连接焊点、铜线和铝线的过渡连接点(由于铝非常容易氧化,造成接触不良或断路)、导线的受力点(如接线嘴外端的电缆由于反复弯曲而折断)。为快速查找故障,可重点查找上述各点,也可采用分段测量法(将电路一分为二,测量不通的一段,再将电路不通的一段一分为二,测量不通的点),缩小查找范围,从而达到快速查找的目的。

(三) 短路检测

电路中的电源或元件两端被导体短接称为短路。短路是最危险的故障,短路所产生的高温会烧毁设备,引爆瓦斯和煤尘,引起火灾;短路所产生的电动力会使设备遭到机械损坏,如导体变形、绝缘子破裂等;强大的短路电流在电源内阻和线路电阻上产生较大的电压降,从而使线路上电动机端电压严重不足,导致电动机不能正常工作,甚至停止工作。在电路通电以前必须检测有无短路。由于短路具有很大的破坏性,因此短路发生后不能再进行直接通电检查。当发生短路时电阻为零,可以用电阻法进行检测,即分别测量三相之间的电阻,未短路的相间电阻不为零,而短路的相间电阻为零。

(四) 漏电检测

绝缘电阻下降到漏电值（380 V 为 3.5 kΩ，660 V 为 11 kΩ，1140 V 为 20 kΩ）时会产生漏电。漏电会造成人身触电危险，漏电电火花会引起瓦斯、煤尘爆炸和火灾，漏电电流会提前引爆电雷管。因此，在设备安装完毕后、通电以前，必须检测有无漏电。漏电检测是在断电情况下采用兆欧表检测，由于发电机内部发出的电压较高，容易击穿兆欧表电子电路，因此在检测前必须将电子综合保护等插件从电路中拆除（如是电子电路插件可直接拔出，如 JDB 电动机综合保护可将电路中的一个接线端子（33 端）断开，把数字万用表打至兆欧档即可检测。

具体漏电检测步骤如下：

（1）检查兆欧表是否良好。在兆欧表 L 端、E 端开路下摇动其手柄，兆欧表指针应指向无穷大。再将兆欧表 L 端、E 端短接，摇动兆欧表手柄，其指针指向零时，说明兆欧表良好（数字万用表将表笔短接，电阻值为零即为正常）。

（2）测量对地绝缘电阻。将兆欧表 L 端分别接在三相火线上，E 端接在设备外壳的接地接线柱上。以 120 r/min 的速度均匀摇动兆欧表手柄（数字万用表直接将表笔接在火线和地之间即可），当指针稳定后观察兆欧表的读数。

（3）测量相间绝缘电阻。将兆欧表 L 端、E 端分别接在三相火线上，以 120 r/min 的速度均匀摇动兆欧表手柄，当指针稳定后观察兆欧表读数。读数完毕后，先将 L、E 端用螺丝刀短接进行放电，再拆线。

当绝缘电阻大于规定值时，说明没有漏电发生。对于 660 V 和 380 V 电气设备，主回路相间绝缘电阻和对地绝缘电阻应大于 10 MΩ，控制回路对地绝缘电阻应大于 1 MΩ。对于 127 V 电气设备，相间绝缘电阻和对地绝缘电阻都应大于 5 MΩ。

(五) 电磁启动器常见故障排除

【例一】QBZ 系列电磁启动器常见故障及处理。

QBZ 系列电磁启动器常见故障原因及处理方法，见表 5-1。

表 5-1 QBZ 系列电磁启动器常见故障原因及处理方法

故　障	原　因	处 理 方 法
按下启动器按钮，接触器不吸合	1. 按钮接触不好 2. 无 36 V 电源 3. 整流桥损坏 4. 接触器线圈损坏 5. 保护器漏电闭锁，保护接点接触不良 6. 中间继电器卡死	1. 维修触点或更换按钮 2. 检查 HK 是否合上，RD 是否烧断或接触不好，HK 绕组是否烧断 3. 更换损坏的二极管 4. 更换线圈或接触器 5. 找出并排除负载漏电处 6. 排除故障或更换继电器
启动后无法维持	1. 电源电压低于 75% 额定电压 2. 反力弹簧调节太紧 3. 辅助触点接触不良	1. 换为大截面电缆，减小线路压降 2. 放松反力弹簧，但要保持一定的分闸速度 3. 调整辅助触点，接触良好
无法停止	中间继电器卡死或熔焊	排除故障或更换继电器

表 5-1（续）

故障	原因	处理方法
阻容保护器电阻烧毁	1. 电源三相严重不平衡 2. 电容击穿 3. 电容容量电阻阻值降低	1. 调整负荷，使三相尽量平衡 2. 更换被击穿的电容 3. 更换电阻式电容
三相严重不同步	1. 接触器动导杆锁紧，螺母松动 2. 三相触头磨损程度不同	1. 按使用说明书调整三相触头开距，并拧紧锁紧螺母 2. 调整或更换三相触头
过载时保护器不动作	1. 保护器整定电流太大 2. 保护器动作不可靠	1. 按电动机容量的额定电流值，调整保护器的合适整定电流 2. 更换保护器
RD 熔断	高压线圈 KL 短路或引线短路	查出短路，排除故障，更换 RD
液晶无显示	1. 交流电流线松动 2. 电压不正常	1. 接好电流线 2. 调整交流电压
保护误动作	1. PT、CT 变比不正确 2. 交流输入线接错	1. 重新输入 PT、CT 变比定值 2. 更正接线
忘记授权密码		与厂家联系

【例二】组合开关常见故障及处理。

组合开关出现故障后一定要严格遵守操作规程进行故障排除：先停机，再分析原因，并将隔离换向开关置于安全闭锁位，确认组合开关不带电。一般情况下，还应切断前级供电变压器，并挂上"有人检修，禁止合闸"的禁示牌，才可开门检修。组合开关常见故障原因及处理方法见表 5-2。

表 5-2 组合开关常见故障原因及处理方法

序号	故障现象	故障原因	处理方法
1	显示器没有显示	隔离开关不在闭合位置	闭合隔离开关
		熔断器熔断	更换熔芯
		开关电源损坏	更换开关电源
2	某回路驱动单元接触器不吸合	该回路微型断路器跳闸	复位微型断路器
		该回路漏电闭锁动作	检查漏电原因，恢复绝缘水平
		远控电路二极管反接	调整二极管极性
		远控电路二极管损坏	更换二极管
		控制继电器触点（PK）损坏	检查并更换继电器
		控制继电器触点（K3）损坏	检查并更换继电器
		PLC 数字输出模块（7）故障	检查并更换模块
		接触器故障	检查并更换接触器

表5-2（续）

序号	故障现象	故障原因	处理方法
3	某回路驱动单元吸合后不保持	该驱动单元接触器反馈接点故障	检查接点接线是否接好，检查PLC输入模块相应接线是否接好
		该回路工作负荷整定为零	重新进行负荷整定
4	液晶显示屏无法操作	旋转编码器故障	更换旋转编码器
		PLC程序故障	更换CPU模块
5	某回路驱动单元总是断相动作	该回路某相电流互感器损坏	更换电流互感器
		电流采样电路板故障	维修或更换采样板
		PLC A/D模块接线松动或脱落	检查并重新接线
6	快开式前门打不开	隔离腔机械闭锁未解除	按使用说明书的指示，解除机械闭锁
		机械闭锁插销故障	左右轻移前门，重新解除闭锁

（六）电缆的故障

1. 电缆故障的分类

按照电缆故障发生的原因，可将电缆故障大致分为以下几类：

1）机械损伤

机械损伤引起的电缆故障占电缆事故比例大，有些机械损伤很轻微，当时并没有造成故障，但在几个月甚至几年后，损伤部位才发展成故障。造成电缆机械损伤的主要原因如下：

（1）安装时损伤。在安装时不小心碰伤电缆，机械牵引力过大而拉伤电缆，或电缆过度弯曲而损伤电缆。

（2）直接受外力损坏。如机械索引力过大拉伤电缆，电缆弯曲过度损伤绝缘层或屏蔽层，使电缆受到直接的外力损伤。

（3）大型设备或车辆的震动或冲击性荷载造成地下电缆的铅（铝）包裂损。

（4）因自然现象造成的损伤。如中间接头或终端头内绝缘胶膨胀而胀裂外壳或电缆护套；因电缆自然行程，使安装在管口或支架上的电缆外皮擦伤；因巷道沉降引起过大的拉力，拉断中间接头或导体。

2）绝缘受潮

绝缘受潮后会引起故障，造成电缆受潮的主要原因如下：

（1）因接头盒或终端盒结构不密封或安装不良，而导致进水。

（2）电缆制造不良，金属护套有小孔或裂缝。

（3）金属护套因外物刺伤或腐蚀穿孔。

（4）电缆库存时间长，两端铅封不严。

3）绝缘老化变质

电缆绝缘介质内部气隙在电场作用下产生游离，使绝缘下降。当绝缘介质电离时，气隙中产生臭氧、硝酸等化学生成物，腐蚀绝缘层；绝缘层中的水分，使绝缘纤维产生水解，造成绝缘下降。过热会引起绝缘层老化变质，电缆内部气隙产生电游离造成局部过热,使绝缘层碳化。电缆过负荷是电缆过热的重要原因。安装在电缆密集地区、电缆沟及电缆隧道等通风不良处的电缆,安装在干燥管中的电缆,以及电缆与热源接近的部分等,都会因电缆过热而使绝缘层加速损坏。

4) 过电压

大气与内部过电压作用,使电缆绝缘层击穿,形成故障,击穿点一般是存在材料缺陷的地点。

5) 设计和制作工艺不良

中间接头和终端头的防水、电场分布设计不周密,材料选用不当,工艺不良、不按规程要求制作等,会造成电缆头故障。

6) 材料缺陷

材料缺陷主要表现在以下3个方面:一是电缆制造的问题,铅(铝)护层留下的缺陷,在包缠绝缘层过程中,纸绝缘层上出现褶皱、裂损、破口和重叠间隙等缺陷;二是电缆附件制造上的缺陷,如铸铁件有砂眼,瓷件的机械强度不够,其他零件不符合规格或组装时不密封等;三是对电缆绝缘材料的维护管理不善,造成电缆绝缘层受潮、脏污和老化。

7) 护层的腐蚀

由于地下酸碱腐蚀、杂散电流的影响,使电缆铅包外皮受腐蚀,出现麻点、开裂或穿孔,造成故障。

8) 电缆的绝缘物流失

油浸纸绝缘电缆敷设时地沟凸凹不平,或挂在电缆钩上,由于电缆起伏、高低落差悬殊,高处的电缆绝缘油流向低处,而使高处电缆绝缘性能下降,导致故障发生。

2. 查找电缆故障点的方法与步骤

1) 查找电缆故障点的步骤

电缆故障的探测一般要经过诊断、测距、定点3个步骤。

(1) 电缆故障性质诊断:

电缆故障性质的诊断,即确定电缆故障的类型与严重程度,以便于测试人员对症下药,选择适当的电缆故障测距与定点方法。

(2) 电缆故障测距:

电缆故障测距,又称粗测,在电缆的一端使用仪器确定故障距离。现场上常用的故障测距方法有古典电桥法与现代行波法。

(3) 电缆故障定点:

电缆故障定点,又称精测,即按照故障测距结果,根据电缆的路径走向,找出故障点的大体方位。在一个很小的范围内,利用放电声测法或其他方法,确定故障点的准确位置。

一般来说,成功的电缆故障探测都要经过以上3个步骤,否则不能取得良好的探测结果。例如,不进行故障测距而利用放电声测法直接定点,沿着很长的电缆路径(可能有数公里长),探测故障点放电声是相当困难的。如果已知电缆故障距离,确定出故障的一个大体方位,在很小的一个范围内(40 m左右)来回移动定点仪器,探测电缆故障点放电声,就容易很多。

电缆故障的精确定点是故障探测的关键。目前，比较常用的电缆故障定点方法是冲击放电声测法及主要用于低阻故障定点的音频感应法。实际应用中，往往因电缆故障点环境因素复杂，如振动噪声过大、电缆埋设深度过深等，造成定点困难，成为快速找到故障点的主要难点。

声磁同步检测法提高了抗振动噪声干扰的能力。通过检测接收到的磁声信号的时间差，可以估计故障点距离探头的位置，比较在电缆两侧接收到脉冲磁场的初始极性，也可在进行故障定点的同时，寻找电缆路径。

2）电缆故障点的处理方法

电缆的常见故障是短路、接地和断线。铠装电缆发生短路时，时常有放炮声，在电缆表面会有明显的灼痕，并伴有绝缘烧毁的气味。断线或接地的故障点一般较难确定，目前常用的电缆故障点处理方法：首先判断故障性质，然后再找故障点。

（1）判断故障性质。判断故障性质通常用兆欧表摇测绝缘电阻。

①判断接地。将兆欧表 E 端和 L 端的两根测线一根接地，另一根分别与三相芯线的一端接触（电缆另一端开路），电阻值为零或很低的一相，即为接地相。

②判断短路。将电缆一端开路，另一端三相中任两相相继接在兆欧表的测线上，若两相间电阻为零，即是短路相。

③判断断路。将电缆一端短接，在另一端测两相间电阻，两根芯线间电阻为无限大，则必有一芯线为断线芯线。再用同样的方法与第三相测试，以判断断线相。

（2）故障点寻找方法。电缆在运行中发生故障，可向事故现场人员了解情况，对可疑地点重点查找，也可用手触及电缆外皮或接线盒外壳，看温度有无异常。

①对低压橡套电缆可用低压验电笔进行查找。如某相断线，当用验电笔测试该断线相时，试电笔不亮；在电缆发生漏电故障时，在漏电点附近的电缆外皮上，试电笔将会发亮。

②单臂电桥法，当电缆一芯或数芯经低阻接地或短路，用直观方法不易查找时，可用单臂电桥法探测故障部位。该法目前基本不用。

③电缆故障仪测试法。使用脉冲测距法，根据测得的波形读出故障地点。使用闪络法，根据故障点放电有响声，利用路径定点仪查找故障点。

3）井下常见的电缆故障及预防

（1）井下常见的电缆故障。

①电缆落在地上，甚至浸泡在水中。许多人对电缆落在地上，甚至浸泡在水中毫不在乎，不认为是故障，实际上许多电缆事故都是由此引起的。如各种机械性的压、挤、刨、刺、砸等，使电缆绝缘损坏而漏电，或发生短路事故，大部分都由此引起。

②铠装电缆弯曲半径过小，使电缆的铠甲裂口、铅包裂纹。铠甲裂口、铅包裂纹，必然由此侵入潮气或水分，使电缆的绝缘损坏。

③电缆吊挂位置过低，电车头或矿车掉道时将电缆撞坏；电缆吊挂过高，巷道顶板来压时，由于支架变形，将电缆挤坏。

④鸡爪子、羊尾巴、明接头是造成漏电和相间短路的主要原因之一。

⑤电缆或电缆接头制作质量不符合要求，造成相间短路或断线。

⑥回柱绞车拉或刮板输送机大链等，将电缆拉断。

⑦由于过负荷运行使电缆发热、绝缘老化而损坏。

（2）井下常见的电缆故障预防措施。

①设计安装应符合技术规程及有关要求。

②必须按规定要求悬挂电缆。

③定时巡回检查电缆的运行情况，出现可能危及电缆的情况时，应立即采取防护措施。

④定时测定电缆的绝缘电阻，按规定做预防性绝缘性能试验，发现问题或缺陷，及时汇报处理。

⑤必须正确设置漏电、过负荷和短路保护装置，并保证其动作可靠。

第三部分
综采集中控制操纵工高级技能

▶ 第六章 可编程控制器
▶ 第七章 综采电气设备的检修
▶ 第八章 综采设备常见故障及处理方法

第六章 可编程控制器

第一节 可编程控制器的功能及特点

随着微处理器、计算机和数字通信技术的飞速发展,计算机控制已扩展到几乎所有的工业领域。当前用于工业控制的计算机可分为可编程控制器(Programmable Logic Controller,简称 PLC)、基于 PC 总线的工业控制计算机、基于单片机的测控装置、集散控制系统(DCS)和现场总线控制系统(FCS)等。

当今社会工业领域谋求迅速发展,希望在产品生产、工业生产等方面实现多批量、低成本、高效率、高质量等的自动化控制。为满足这一要求,生产设备和自动化生产线的控制系统必须具有极高的可靠性和灵活性。可编程控制器(PLC)正是在这种情况下应运而生的,它是以微处理器为基础的通用工业控制装置。

PLC 的应用面广、功能强大、使用方便,是当今工业自动化的主要设备之一。它已在工业生产的许多领域内得到充分应用。当然,也包括它在煤矿综采设备联动控制方面的应用。可以说,PLC 正在机械设备及生产过程等的自动化控制系统中扮演着重要角色。

可编程控制器(以下简称 PLC)是电子技术、计算机技术与逻辑自动控制系统相结合的产物。采用梯形图或状态流程图等编程方式,使 PLC 的使用始终保持大众化的特点。PLC 可用于对单台机电设备的控制,也可用于对生产流水线的控制。

一、可编程控制器的功能

PLC 的型号繁多,各种型号的 PLC 功能各不相同,但目前的 PLC 一般都具有如下功能:

(1)条件控制。PLC 具有逻辑运算功能,它能根据输入继电器的触点与(AND)、或(OR)等逻辑关系决定输出继电器的状态(ON 或 OFF),因此它可以代替继电器,进行开关控制。

(2)定时控制。为满足生产工艺对定时控制的需求,一般 PLC 都为用户提供足够的定时器。

(3)计数控制。为满足对计数控制的需要,PLC 向用户提供上百个功能较强的计数器。

(4)步进顺序控制。步进顺序控制是 PLC 最基本的控制方式,为方便用户使用,编制较复杂的 PLC 步进控制程序,设置了专门的步进控制指令。

(5)数据处理。PLC 具有较强的数据处理能力,除能进行加减乘除四则运算甚至开方运算外,还能进行字操作、移位操作、数制转换、译码等数据处理。

(6) 通信和联网。由于 PLC 采用通信技术，可进行远程 I/O 控制。

(7) 对控制系统的监控。PLC 具有较强的监控功能，它能记忆某些异常情况，或在发生异常情况时自动终止运行。

二、可编程控制器的特点

(1) 可靠性高。PLC 的平均无故障时间可达几十万小时。

(2) 编程方便。对于一般电气控制线路，可采用梯形图编程。

(3) 对环境要求低。PLC 可在较大的温度、湿度变化范围内正常工作，抗震动、抗冲击性能好，对电源电压的稳定性要求低，特别是抗电磁干扰能力强。

(4) 与其他装置连接方便。PLC 与其他装置的连接方式基本都是直接连接。

第二节 可编程控制器的结构原理

一、PLC 的基本结构

PLC 即可编程控制器，主要由中央处理器（CPU）、存储器（RAM、ROM）、输入/输出组件（I/O）、电源及编程器等部分组成，具体组成如图 6-1 所示。

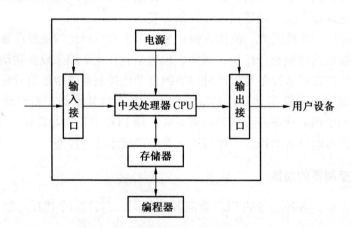

图 6-1 PLC 组成结构框图

1. 中央处理器 CPU

CPU 是可编程控制器的重要组成部分，它与通用计算机中的 CPU 一样，也是 PC 的"电脑"。其主要作用：按 PC 系统程序的功能，接收从编程器输入的用户程序和数据，并存入存储器；用扫描的方式接收现场输入装置的状态和数据，存入寄存器中；检查 PC 内部工作状态和编程过程中的语法错误；在 PC 运行过程中，从存储器中逐条读出（取出）用户程序，经过命令解释，翻译成电路能够识别的代码，并按指令规定的任务去执行数据的存取、传送、比较、变换等操作，完成用户程序规定的各种运算和数据处理，然后存入寄存器，实现输出的控制、打印或数据传输等。

2. 系统程序存储器

系统程序存储器用于存放系统的工作程序，如功能子程序、命令解释、程序调用等。这些程序是由 CPU 控制的，用户不能直接存取。系统程序存储器的功能直接反映 PC 的性能。

3. 用户存储器

用户存储器用以存放用户程序，即存放通过编程器输入的用户程序。常用的存储器分为 ROM 和 RAM 两类。ROM 称为只读存储器，其存储的内容由制造厂家写入，用户只能读出（取出）存储器中的内容，而不能写入；RAM 称为随机存储器，也称为读/写存储器，这种存储器可由用户任意写入和读出信息。

根据存储方式的不同，用户存储器有 CMOR RAM、EPROM 和 EEPROM 等类型。其中 CMOR RAM 是一种高密度、低功能的半导体存储器，可用锂电池做备用电源，当交流电源中断后，存储器由锂电池维持供电。锂电池寿命一般在 5 年左右。EPROM 是一种可改写的只读存储器，写入时加高电平，擦除时用紫外线照射。EEPROM 是一种可用电改写的只读存储器。

4. 输入、输出组件（I/O 模块）

I/O 模块是 CPU 与现场的输入、输出装置或其他外部设备连接的部件。外接设备不同时，要选用不同用途的 I/O 模块。I/O 模块的作用是将输入信号转换成 CPU 能够接收的信号，或将输出信号变换为控制信号，去驱动控制对象。所以它是 PC 的接口部件。

5. 编程器

编程器用于程序的编制、调试、检查和监视，可通过键盘调用和显示 PC 内部的各种状态及系统参数，还可通过接口电路实现人机对话。

编程器分为简易型和智能型两类。简易型编程器只能用梯形图语言编程，而且必须连接在 PC 上进行编程，这种编程方式称为在线编程；智能型编程器不仅可用梯形图语言编程，还可直接输入梯形图，并能脱离 PC 单独编程，这种编程方式称为离线编程。

6. 扩展单元

当可编程控制器承担较大的控制量时，可接入扩展单元，以扩充输入、输出端口。扩展单元内部没有 CPU 及存储器，所以不能单独使用。

7. 外部设备

外部设备为使可编程控制器功能更完善，PC 配有打印机等外部设备。另外，通过 I/O 接口还可与计算机、显示器、数/模转换器等设备联网，形成功能完善的控制系统。

二、PLC 的工作原理

可编程控制器采用可编程序的存储器，用来在其内部存储程序，执行逻辑运算、顺序控制、定时、计数和算术运算等操作指令，并通过数字式、模拟式的输入和输出，控制各种类型的机械运动或生产过程。

1. PLC 的操作方式

PLC 有 RUN 和 STOP 两种操作方式。在 RUN 方式下，通过执行用户程序来实现控制功能；在 STOP 方式下，CPU 不执行用户程序，可用编程软件创建和编辑用户程序，并将用户程序下载到 PLC 中。PLC 通电后，需要对硬件和软件做一些初始化工作。为了使 PLC

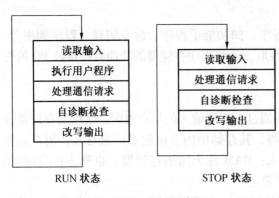

图 6-2 PLC 的扫描过程图

的输出及时响应各种输入信号,初始化后反复不停地分阶段处理各种不同的任务,如图 6-2 所示,这种工作模式称为扫描工作模式。

2. PLC 的基本工作

PLC 的基本工作如下:

(1) 读取输入。

(2) 执行用户程序。

(3) 通信处理。

(4) CPU 自诊断测试。

(5) 控制信号输出。

(6) 中断程序处理。

(7) 立即 I/O 处理。

上述过程执行完后,又重新开始,反复执行。每执行一遍所需的时间称为扫描周期,PLC 的扫描周期通常为几十毫秒。

3. PLC 的工作过程

PLC 的工作过程可概括归纳为上电初始化、CPU 自诊断过程、网络通信处理、用户程序扫描、输入/输出信息处理等 5 个阶段。工作过程如图 6-3 所示。

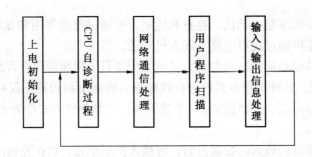

图 6-3 PLC 工作过程示意图

第三节 综采工作面采煤机、"三机"及液压支架 PLC 控制

根据煤矿井下生产要求,将采煤机、刮板输送机、破碎机、转载机、带式输送机等综采设备的生产过程有机结合,通过 PLC 控制台实现对各综采设备单一控制和生产过程的联动控制,实现工作面设备的自动化控制、保护、闭锁、沿线通信等功能,确保各设备协调、连续、高效、稳定运行。综采设备联动控制系统总体框图如图 6-4 所示。

(一) 采煤机的 PLC 控制

控制系统要对采煤机的各种动作进行控制,以确保采煤机的各种执行动作准确无误。综采设备控制系统采用西门子 S7-300 系列可编程控制器完成。

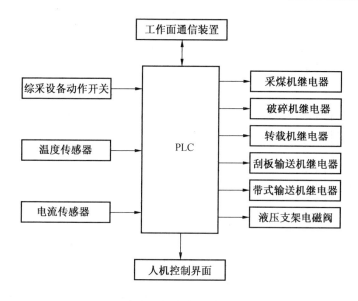

图 6-4 综采设备联动控制系统总体框图

可编程控制器可以编程设定采煤机生产参数，实现自动采煤，也可手动控制或用遥控器控制。

可编程控制器把来自按钮板、监控系统信号的操作信号和来自监控系统的故障信号传给控制中心，控制中心自动根据各逻辑关系输出控制信号，分别送往变频系统完成牵引电动机的变频调速，送给泵站系统控制摇臂升降，送给按钮板参加各种控制。

检测中心和控制中心相互配合，满足采煤机实现恒功率采煤的要求。其中电动机、变压器、变频器等各种保护和监测信号，通过信号转换板传送给监测中心，监测中心把信号和数据处理分类后分别传送显示屏和控制中心，以分别进行状态指示、参与过程控制。

采煤机的左右两端设置了端头控制站，它采用串行数据通信技术，与监测中心交换数据，实现对采煤机的主停、牵停、左行、右行、摇臂升降的控制，其中左端头控制站只能控制左摇臂的升降，右端头控制站只能控制右摇臂的升降；左右端头控制站能同时进行采煤机的主停、牵停、左行、右行控制。同时，检测中心将采煤机的运行速度和端头控制站的工作状态传回到端头控制站，在端头控制站进行状态和速度的显示。图 6-5 为采煤机的 PLC 控制系统图。

（二）综采工作面三机的 PLC 控制

1. 综采工作面三机介绍

综采工作面三机，即刮板输送机、转载机、破碎机。它们是综采工作面的重要设备。

（1）刮板输送机由机头、机尾和机身组成。刮板输送机主要由传动装置、刮板链、溜槽、保护装置、紧链装置、推移装置等部分组成。其工作原理：刮板输送机由绕过机头链轮和机尾滚轮的无级循环的刮板链作为牵引机构，以溜槽作为煤炭的承载机构。启动电动机，经联轴器和减速器传动链轮，从而驱动刮板链连续运转，将装在溜槽中的煤由刮板输送机机尾运送到机头处卸载、转运。

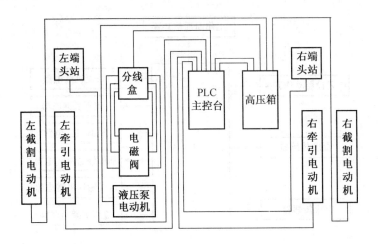

图 6-5 采煤机的 PLC 控制系统图

（2）转载机。目前应用较为普遍的是桥式转载机。转载机的主要结构有导料槽、机头传动装置、机头架、机头小车、刮板链、溜槽、桥部结构、机尾架、机尾轴、压链板等。

转载机工作原理：转载机的机头部通过横梁和小车搭接在可伸缩带式输送机尾部两侧的轨道上，并沿轨道整体移动，机尾和水平装载段则沿巷道底板滑行。

（3）破碎机是架设在转载机上，用来破碎硬煤和大块矸石的设备。目前，破碎机有锤式破碎机、颚式破碎机、轮式破碎机 3 种。破碎机的主要作用是防止硬煤和大块矸石砸坏、砸偏带式输送机。

2. 综采工作面三机的 PLC 控制系统

利用 PLC 完成对破碎机、转载机、刮板输送机等的开停及闭锁控制，完成设备的急停闭锁，完成工作面刮板输送机调速偶合器的工况监视及控制，完成启停预告、故障报警等，完成整个工作面沿线通话。综采工作面三机的 PLC 控制系统如图 6-6 所示。

（三）液压支架的 PLC 控制

1. 液压支架介绍

液压支架是以高压液体为动力，由若干液压元件（液压缸和阀件）与一些金属结构件，按一定的连接方式组合而成的一种支撑和控制顶板的设备，是煤矿综合机械化采煤工作面的支护设备，也是综采的关键设备。液压支架可用来有效而可靠地支撑和控制工作面顶板，同时还可前移和推进工作面输送机，与采煤机、输送机配套使用，实现了落煤、装煤、运煤、支护和放顶回采工艺过程的全部机械化。它主要由承载结构件、执行元件、控制和操作元件、辅助装置、传动介质等部分组成。

液压支架依靠高压液体、立柱和相应的动力千斤顶，实现升架、降架、推溜、移架 4 个基本动作。根据生产工艺要求，液压支架不仅能够可靠地支撑顶板，而且应随着采煤工作面的推进而向前移动，这就要求液压支架必须具备升降和推移两方面的基本动作。这些动作是利用乳化液泵站供给的高压液体，通过立柱和推移千斤顶来完成的。

2. 液压支架的 PLC 控制系统

液压支架 PLC 控制系统由支架控制箱、压力传感器、位移传感器、红外线传感器及相

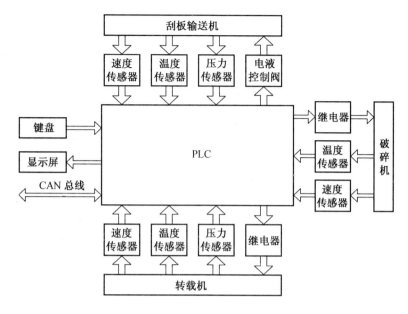

图 6-6 综采工作面三机的 PLC 控制系统图

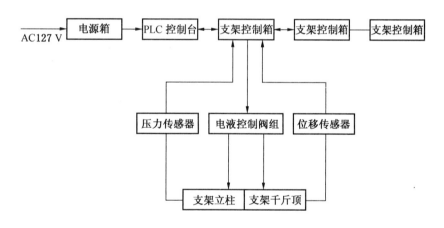

图 6-7 液压支架控制系统组成框图

应的架内连接电缆组件和配套件等组成。液压支架控制系统组成如图 6-7 所示。

PLC 控制系统应实现的控制功能如下：

（1）单台支架控制器电控单动作邻架操作，实现电液换向阀组手动按钮本架操作。

（2）单台支架降—移—升自动顺序控制。

（3）成组自动控制，包括成组自动推溜、成组自动降—移—升、成组自动收护帮板、成组自动伸护帮板、成组自动伸伸缩梁、成组自动收伸缩梁、成组自动移架前端辅助采煤机喷雾、成组自动移架喷雾。

（4）能在工作面就地操作及远程操作。

（5）能在工作面实现本架闭锁和工作面急停功能。

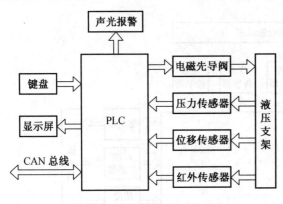

图 6-8　单架液压支架 PLC 控制原理

(6) 支架跟随采煤机进行自动推溜、自动降—移—升、自动收护帮板、自动伸护帮板、自动伸伸缩梁、自动收伸缩梁、自动抬底座、自动移架前端辅助采煤机喷雾、自动移架喷雾。

(7) 支架控制器和主控计算机具有对控制系统的故障诊断、显示和报警功能。

单架液压支架 PLC 控制原理如图 6-8 所示。

所有系统单元连成全工作面支架的控制网络，并需配备电源箱、架间连接电缆组件和隔离偶合器、总线提升器、网络终端器等必备的相关配套件。

第七章 综采电气设备的检修

第一节 综采电气设备的完好标准及检修质量标准

一、完好标准

(一) 通用部分

1. 紧固件

(1) 紧固用的螺栓、螺母、垫圈等齐全、紧固、无锈蚀。

(2) 同一部位的螺母、螺栓规格一致。平垫、弹垫的规格应与螺栓直径相符,紧固用的螺栓应有防松装置。

(3) 用螺栓紧固不透眼螺孔的部件,紧固后螺孔须留有大于 2 倍防松垫圈厚度的螺纹余量,螺栓拧入螺孔长度应不小于螺栓直径,铸铁、铜、铝件不应小于螺栓直径的 1.5 倍。

(4) 紧固后,螺栓螺纹应露出螺母 1~3 个螺距,不得在螺母下加多余垫圈,减少螺栓伸出长度。

(5) 紧固在护圈内的螺栓或螺母,其上端平面不得超过护圈高度,需用专用工具进行松、紧。

2. 隔爆性能

(1) 隔爆接合面的间隙:平口的接合面必须压实,不留间隙,转盖接合面间隙不能超过 0.5 mm。

(2) 隔爆接合面的表面粗糙度 Ra 不大于 6.3,操作杆的表面粗糙度 Ra 不大于 3.2。

(3) 螺纹隔爆结构:螺纹精度不低于 3 级,螺距不小于 0.7 mm;螺纹的最小啮合扣数不小于 6 扣。

(4) 隔爆接合面的法兰减薄厚度应不大于原设计规定的维修余量。

(5) 将隔爆接合面的缺陷或机械伤痕两侧高于无伤表面的凸起部分磨平后,不得超过下列规定:

①隔爆面上对局部出现的直径不大于 1 mm、深度不大于 2 mm 的砂眼,在 40、25、15 mm 宽的隔爆面上,每平方厘米不得超过 5 个;10 mm 宽的隔爆面上,不得超过 2 个。

②生产的机械伤痕,宽度与深度不得大于 0.5 mm,长度应保证剩余无伤隔爆面有效长度不小于规定长度的 2/3。

(6) 隔爆接合面不得有锈蚀及油漆,应涂防锈油或进行磷化处理。如有锈蚀,用棉纱擦净后，留有呈青褐色氧化亚铁云状痕迹，用手摸无感觉的接合面仍算合格。

（7）用螺栓固定的隔爆接合面，其紧固程度应以压平弹簧垫圈不松动为合格标准。

（8）观察窗孔胶封及透明度良好，无破损、无裂纹。

（9）引进设备的隔爆性能应符合《煤矿机电设备检修质量标准》电气设备分册的5-A~5-D的规定。

凡不符合（1）~（9）中任意一条的设备，即认为其失去隔爆性能，不得评为完好设备。

3. 接线

1）有关进线嘴连接要求

进线嘴连接紧固，密封良好，并应符合下列规定：

（1）密封圈材质用邵尔硬度为45°~55°的橡胶制造，并按规定进行老化处理。

（2）接线后紧固件的紧固程度以抽拉电缆不窜动为合格标准，进线嘴压紧应有余量，进线嘴与密封圈之间应加金属垫圈。压叠式进线嘴压紧电缆后的压扁量不超过电缆直径的10%。

（3）密封圈内径与电缆外径差应小于1 mm；密封圈外径进线装置内径差应符合下列规定：

①密封圈外径大于或等于20 mm时，密封圈外径与进线装置内径应小于或等于1 mm。

②密封圈外径大于20 mm、小于60 mm时，密封圈外径与进线装置内径应小于或等于1.5 mm。

③密封圈外径大于60 mm时，密封圈外径与进线装置内径应小于或等于2.0 mm；密封圈宽度应大于电缆外径的0.7倍，但必须大于10 mm；厚度应大于电缆外径的0.3倍，但必须大于4 mm（70 mm^2 的橡套电缆除外）。密封圈无破损，不得割开使用。电缆与密封圈之间不得包扎其他物体。

（4）低压隔爆开关引入铠装电缆时，密封圈应全部套在电缆铅皮上。

（5）电缆护套（铅皮）穿入进线嘴长度一般为5~15 mm，如电缆粗穿不进时，可将穿入部分锉细，但护套与密封圈结合部位不得锉细。

（6）低压隔爆开关空闲的进线嘴应用密封圈及厚度不小于2 mm的钢垫板封堵压紧。其紧固程度如下：螺旋式进线嘴用手拧紧为合格，压叠式进线嘴用手晃不动为合格，钢垫板应置于密封圈的外面，其直径与进线装置内径差（密封圈外径与进线装置内径间隙）应符合有关规定，高压隔爆开关空闲的进线嘴应用与进线嘴法兰厚度、直径相符的钢垫板封堵压紧。其隔爆接合面的间隙（0.3~0.6 mm之间）应符合有关规定，按外壳容积计算。

（7）高压隔爆开关接线盒引入铠装电缆后，应用绝缘胶灌至电缆分叉以上。

凡不符合上述规定之一者，即为失爆，不得评为完好设备。

2）有关接线装置要求

接线装置应齐全、完整、紧固、导电良好，并符合下列要求：

（1）绝缘座完整、无裂纹。

（2）接线螺栓和螺母无损伤，无放电痕迹，接线零件齐全，有卡爪、弹簧垫、背帽等。

(3) 接线整齐、无毛刺，卡爪不压绝缘胶皮或其他绝缘物，也不得压或接触屏蔽层。

(4) 接线盒内导线的电气间隙和爬电距离，应符合（GB 3836.3—2010）《爆炸性环境用电气设备　第3部分：由增安型"e"保护的设备》的规定。

(5) 隔爆开关的电源、负荷引入装置，不得颠倒使用。小进线嘴不得出电源线。

3) 固定电气设备要求

固定电气设备接线应符合下列要求：

(1) 设备引入（出）线的终端线头应用"线鼻子"或过渡接头连接。

(2) 导线连接牢固可靠，接头温度不得超过导线温度。

4) 电缆连接要求

电缆连接除应符合《煤矿安全规程》规定外，还应满足下列要求：

(1) 电缆芯线的连接严禁绑扎，应采用压接或焊接。连接后的接头电阻不应大于同长度芯线电阻的1.1倍，其抗拉强度不应小于原芯线抗拉强度的80%。不同材质芯线的连接应采用过渡接头，其过渡接头电阻值不应大于同长度芯线电阻值的1.3倍。

(2) 高、低压铠装电缆终端应灌注绝缘材料，室内可采用环氧树脂干封。中间接线盒应灌注绝缘胶。

5) 安全供电

(1) 高、低压电气设备的短路、漏电、接地等保护装置，必须符合《煤矿安全规程》《矿井保护接地装置的安装、检查、测定工作细则》《煤矿井下检漏继电器安装、运行、维护与检修细则》和《矿井低压电网短路保护装置的整定细则》的规定。

(2) 短路保护计算整定合格、动作灵敏可靠。

(3) 漏电保护装置使用合格。

(4) 接地螺栓应符合下列标准：

①电气设备的金属外壳和铠装电缆接线盒的外接地螺栓应齐全完整。

②电气设备接线盒应设内接地螺栓。

③外接地螺栓直径：容量小于或等于5 kW的，不小于M8；容量在5～10 kW的，不小于M10；容量大于10 kW的，不小于M12；通信、信号、按钮、照明灯等小型电气设备，不小于M6。

④接地螺栓应进行电镀防锈处理。

(5) 接地线应符合下列规定：

①接主接地极的接地母线截面面积应不小于以下值：镀锌铁线，100 mm^2；扁钢，25×4 mm^2；铜线，50 mm^2。

②电气设备外壳同接地母线或局部接地极的连线、电缆接线盒两端的铠装铅皮的连接接地线，其截面面积应不小于以下值：铜线，25 mm^2；扁钢，50 mm^2（厚度不小于4 mm）；镀锌铁线，25 mm^2。

(6) 接地极应符合下列规定：

①主接地极应符合下列规定：主接地极应用耐腐蚀的钢板制成，其面积不小于0.75 m^2，厚度不小于5 mm。

②局部接地极应符合下列规定：局部接地极可设置在巷道水沟或其他就近的潮湿处，设置在水沟的局部接地极应用面积不小于0.6 m^2、厚度不小于3 mm的钢板，或具有同等

有效面积的钢管制成,并平放在水沟深处;设置在其他地点的局部接地极可用直径不小于35 mm,长度不小于1.5 m的钢管制成,每根管上至少钻20个直径不小于5 mm的透孔,并全部垂直埋入底板。

(7) 接地电阻不得大于下列数值:

①100 kV·A 以上变压器(低压中性点直接接地系统),4 Ω。
②100 kV·A 以上变压器供电线路重复接地,10 Ω。
③100 kV·A 以下变压器,10 Ω。
④100 kV·A 以下变压器供电线路重复接地,30 Ω。
⑤高、低压电气设备联合接地,4 Ω。
⑥电流、电压互感器二次线圈,10 Ω。
⑦高压线路的保护网或保护线,10 Ω。
⑧井下设备,2 Ω。
⑨井下手持移动电气设备,1 Ω。

(8) 设备闭锁装置齐全可靠。

(9) 井下供电除应符合《煤矿安全规程》有关规定外,还应做到"三无、四有、两齐、三全、三坚持"。

6) 不漏油、不漏电的规定

(1) 不漏油:固定接合面及阀门、油标管等不应有油迹。运动部位允许有油迹,但擦干后在3 min不见油,半小时不成滴;非密闭运动部件润滑不得甩至其他部件和基础上。

(2) 不漏电:网络的绝缘电阻不小于下列规定,漏电继电器正常投入运行:1140 V,60 kΩ;660 V,30 kΩ;330 V,15 kΩ;127 V,10 kΩ。

7) 电气性能检测

(1) 电气设备绝缘性能必须按《煤矿电气试验规程(试行)》规定的周期和项目进行试验,并符合标准,有记录可查。

(2) 绝缘油、新油使用前应做油质分析;运行中的油,每年进行一次简化分析;多油断路器用的油,每半年进行一次耐压试验。其他试验项目应按《煤矿电气试验规程(试行)》规定进行检测,做到有记录可查。

(3) 继电保护装置整定计算检验,每年进行一次;矿井电源的继电保护装置,每半年检验一次,并核实整定方案,做到有记录可查。

(4) 指示回转仪应每年检验一次,其准确等级不得低于2.5级;电源计量仪应每半年校验一次,其准确等级不得低于1.0级,同时做到有记录可查。

8) 设备使用

(1) 高低压电机和电气设备的选用应符合《煤矿安全规程》的要求,与被控设备的容量相匹配,有下列情况之一者,不得评为完好设备。

①超容量,超电压等级使用。
②不符合使用范围。
③继电保护失灵,熔体选用不合格。
④隔爆磁力启动器用小喇叭嘴引出动力线。

(2) 井下隔爆型电气设备,在下井前,必须由隔爆电气设备检查员检查并出具合格证,否则一律不得评为完好设备。

9) 安全防护

(1) 机房 (硐室) 和电气设备,一切可能危及人身安全的裸露带电部分及转动部位,均须设防护罩、防护栏,并悬挂危险警告标志。

(2) 机房 (硐室)、临时配电点,应备有符合规定的防火器材。

(3) 机房 (硐室)、临时配电点,不得存放汽油、煤油、绝缘油和其他易燃物品。用过的棉纱 (破布) 应存放在盖严的专用容器内,并放置在指定地点。

10) 设备涂饰

(1) 设备表面应涂防锈漆,开关箱、接线盒等内壁应涂耐弧漆,颜色与出厂颜色一致。

(2) 设备的防护栏、油标、注油孔及油塞的外表应涂红色油漆。

(3) 设备表面脱落油漆的部位应及时补漆。

11) 设备环境

(1) 设备表面无积尘、油垢及杂物。

(2) 机房 (硐室)、临时配电点清洁卫生,无杂物、无淤泥、无积水、无滴水、无油垢,工具、备件、材料等存放在固定地点,并摆放整齐。

(3) 机房 (硐室) 通风良好,照明设施亮度合适,符合安全要求。

(二) 低压隔爆开关

1. 外观检查

(1) 外壳无变形、无开焊、无锈蚀,托架无严重变形。

(2) 操作手柄位置正确、扳动灵活,与操作轴连接牢固。

(3) 磁力启动器的按钮与手柄、壳盖的闭锁正常可靠,并有警告标志。

(4) 接地螺栓、接地线完整齐全,接地标志明显,有规定期内接地电阻试验记录。

(5) 隔爆性能符合隔爆标准,接线工艺符合规定要求。

2. 触头、隔离刀闸开关

(1) 主触头、辅助触头接触良好,接触面积不小于60%。触头接触不同期性不大于0.2 ms,触头开距11~13 mm。

(2) 触头无严重烧损。

(3) 隔离开关接触良好,插入深度不小于刀闸宽度的2/3,接触面积应不小于刀闸夹的75%。

(4) 刀闸的开合位置、动作方向与手柄严格协调一致。

3. 导线、带电螺栓、保护装置

(1) 导线绝缘无破损老化,绝缘性能良好,绝缘电阻:1140 V,不低于5 MΩ;660 V,不低于2 MΩ;330 V,不低于1 MΩ。

(2) 配线整齐、清楚,开关内部导线不得有接头。

(3) 开关露出的带电螺栓应用绝缘材料封堵好。

4. 保护装置

(1) 继电器装置动作灵敏可靠,有规定期内的试验整定合格记录。

（2）熔断管无严重烧焦痕迹，无裂纹，熔体容量选用合适。

（三）移动变电站

1. 外观检查

（1）零部件齐全、紧固。

（2）箱体及散热器无变形、无锈蚀。

（3）托撬小车无严重变形，轮组转动灵活，不松旷。

（4）箱体内、外无积尘、无积水、无水珠。

2. 变压器、开关及接线

（1）电缆连接器接触良好，接线盒不发热，在井下使用时，应采用监视型屏蔽橡套电缆。

（2）箱体内二次回路导线排列整齐，接线符合规定，瓷瓶牢固无松动现象，无裂纹、损伤、无放电痕迹。

（3）接线符合接线工艺的有关规定。

（4）变压器运行声音正常，运行温度不超过下列规定：B级绝缘，温度不超过110 ℃；F级绝缘，温度不超过125 ℃；H级绝缘，温度不超过135 ℃。

（5）开关接线连接牢固紧密，触头接触良好，无严重烧痕，隔离刀闸开关插入深度不小于刀闸宽度的2/3，三相分合闸不同期性不大于3 ms。

（6）开关操作机构动作灵活可靠，各传动轴不松旷，分、合闸位置指示正确。

3. 保护装置及绝缘、隔爆性能

（1）保护装置齐全、整定合格、灵敏可靠，温度继电器动作灵敏正确。

（2）互感器性能良好，有规定期内的测试记录。

（3）电气、机械连锁装置齐全，动作正确可靠。

（4）接地标志明显，接地装置符合规定。

（5）绝缘性能良好，绝缘电阻值符合下列要求：电压127 V，不低于0.5 MΩ；电压380 V/660 V，不低于5 MΩ；电压1140 V，不低于50 MΩ；电压6 kV，不低于200 MΩ。有规定期内的测试记录。

（6）隔爆性能符合电气隔爆标准。

（四）隔爆充电机

1. 外观检查

（1）外壳、托架及散热片无严重损伤、变形或锈蚀，外壳内无水珠。

（2）观察孔玻璃完整无损，表面清晰。

（3）交流电压表、电流表、直流电流表、电压表、电流及电压调节旋钮，齐全完整、灵敏可靠、指示正确。

2. 变压器、设备接线

（1）变压器线圈无损伤、老化，绝缘电阻符合规定：一次线圈，电压1140 V，不低于5 MΩ；660 V，不低于2 MΩ；380 V，不低于1 MΩ。二次线圈，绝缘电阻不低于0.5 MΩ。

（2）运行温度不超过60 ℃。

（3）导线连接牢固，接线端子标志清晰。

（4）电缆护套完整，无破漏现象。

(5) 充电插销合格,绝缘无损伤,触头接触良好,无损伤。

3. 保护装置及隔爆性能

(1) 过流保护装置整定合格,动作灵敏可靠,快速熔断器规格与保护整定值相符。

(2) 接地装置良好,符合接地有关标准。

(3) 设备隔爆性能符合电气设备隔爆标准。

(五) 通信信号及五小电器

1. 外观检查

(1) 零部件齐全、完整、紧固。

(2) 外壳无锈蚀、严重变形、裂纹,标志齐全清晰,壳体内无油垢、积垢或水珠,清洁卫生,螺丝紧固。

(3) 观察窗清洁、无破损。

2. 接线

(1) 接线及接线端子整齐、清洁,导线标志清晰。

(2) 插销接线装置紧密、牢固,接头接触良好。

(3) 接线嘴无裂纹、损伤;接线柱不松动,不脱扣;接地线符合有关规定。

(4) 接线装置的隔爆性能符合电气设备隔爆性能。

(5) 接线工艺符合有关规定。

3. 整体系统功能

(1) 控制、检验、监视、信号、显示系统的声、光正常。

(2) 通信系统声音清晰,音量适当。

(3) 操作灵活,动作可靠,声、光信号清晰。

(4) 工作电压、电流符合铭牌规定,无过热现象。

(5) 隔爆插销装置需符合以下规定:

①电源低于 1140 V 时,应用防止突然拔脱的徐动装置。

②电源为 1140 V 时,应用电气连锁装置。

(六) 电缆

1. 外观检查

(1) 橡套电缆护套无明显损伤。不露出芯线绝缘或屏蔽层,护套损伤伤痕深度不超过厚度的 1/2,长度不超过 20 mm 或周长的 1/3,无老化现象。

(2) 铠装电缆钢带、钢丝不松散,涂有防锈油。

(3) 电缆标志牌齐全,改变电缆直径的接线盒两端,拐弯处、分岔处及沿线 200 m 处均应悬挂标志牌,注明电缆编号、电压等级、截面面积、长度、用途等项目。

(4) 电缆接线盒零部件齐全完整,无锈蚀,密封良好,不渗油。

(5) 电缆上部无淋水(有淋水处需采取防护措施)。

2. 电缆敷设

(1) 电缆敷设应符合《煤矿安全规程》的规定。

(2) 电缆应用吊钩(卡)悬挂,橡套电缆严禁用铁丝悬挂。

(3) 电缆悬挂整齐、不交叉、不落地,应有适当弛度。在承受意外重力时,电缆能自由坠落。电缆悬挂高度应满足在矿车、电机车、装岩机等发生掉道时不被碰撞;在电缆坠落时，不致落在轨道或运载机械上。

（4）在水平或倾斜的巷道内电缆悬挂的间距不得超过 3 m，在立井井筒内不得超过 6 m。

（5）沿钻孔敷设的电缆必须绑紧在钢丝绳上，钻孔应加装套管。

（6）综采工作面的电缆，应放入电缆槽或夹板内；工作面出口电缆，应用吊梁悬挂或绑扎吊挂（单指屏蔽电缆），其不得与油管、风管、水管混吊。

3. 电缆使用

（1）不得超负荷运行电缆，接头温度不得超过 60 ℃。

（2）工作电压与电缆额定电压相符。在井下使用千伏级以上的橡套电缆时，应采用不延燃屏蔽电缆。

（3）运行中的电缆不应盘成圈或"8"字形（屏蔽电缆、采煤机电缆车的电缆除外）。

（4）井筒或巷道内的电话和信号电缆应与电力电缆分别挂在井巷的两侧，至少应距电力电缆 300 mm 以上，并挂在电力电缆的上面。在巷道内敷设的电力电缆，高压电缆应在上面；高、低电缆的间距应大于 100 mm。同等电压电缆之间的间距应不小于 50 mm。

4. 电缆连接、绝缘及接地

（1）井下使用的电缆一律采用接线盒或电缆连接器连接。

（2）接线盒、连接器的额定电压应与电缆使用的电压相符。

（3）橡套电缆接头温度不得超过电缆温度。

（4）电缆绝缘电阻应符合下列规定：6 kV 电缆，100 MΩ/km；1140 V 电缆，50 MΩ/km；600 V 电缆，10 MΩ/km。

（5）接地装置符合接地完好要求。

二、检修质量标准

（一）通用部分

1. 紧固件

（1）紧固用的螺栓、螺母、垫圈等齐全、紧固、无锈蚀。

（2）同一部位的螺母、螺栓规格一致。平垫、弹垫的规格应与螺栓直径相符，紧固用的螺栓、螺母应有防松装置。

（3）用螺栓紧固不透眼螺孔的部件，紧固后螺孔须留有大于 2 倍防松垫圈厚度的螺纹余量。螺栓拧入螺孔长度应不小于螺栓直径，铸铁、铜、铝件不应小于螺栓直径的 1.5 倍。

（4）螺母紧固后，螺栓螺纹应露出螺母 1～3 个螺距，不得在螺母下加多余垫圈，减少螺栓的伸出长度。

（5）紧固在护圈内的螺栓或螺母，其上端平面不得超过护圈高度，需用专用工具进行松、紧。

2. 隔爆性能

（1）隔爆接合面（Ⅰ类）的间隙、直径差或最小有效长度（宽度）必须符合表 7-1 的规定。

但快动式门或盖的隔爆接合面的最小有效长度须不小于 25 mm。

（2）操纵杆直径（d）与隔爆接合面长度（L）应符合表 7-2 的规定。

表7-1 Ⅰ类隔爆接合面结构参数

接合面型式	L/mm	L_1/mm	W/mm 外壳容积 V/L	
			$V \leqslant 0.1$	$V > 0.1$
平面、止口或圆筒结构	6.0	6.0	0.30	—
	12.5	8.0	0.40	0.40
	25.0	9.0	0.50	0.50
	40.0	15.0	—	0.60
带有滚动轴承的圆筒结构	6.0	—	0.40	0.40
	12.5	—	0.50	0.50
	25.0	—	0.60	0.60
	40.0	—	—	0.80

注：L 为静止隔爆接合面的最小有效长度；L_1 为螺栓通孔边缘至隔爆接合面边缘的最小有效长度；W 为静止隔爆接合面及操纵杆与杆孔隔爆接合面最大间隙或直径差。

表7-2 操纵杆直径（或圆筒直径）与隔爆接合面的长度　　　　mm

操纵杆直径	隔爆接合面长度	操纵杆直径	隔爆接合面长度
$d \leqslant 6$	$L \geqslant 6$	$d > 25$	$L \geqslant 25$
$6 < d \leqslant 25$	$L \geqslant d$		

（3）隔爆电动机轴与轴孔的隔爆接合面在正常工作状态下不应产生摩擦。用圆筒式隔爆接合面时，轴与轴孔配合的最小单边间隙须不小于 0.075 mm；用滚动轴承结构时，轴与轴孔的最大单边间隙须不大于表7-1规定 W 值的2/3。

（4）隔爆接合面的表面粗糙度不大于6.3；操纵杆的表面粗糙度不大于3.2。

（5）螺纹隔爆结构：螺纹精度不低于3级；螺距不小于0.7 mm。螺纹的最小啮合扣数、最小拧入深度应符合表7-3的规定。

表7-3 螺纹的最小啮合扣数、最小拧入深度

外壳净容积 V/L	最小拧入深度/mm	最小啮合扣数
$V \leqslant 0.1$	5.0	6
$0.1 < V \leqslant 2.0$	9.0	6
$V > 2.0$	12.5	6

（6）隔爆接合面的法兰减薄厚度应不大于原设计规定的维修余量。

（7）将隔爆接合面的缺陷或机械伤痕两侧高于无伤表面的凸起部分磨平后，不得超过下列规定：

①隔爆面上对局部出现的直径不大于1 mm、深度不大于2 mm的砂眼，在40、25、15 mm宽的隔爆面上，每平方厘米不得超过5个；10 mm宽的隔爆面上，不得超过2个。

②产生的机械伤痕,宽度与深度不大于 0.5 mm,长度应保证剩余无伤痕隔爆面有效长度不小于规定长度的 2/3。

(8) 隔爆接合面不得有锈蚀及油漆,应涂防锈油或进行磷化处理。如有锈蚀,用棉纱擦净后,留有呈青褐色氧化亚铁云状痕迹,用手摸无感觉的接合面仍算合格。

(9) 用螺栓固定的隔爆接合面,其紧固程度应以压平弹簧垫圈不松动为合格标准。

(10) 观察窗孔胶封及透明度良好,无破损、无裂纹。

(11) 引进设备的隔爆性能应符合《煤矿机电设备检修质量标准》电气设备分册的附录 5 – A ~ 5 – D 的规定。

凡不符合上述任意一条的设备,即认为其失去隔爆性能,不得评为完好设备。

3. 接线

(1) 进线嘴连接紧固,密封良好,并应符合下列规定:

①密封圈材质须用邵尔硬度为 45°~55°的橡胶制造,并按规定进行老化处理。

②接线后紧固件的紧固程度以抽拉电缆不窜动为合格标准。进线嘴压紧应有余量,进线嘴与密封圈之间应加金属垫圈。压叠式进线嘴压紧电缆后的压扁量不超过电缆直径的 10%。

③密封圈外径小于 60 mm 时,密封圈内径与电缆外径差应小于 1 mm;密封圈宽度应大于电缆外径的 0.7 倍,但必须大于 10 mm;厚度应大于电缆外径的 0.3 倍,但必须大于 4 mm(70 mm^2 的橡套电缆例外)。密封圈无破损,不得割开使用。电缆与密封圈之间不得包扎其他物体。

④低压隔爆开关引入铠装电缆时,密封圈应全部套在电缆铅皮上。

⑤电缆护套(铅皮)穿入进线嘴长度一般为 5~15 mm。如电缆粗穿不进时,可将穿入部分锉细,但护套与密封圈结合部位不得锉的过细。

⑥低压隔爆开关空间的进线嘴应用密封圈及厚度不小于 2 mm 的钢板封堵压紧。其紧固程度:螺旋式进线嘴用手拧紧为合格,压叠式进线嘴用手晃不动为合格。钢垫板应置于密封圈的外面,钢垫板直径与进线装置内径差应符合表 7 – 4 的规定。

表 7 – 4 钢垫板直径与进线装置内径差　　　　　　　　　　mm

直 径 D	进线装置内径差 $D_0 - D$	直 径 D	进线装置内径差 $D_0 - D$
$D \leq 20$	≤1	$D > 60$	≤2
$20 < D \leq 60$	≤1.5		

注:D_0 表示密封圈内径;D 表示电缆外径。

高压隔爆开关空闲的进线嘴应用与进线嘴法兰厚度、直径相符的钢垫板封堵压紧,其隔爆接合面的间隙应符合表 7 – 1 的规定。

高压隔爆开关进线盒引入铠装电缆后,应用绝缘胶灌至电缆分叉以上。

凡不符合上述规定之一者,即为失爆,不得评为完好设备。

(2) 接线装置齐全、完整、紧固,导电良好,并符合下列要求:

①绝缘座完整、无裂纹。

②接线螺栓和螺母的螺纹无损伤，无放电痕迹，接线零件齐全，有卡爪、弹簧垫等。

③接线整齐，无毛刺，卡爪不压绝缘胶皮或其他绝缘物，也不得压或接触屏蔽层。

④接线盒内导线的电气间隙和爬电距离，应符合（GB 3836.3—2000）《爆炸性气体环境用电气设备　第3部分：增安型"e"》的规定。

⑤隔爆开关的电源、负荷引入装置，不得颠倒使用。

(3) 固定电气设备接线应符合下列要求：

①设备引入（出）线的终端线头，应用"线鼻子"或过渡接头连接。

②导线连接牢固可靠，接头温度不得超过导线温度。

(4) 电缆的连接除符合《煤矿安全规程》的规定外，还应满足下列要求：

①电缆芯线的连接严密绑扎，应采用压接或焊接。连接后的接头电阻不应大于同长度芯线电阻的1.1倍，其抗拉强度不应小于原芯线抗拉强度的80%。不同材质芯线的连接应采用过渡接头，其过渡接头电阻值不应大于同长度芯线电阻值的1.3倍。

②高、低压铠装电缆终端应灌注绝缘材料，室内可采用环氧树脂干封。中间接线盒应灌注绝缘胶。

4. 安全电压

1) 高、低压电气设备的保护装置

高、低压电气设备的短路、漏电、接地等保护装置，必须符合《煤矿安全规程》《矿井保护接地装置的安装、检查、测定工作细则》《煤矿井下检漏继电器安装、运行、维护与检修细则》和《矿井低压电网短路保护装置的整定细则》的规定。

2) 短路保护计算整定要求

短路保护计算整定合格、动作灵敏可靠。

3) 漏电保护装置

漏电保护装置使用合格。

4) 接地装置

(1) 接地螺栓应符合下列标准：

①电气设备的金属外壳和铠装电缆接线盒的外接地螺栓应齐全完整，并标志"⏚"符号（运行中移动的采掘机械设备除外）。

②电气设备接线盒应设内接地螺栓，并标志"⏚"符号（电机车上的电气设备及电压36 V以下的电气设备除外）。

③外接地螺栓直径：容量小于或等于5 kW，不小于M8；容量在5~10 kW，不小于M10；容量大于10 kW，不小于M12；通信、信号、按钮、照明等小型电气设备，不小于M6。

④接地螺栓应进行电镀防锈处理。

(2) 接地线应符合下列规定：

①接主接地极的接地母线截面面积应不小于以下值：镀锌铁线，100 mm^2；扁钢，25 mm×4 mm；铜线，50 mm^2。

②电气设备外壳同接地母线或局接地极的连线、电缆接线盒两端的铠装铅皮的连接接地线，其截面面积应不小于以下值：铜线，25 mm^2；扁钢，50 mm^2（厚度不小于4 mm）；镀锌铁线，25 mm^2。

(3) 接地电阻不大于下列数值：
①100 kV·A 以上变压器（低压中性点直接接地系统），4 Ω。
②100 kV·A 以上变压器供电线路重复接地，10 Ω。
③100 kV·A 以下变压器，10 Ω。
④100 kV·A 以下变压器供电线路重复接地，30 Ω。
⑤高、低压电气设备联合接地，4 Ω。
⑥电流、电压互感器二次线圈，10 Ω。
⑦高压线路的保护网或保护线，10 Ω。
⑧井下设备，2 Ω。
⑨井下手持移动电气设备，1 Ω。

5) 闭锁装置齐全、可靠

(1) 井下供电除符合《煤矿安全规程》有关规定外，还应做到"三无、四有、两齐、三全、三坚持"。

(2) 不漏油、不漏电的规定。

①不漏油：固定接合面及阀门、油标管等不应有油迹，运动部位允许有油迹，但在擦干后 3 min 不见油，半小时不成滴；非密闭运动部件润滑油脂不得甩到其他部件和基础上。

②不漏电：网络的绝缘电阻不小于下列规定，漏电继电器正常投入运行：1140 V，60 kΩ；660 V，30 kΩ；380 V，15 kΩ；127 V，10 kΩ。

6) 电气性能检测

(1) 电气设备绝缘性能必须按《煤矿电气试验规程（试行）》规定的周期和项目进行试验，并符合标准，有记录可查。

(2) 绝缘油、新油使用前应做油质分析；运行中的油，每年进行一次简化分析；多油断路器用的油，每半年进行一次耐压试验。其他试验项目应按《煤矿电气试验规程（试行）》规定进行检测，做到有记录可查。

(3) 继电保护装置整定计算检验，每年进行一次；矿井电源的继电保护装置，每半年检验一次，并核实整定方案，做到有记录可查。

(4) 指示回转仪应每年检验一次，其准确等级不得低于 2.5 级；电源计量仪应每半年校验一次，其准确等级不得低于 1.0 级，同时做到有记录可查。

7) 设备使用

(1) 高、低压电机和电气设备的选用应符合《煤矿安全规程》的要求，与被控设备的容量相匹配，有下列情况之一者，不得评为完好设备。

①超容量、超电压等级使用。
②不符合使用范围。
③继电保护失灵，熔体选用不合格。
④隔爆磁力启动器用小喇叭嘴引出动力线。

(2) 井下隔爆型电气设备，在下井前，必须由隔爆电气设备检查员检查并出具合格证，否则一律不得评定为完好。

8) 安全防护

(1) 机房（硐室）和电气设备，一切可能危及人身安全的裸露带电部分及转动部位，均须设防护罩、防护栏，并悬挂危险警告标志。

(2) 机房（硐室）、临时配电点，应备有符合规定的防火器材。

(3) 机房（硐室）、临时配电点，不得存放汽油、煤油、绝缘油和其他易燃物品。用过的棉纱（破布）应存放在盖严的专用容器内，并放置在指定地点。

9) 设备涂饰

(1) 设备表面应涂防锈漆，开关箱、接线盒等内壁应涂耐弧漆，颜色与出厂颜色一致。

(2) 设备的防护栏、油标、注油孔及油塞等的外表应涂红色油漆。

(3) 设备表面脱落油漆的部位应及时补漆。

10) 设备环境

(1) 设备表面无积尘、油垢及杂物。

(2) 机房（硐室）清洁卫生，无杂物、无淤泥、无积水、无滴水、无油垢，工具、备件、材料等存放在固定地点，并摆放整齐。

(3) 机房（硐室）通风良好，照明设施亮度合适，符合安全要求。

11) 记录、资料

固定电气设备场所必须配备下列记录及资料：

(1) 电气系统图。

(2) 检查、修理记录，试验整定记录。

(3) 运转记录、交接班记录。

移动电气设备应有下列记录：

(1) 检查、修理记录，试验整定记录。

(2) 故障和事故记录。

(二) 矿用高压开关柜

1. 隔爆性能、接线

矿用高压开关柜隔爆性能、接线符合隔爆性能、接线的有关规定。

2. 绝缘电阻值

(1) 运行电压为 3 kV 时，不低于 150 MΩ；运行电压为 6 kV 时，不低于 250 MΩ。

(2) 有规定期内的测定记录。

(三) 高压隔爆配电装置

1. 外观检查

(1) 高压配电装置外表面应涂红色油漆。

(2) 隔爆腔的盖板设有"严禁带电开盖"的警示标牌。

(3) 防爆腔体应符合 GB 3836 系列标准规定的要求。

(4) 隔爆外壳的厚度应不低于 4 mm，焊缝采用双面焊接。

(5) 煤与瓦斯突出矿井的隔爆外壳厚度不低于 8 mm，焊缝采用双面焊接。

2. 隔爆性能及接线

(1) 隔爆面表面粗糙度及间隙应符合隔爆性能的规定。隔爆面伤痕不超限、无锈蚀，涂防锈油。

(2) 不用的接线嘴应用与法兰盘厚度相适应、表面粗糙度不大于 6.3 级的钢垫板封堵。

(3) 接线应符合相关规定。

其他按规定检查。

(四) 低压隔爆开关

1. 外观检查

(1) 外壳无变形、无开焊、无锈蚀，托架无严重变形。

(2) 操作手柄位置正确、扳动灵活，与操作轴连接可靠，无虚动作。

(3) 磁力启动器的按钮与手柄、壳盖的闭锁正常可靠，并有警告标志。

(4) 接地螺栓、接地线完整齐全，接地线标志明显，有规定期内接地电阻试验记录。

2. 隔爆性能

(1) 隔爆面应符合隔爆性能的规定。

(2) 接线应符合接线的规定。

3. 触头

(1) 主触头、辅助触头接触良好，接触面积不大于 60%。触头接触不同期性不大于 0.2 ms；触头开距、超距、初压力、终压力符合出厂规定。

(2) 触头无严重烧损。

4. 隔离开关

(1) 接触良好，插入深度不小于刀闸宽度的 2/3，接触面积不小于刀夹的 75%。

(2) 刀闸的开合位置、动作方向与手柄严格协调一致。

5. 导线、带电螺栓

(1) 导线绝缘无破损老化，绝缘性能良好。绝缘电阻：1140 V 导线，不低于 5 MΩ；660 V 导线，不低于 2 MΩ；380 V 导线，不低于 1 MΩ。

(2) 配线整齐、清楚，开关内部导线不得有接头。

(3) 开关露出的带电螺栓，应用绝缘材料封堵好。

6. 保护装置

(1) 继电保护装置动作灵敏可靠，有规定期内的试验整定合格记录。

(2) 熔断管无严重烧焦痕迹，无裂纹，熔体容量选用合适。

7. 标志

开关有明显的用途标志。

(五) 矿用变压器

1. 外观检查

(1) 零部件齐全、完整、紧固。

(2) 瓷瓶清洁，无裂纹破损，无放电痕迹。

(3) 通气孔有护圈、不堵塞，放油孔护铁完整。闸阀开闭灵活，不渗漏。

(4) 油箱、散热管及接线盒无明显变形，个别散热管变形不大于管径的 1/3。

(5) 油位计指示清晰，无油垢，油量符合油温线标志，不低于 15 ℃ 油温线。

(6) 各部位密封合格，不渗油。

(7) 运行无异响，上层油温不超过 85 ℃。

2. 接线装置

(1) 接线符合要求，接线柱无烧伤或脱扣。接线应采用"线鼻子"（接线连接装置）或过渡接头连接。

(2) 分接开关完整无损，动作可靠，指示位置正确。

3. 绝缘性能

(1) 线圈及套管的绝缘电阻在 20 ℃时不低于下列数值，并有规定期内的测定记录：6 kV, 250 MΩ; 3 kV, 150 MΩ; 660 V, 35 MΩ; 380 V, 18 MΩ。

(2) 绝缘油耐压强度不低于 20 kV, 油质合格，有规定期内的测试记录。

4. 保护装置

(1) 过电流保护动作灵敏，温度计指示正确。

(2) 接地装置符合规定。

(六) 移动变电站

1. 外观检查

(1) 零部件齐全、紧固。

(2) 箱体及散热器无变形、无锈蚀。

(3) 托撬小车无严重变形，轮组转动灵活，不松旷。

(4) 箱体内外无积尘、无积水、无水珠。

2. 接线

(1) 接线符合接线工艺的有关规定。

(2) 电缆连接器接触良好，接线盒不发热，在井下使用时，应采用监视型屏蔽橡套电缆。

(3) 箱体内二次回路导线排列整齐，符合有关规定。瓷瓶牢固无松动现象，无裂纹、损伤，无放电痕迹。

3. 变压器

(1) 线圈绝缘良好，绝缘老化程度不低于 3 级。

(2) 运行声音正常，运行温度不超过下列规定：B 级绝缘，不超过 110 ℃; F 级绝缘，不超过 125 ℃; H 级绝缘，不超过 135 ℃。

4. 开关

(1) 开关接线连接牢固紧密，触头接触良好，无严重烧痕，隔离刀闸开关插入深度不小于刀闸宽度的 2/3, 三相分合闸不同期性不大于 3 ms。

(2) 开关操作机构动作灵活可靠，各传动轴不松旷，分、合闸位置指示正确。

5. 保护装置与绝缘

(1) 保护装置齐全、整定合格，灵敏可靠，温度继电器动作灵敏正确。

(2) 互感器性能良好，有规定期内的测试记录。

(3) 电气、机械连锁装置齐全，动作正确可靠。

(4) 接地标志明显，接地装置符合规定。

(5) 绝缘性能良好，绝缘电阻值符合下列要求：电压 127 V, 不低于 0.5 MΩ; 电压 380 V、660 V, 不低于 5 MΩ; 电压 1140 V, 不低于 50 MΩ; 电压 6 kV, 不低于 200 MΩ。有规定期内的测试记录。

6. 隔爆性能

隔爆性能应符合电气隔爆标准。

(七) 电动机

1. 外观检查

(1) 螺栓、接线盒、吊环、风翅、通风网、护罩及散热片等零部件齐全、完整、紧固。

(2) 运行中无异常声音。

(3) 运行温度不超过生产厂方规定,如无规定时,可按下列规定执行:A 级绝缘的绕组,95 ℃;E 级绝缘的绕组,105 ℃;B 级绝缘的绕组,110 ℃;F 级绝缘的绕组,125 ℃;H 级绝缘的绕组,135 ℃;集电环,105 ℃;换向器,90 ℃;滑动轴承,65 ℃;滚筒轴承,75 ℃。

(4) 电动机运行中转动平稳,无明显振动,其最大振动允许值见表 7-5。

表 7-5 电动机的允许振动值

电动机转速/(r·min^{-1})	振动值/mm	
	一般电动机	隔爆型电动机
3000	0.15	0.05
1500	0.10	0.085
1000	0.13	0.10
750 及以下	0.16	0.12

(5) 绕线型、同步及直流电动机运行时火花等级不大于 1.25 级,直流电动机换向瞬间火花等级允许增大至 1.5 级。

(6) 电流不超过额定值;三相交流电动机在三相电压平衡条件下,三相电流之差与平均值之比不得差 5%。在电源电压及负载不变的条件下,电流不得波动。

(7) 接地装置符合规定。

2. 定子、转子

(1) 绕组及铁芯表面无积垢,绝缘无老化、裂纹,不松动。

(2) 鼠笼型电动机转子无开焊断条,同步电动机磁极不松动,启动铜条无开焊、裂纹,转子绕组连接牢固,无开焊、虚焊现象。

(3) 绕线及同步电动机集电环不松动、表面无严重烧痕。在碳刷架中电刷接触面积不小于 75%。刷辫、碳刷架连接牢固,电刷在碳刷架中上下灵活,间隙不大于 0.3 mm,压力均匀。

(4) 直流电动机换向器(整流子)表面无烧伤、变黑现象。云母片应低于整流片 0.5~1.5 mm,且均匀一致。换向器表面磨损沟深不超过 1 mm,径向跳动不超过换向器直径的 0.02%。电刷在碳刷架内移动灵活,压力均匀,在碳刷架中电刷接触面积不小于 75%。

(5) 换向器片与绕组焊接良好,无过热开焊现象。换向器片磨损剩余高度不得小于

表7-6的规定。

表7-6 换向器片磨损剩余高度　　　　　　　　　　　　　　　mm

换向器工作直径	极限剩余高度	换向器工作直径	极限剩余高度
≤100	2.0	250~300	4.0
100~150	2.5	300~350	4.5
150~200	3.0	350~500	5.0
200~250	3.5		

（6）定子与转子间隙：异步电动机最大间隙与最小间隙之差不得超过平均值的30%；同步电动机和直流电动机，不得超过15%。

（7）绝缘良好。温度在75 ℃时，定子绕组的绝缘电阻：电压3 kV，不低于3 MΩ；电压6 kV，不低于6 MΩ；电压700 V及以下，不低于0.53 MΩ。转子绕组，不低于0.5 MΩ。大型电动机轴承座与机座之间绝缘垫完整无损，绝缘电阻不低于0.5 MΩ。

（8）高压电动机的泄漏及交、直流耐压按《煤矿电气试验规程（试行）》进行试验，并符合要求。有规定期内的测试记录。

3. 轴承

（1）轴承不松旷、转动灵活，运行平稳无异响。滑动轴承油圈转动平稳。

（2）油质合格，油量适当，大型电动机有定期换油记录。

（3）强制水、油循环装置不阻塞，不渗漏。

4. 接线

（1）接线螺栓、引线瓷瓶、接线板无损伤裂纹，标号齐全，引线绝缘无老化破损。

（2）接线端应用"线鼻子"或过渡接头接线，接头温度不得超过导线温度。

（3）接线应符合接线的规定。

5. 隔爆性能

隔爆电动机的隔爆性能应符合隔爆性能的规定。

第二节　综采电气设备的维修要点、工艺及工艺流程

一、日常维修

综采电气设备适用于有瓦斯和煤尘爆炸危险的矿井，并能在频率为50 Hz，电压为127、380、660、1140、3300、6000 V供电系统中，用来控制矿用隔爆型电动机的启动、停止和转向。由于综采电气设备的主体为隔爆型，而控制回路有的是本质安全型，因此，应根据不同的使用要求，保持启动器随时进行就地控制、远方控制和程序控制，使其的失压、过载、断相、短路和漏电等保护功能正常，以满足供电线路和电动机的控制和保护需要。设备外壳应在正常工作和事故状态下控制可能产生的火花。为此，综采电气设备的日

常维修必须满足以下要求：

（1）电气设备的外壳应具有足够的机械强度。根据电气设备的净容积，外壳要能承受 1.5 倍的实际爆炸压力。

（2）隔爆外壳接合面应具有一定的宽度和光洁度，并有一定的允许间隙，保持外壳内部发生爆炸时，火焰经接合面间隙向外喷射散热降温，使喷出的气体温度降低至瓦斯和煤尘点燃温度以下。

（3）保证综采工作面正常供电和安全运转。当井下供电系统发生过载、短路、漏电、失压时，负荷开关、馈电开关能够自动切断电路。

二、检修工艺和设施

（1）电气清洗工艺：采用常温型多功能清洗机，配用 801 或 105 洗涤剂进行清洗。清洗时，不得破坏电动机绝缘装置。

（2）浸漆工艺：浸漆工艺一般采用普通浸漆和真空压力浸漆两种工艺。真空压力浸漆用于 F 级及 H 级绝缘电动机。采用真空压力浸漆时，要根据电动机外形尺寸，采用相匹配的真空浸漆罐，或利用电动机本身封闭隔爆外壳作为压力容器，进行真空压力浸漆。

（3）防爆面修理工艺：根据防爆面损坏程度，采用手动或机械研磨机进行研磨，使防爆面达到要求的光洁度。防爆面表面采用磷化工艺进行处理；对于防爆面锈蚀或划伤较深的表面，采用镍基合金粉末熔喷修复工艺。修好的防爆面要涂 204-1 防锈油或涂高真空硅脂进行保护。

（4）防爆面修复后，防爆机壳必须按《煤矿隔爆型电气设备外壳修理规程》的规定，进行水压试验。

（5）综采电气设备检修后，按照有关规程及标准进行电气性能试验。引进的电气设备，分别根据各国制定的有关标准进行电气试验，无标准的按照我国现行标准执行。

（6）对充有六氟化硫气体的综采电气设备的断路器（如引进的 SF6 型断路器），应设置检查断路器的气压和充气装置，气体压力保持在 0.35 MPa。当检查气体压力降到 0.25 MPa 时，必须通过专用设备，对断路器进行充气。

（7）对于引进或国产的隔离开关触头表面进行检修时，要使用干净的细布浸以苯、四氯化物或银质擦剂擦净，不得用粗砂布擦拭。擦拭后的触头要涂防锈脂。机械闭锁机构、隔离开关操作机构的轴承、凸轮、销钉等表面均需涂钼脂（Rocol M. T320）或其他防锈润滑剂。

（8）真空接触器检修后，要进行判断真空度检验或打压试验。建议使用"真空开关综合参数测试台"来判断真空管的真空度。

三、检修工艺流程

（一）解体

（1）外壳清理，检查外壳是否变形、开焊、锈蚀。

（2）旋开闭锁，打开箱体，将各插头拔出。

（3）将本体抽出。

(4) 卸下隔离开关，打开外壳。
(5) 打开接线腔。
(6) 拆除开关进出线嘴。

（二）检查修理

(1) 进行壳体检查、托架整形、内部清理，锈蚀处刷耐弧漆。
(2) 隔离开关检查：
①检查动、静触头，及时进行打磨、调整，保证接触良好，不同期性符合要求。
②检查消弧罩完好情况，检查操作机构，操作机构应灵活可靠。
(3) 断路器检查：断路器各零部件应齐全、紧固、完好、无漏气。
(4) 一次线路检查：绝缘无破损、老化，压接位置无锈蚀过热。摇测绝缘符合规定。
(5) 二次控制线检查：号码清晰、配线整齐，压接位置锈蚀变色处要进行打磨处理。
(6) 变压器检查：无过热现象，通电检测电压符合要求。
(7) 防爆面检查检修：无锈蚀、油漆现象，隔爆接合面性能符合要求，涂防锈油。
(8) 接线嘴及挡板、挡圈检查：锈蚀或不符合要求的要进行更换。
(9) 熔断器检查：熔体合适，对烧焦痕迹或有裂纹的熔断器进行更换。
(10) 显示器、PLC保护器及其他本安模块检查检修：固定牢靠、无破损，显示正确。无法处理时，必须进行更换。
(11) 各操作按钮检查：若动作不灵活，则进行更换。
(12) 配齐电源隔板，对不完好的电源隔板进行更换。
(13) 开关门轴、手把检查检修：打磨处理锈蚀部位，保证门轴、手把操作灵活。

（三）装配

(1) 操作手把隔离组装并安装固定在壳体上，以保证手把位置正确。
(2) 本体组装后，并摇至工作位置。
(3) 操作面板显示器及其他各零部件组装时，应固定牢靠。
(4) 连接一次、二次线路时，弹垫、平垫等各零部件应齐全，压接紧固。
(5) 按规定配齐各种保险。
(6) 清理、刷漆。

（四）检测试验

(1) 摇测绝缘符合要求。
(2) 检查试验各操作机构，其应灵活可靠。
(3) 检查显示器、指示灯，其应显示清楚、指示正确。
(4) 试验各保护器，其应动作正常。

第三节 综采电气设备的安装

一、一般规定

(1) 安装人员应认真学习并熟悉电气设备的装车、运输、安装和撤除方法，严格按规程规定施工，严格执行工种岗位责任制。

（2）所有电气设备必须按《煤矿电气试验规程（试行）》试验合格后，方可下井。电气设备不检修不得入井；必须进行电气设备继电保护和绝缘电阻试验，不合格者不能安装。

（3）设备下井前，要根据有关设计和现场实际需要的安装方向，按顺序事先排列好，并在运输、安装过程中不得变动。

（4）电气设备在井上、下运输过程中，应由专人监护，防止颠簸、碰撞、零件丢失。

（5）设备上的线和电缆连接要指定专人按设计图纸施工，并遵守先控制线、后动力线，先低压开关、后高压开关，最后搭接总馈电开关的作业程序。

（6）必须由熟悉设备结构和性能的另外一人检查配线和电缆连接情况，在符合设计图表和规程中的电气设备安装质量要求后，方可送电。

（7）试送电必须严格执行停送电制度，并执行"电气设备操作工技术操作规程"中的有关规定。试送电时各有关设备应设专人操作、专人监护，操作和监护人员要熟悉设备操作程序和性能。

（8）在符合操作程序、无异常的情况下，方可进行下述操作：
①检查各开关，使之处于"断开"位置。
②采区变电所相应的高爆开关试送电 3 次。
③合上综采工作面高压隔离开关。
④合上综采工作面高压负荷开关，试送电 3 次。
⑤逐条支路单机试送电，先点动，当电动机转向正确后，再试运转。
⑥联合试运转。

二、安装方法

（1）电气设备安装在专用平板车上，运至安装地点后不卸车，从里向外依次安装。

（2）用专用连杆，将电气设备车及其他有关的平板车进行连接。

（3）移动变电站列车的首尾各安装一部车载绞车，并同整列列车连为一体，作为变电站的移动和固定装置。

三、综采电气设备安装标准

（1）必须保证工作面上下顺槽满足规定的高度和宽度，地面平整干净，不得用易燃材料做支护。

（2）高压开关平板车和移动变电站要上轨道，轨道要保持水平，要保证主要供电设备水平、稳固，不得倾斜、歪曲；要与轨道固定牢靠，不得在轨道上随意移动设备。

（3）高压开关和移动变电站要离巷道墙壁至少 750 mm，以便设备进行停电、开盖检修或吊挂电缆工作。

（4）2 台高压开关要通过母线腔进行互联，若没有直接互联，则要通过矿用黑皮交联电缆互联，要保证中间短节电缆具有可靠接地保护。

（5）高压开关的瓦斯电闭锁（风电闭锁）线要通过负荷部分的小喇叭嘴引出，要保证该线沿着开关引入开关上方顶板上的电缆钩，顺入工作面内的瓦斯探头，该线在电缆钩上，悬挂在其他所有电缆的上方。

（6）高压开关的包机责任牌，悬挂在开关侧面醒目位置，距离开关顶部 250 mm。

（7）移动变电站的高压侧靠着高压开关，低压侧靠着低压馈电开关侧，要保证足够的空间，以便于两侧的检修工作。

（8）移动变电站的包机责任牌，分别悬挂在移动变电站前后两侧的高低压配电部的喇叭嘴处，距设备顶部 150 mm。

（9）低压馈电开关要按总开关、分开关的顺序依次摆放，要保证各方向有足够的间距，以便及时进行检修、移动。

（10）低压馈电开关的分开关要全部上架，铁架呈方形，距离地面 300 mm。

（11）低压开关上的包机责任牌要统一贴在显示屏下 100 mm 处，位置居中，包机责任牌内容应完整清晰，整定值要按规定及时修改完善。

（12）照明综保也应上架，与低压馈电开关呈一列摆放。

（13）带式输送机巷头 20 m 内要有足够的照明，照明灯管每隔 5 m 悬挂一盏，悬挂高度距巷道底板要大于 1.8 m，要保证纵向悬挂整齐。

（14）电缆要上钩，电缆钩定在距离地面 1.8 m 的巷道壁上，每隔 1 m 安置一个。

（15）所有设备必须安设主接地极，要在每个设备的接地极上悬挂接地极管理牌板。

（16）若巷道需布置绞车时，应将绞车布置在与电气设备相对的一侧，绞车开关要上架。

（17）各种监控设备的分线盒要悬挂在距离顶板 250 mm 处，其线路要上钩，吊在高压电缆上方。

（18）若电缆与水管等发生交叉时，电缆要吊挂在其他管路上方，与其他管路之间的距离至少 200 mm，管路截门不得与电缆磕碰。

（19）顶板上突出的锚索不能超出灯管的悬挂高度，以防运料或人员行走时发生意外。

（20）控制皮带的小型电气设备要上牌板，距离地面至少 1.4 m。

（21）带式输送机软启动等大型开关要单独放置，其旁放置备用开关。

（22）各种电气保护装置齐全、整定准确、动作灵敏可靠，接地装置应符合有关规程要求。

（23）各种操作按钮、手柄和机械闭锁装置齐全、完整、灵敏、可靠。

（24）各种仪表和信号指示装置完整无损，指示准确、清晰。

（25）控制、监视系统完好、可靠，通信系统完备，通话清晰。

（26）设备内部腔室无灰尘、积水和其他异物。

（27）防爆面无锈蚀、伤痕，并涂以适量的防锈油脂。防爆间隙符合有关规定。

（28）所有紧固件齐全、完整、无松动。

（29）设备间联络电缆的规格、长度和压接方式应符合设计要求，不得有"鸡爪子""羊尾巴"和"明接头"。所有电缆的悬挂和摆放应整齐，并符合有关规程的要求。

（30）设备上不用的电缆、喇叭嘴或插座，应按防爆安全要求进行封闭。

（31）所有电气设备，在需附加防淋水、防砸等防护设施的地点，均应有相应有效的防护设施。

（32）单机、联合试运转应符合设计要求。

四、开关电气设备安装

（一）准备工作

（1）核实整套所要安装的电气设备、电缆、五小电器的型号、规格、数量，并对其做完好检查和性能测试，严禁其失爆，严禁带隐患入井。

（2）核实移动变电站、电气开关的配电电压与各负荷电动机所需的电压及其接线方法是否相符。

（3）进行井下电气设备的安装、调试的工作人员必须持证上岗，同时要熟悉设备性能及现场供电系统。

（二）井下安装

（1）电气设备、电缆入井应使用专用平板车、电缆车；真空开关、通信控制装置、各负荷电动机要轻装轻卸，用4股8号铁丝捆绑牢靠。

（2）移动变电站、真空开关、通信装置在斜井运输时，所使用的绞车应缓慢运行，防止运输过程中发生过大的震动与摆动。

（3）泵站和移动变电站在斜巷运输时，先用8号铁丝（不少于6股）穿入设备连接螺栓孔或起吊环内，然后在平板车上用小撬棍四角绞死拉紧，再用合格的 $\phi24.5\ mm$ 钢丝绳穿过钩头，从其腰身捆绑四周，用不少于4个钢丝绳卡子卡紧，上好保险绳。

（4）电气设备接线时，接线工艺、接线质量严格执行标准，符合标准要求。

（5）移动变电站、机尾电气平台、泵站开关配电点、高压电缆接线盒必须按《煤矿安全规程》中有关要求，装设规范的接地极。

（6）各负荷开关与主控制台进行连线时，要求采煤机开关远控，刮板输送机机头、机尾开关连锁程控。破碎机、转载机、刮板输送机采用集中控制程序，采煤机左右电动机必须实行电气连锁。

（7）各电气设备安装完成后，由专业人员依据负荷情况，做好移动变电站、开关的保护整定和漏电保护的调整工作。

（8）各电气设备完工后全面清理，由分管技术员和施工负责人对重点工序进行复查。

①各电缆线路绝缘性能测试值不低于 $10\ M\Omega$。

②各配电点接地电阻值不大于 $2\ \Omega$。

③移动变电站、开关主回路、控制回路及负荷电动机的接线方式与实际电压相符。

④电流整定值与实际负荷相符。

具备了正常供电条件后，按下列顺序送电：采区变电所→移动变电站高压侧→低压侧馈电开关→真空磁力启动器，应进行逐段试送、逐段观测，上一级正常后，方可试送下一级。

第八章 综采设备常见故障及处理方法

第一节 故障诊断及处理原则

一、故障诊断及处理原则

（一）故障诊断方法

故障的状况往往是比较复杂的，设备的故障有以下特点：

（1）由于设备类型、结构、作业环境、工况条件等的不同，因而故障的类型及特征是多变的。

（2）有时同一设备存在多个故障，各故障信号在传播过程中相互干扰，使故障原因与症状的对应关系显得十分模糊。

（3）由于设备运行中的随机性，因而故障的发生和演变也有较大的随机性。

（4）有很多系统，一旦出现故障，是不能用数学模型表达，只能以经验知识为基础进行分析判断，因而给设备诊断带来一定难度。

1. 设备的综合诊断

从设备诊断的特点来看，设备的诊断包括诊断手段、分析方法和诊断层次三个方面的内容。

1）采用多种诊断手段，获得完整的状态信息

由于设备类型及其故障形式的多样性，反映设备状态的二次效应也是多样的，与之相适应的诊断手段有振动测试、油样分析、温度监测、冲击脉冲测量、超声波探伤，以及性能参数检测等。每一种诊断手段都是从不同角度揭示故障某种特性，获取有关设备某一方面的状态信息。但任何一种诊断手段，都有它的特殊作用，也都有其局限性，因此，在现场诊断时，需要根据具体情况，灵活应用各种诊断手段，如诊断滚动轴承可以采用脉冲法、振动法、温度监测、油样分析等多种手段，以便做出准确判断。

振动诊断是应用最普遍、最重要的诊断手段，然而它对低速（尤其是超低转速）设备的诊断显得不敏感，类似低速设备的诊断，还需采用其他辅助手段，如油样分析法，较适用于诊断低转速设备，用振动诊断手段，却不一定能做出确切判断。

2）采用多种分析方法，充分提取故障特征

（1）各种信号分析方法的综合运用。对设备状态信号，从多方面分析，充分提取故障特征，为确诊故障，提供充分、准确的信息，这也是综合诊断的重要内容。如对油样分析，可采用铁谱、光谱、颗粒计数和油液成分多项分析；温度检测除了直接测量温度外，

还可作热像分析。振动分析的内容更加丰富，对一个振动信号，可以从时域、频域和相域等方面进行分析，通过这种全方位、多参数、立体式的分析，可深入揭示振动的本质特征，这是提高设备确诊率的方法。

过去，对振动分析，一般只强调频率分析，频率分析作为振动分析的经典方法，在故障诊断中有着最广泛的应用。但是，它在故障诊断中的作用仍然是有限的，有时有可能造成误判，造成误判的主要因素有：

①监测的任何一个振动信号都是综合信号，所需要监测的信号常常受到各种噪声的干扰而湮没其中，因此不能获得完整清晰的频谱图像。

②有些故障对频率的反应不敏感，如转轴裂纹在萌发和扩展的初期，频谱变化反应不明显，转轴存在轴向摩擦时也存在这种情况。

③振动频率是机械故障的主要特征，但不是唯一的标志。有些零部件（如齿轮、滚动轴承），即使在没有发生故障的情况下，也有"特征频率"出现。另外，有些不同类型的故障存在着相同的频率成分，如不平衡、轴弯曲、轻度不对中，都可能激发转速频率，在缺少其他根据的情况下，频率归属难定，给准确判断故障造成困难。

④利用谱图进行对比识别，或进行定量分析，必须保证每次测量时设备运转工况绝对相同，实际上这是很难做到的。而微小的工况差异，有时会导致谱图的振动量级，甚至谱图结构出现很大的变化，使前后频谱失去可比性。由此可见，在应用频谱分析的同时，要根据具体情况，将频谱分析与其他分析方法很好地结合起来。在测量信号时，采用滤波法，用滤波器将不需要的噪声滤掉，这是提高频谱纯洁性的最简单方法。在故障诊断中最为常用而且有效的方法是将频谱分析与时域分析相结合，或将频谱分析与振动形态分析相结合，均能取得良好效果。

(2)诊断与故障机理分析相结合。故障机理又称故障机制或故障物理，在现场诊断时，应将振动诊断与故障机理分析相结合。

产生机械故障的内在因素主要有两个，一是磨损，二是疲劳。将引起故障的内在因素与具体对象相联系，进行分析，可使复杂的问题明晰起来，能够弥补振动分析的某些不足。比如，通过分析零件疲劳断口特征，有助于确定故障的性质，确定振源所在位置。

3）根据设备的具体情况，实施多层次诊断

设备诊断技术按其技术上的复杂程度和诊断准确程度，可分为4个层次，即感官诊断、简易诊断、精密诊断和专家系统。

(1)感官诊断，是凭人的感官及其长期积累起来的感性经验，对设备状态进行定性判断。即对任何一台设备进行诊断时，诊断人员到现场，通过问、看、嗅、听、摸等方法，了解设备情况，通过感官获取有关信息，做出初步的评估。感官判断的最大缺陷是缺少"量"的评估，纯粹凭感性经验分析问题，主观因素左右评判结果，可靠性差。

(2)简易诊断，它通过采用便携式仪器定量测取设备的状态参数，并在一定程度上对振动信号进行频率、波形、相位等各项分析，结合逻辑推理，对一般故障进行定性、定量和定位判断。但由于仪器功能和精度的局限性，对复杂疑难故障必须采用精密诊断，加以解决。

(3)精密诊断，采用高精度仪器，对振动信号做全面的分析处理，充分提取故障特征，对复杂疑难故障进行有效诊断，完成各种高精度测试。目前，设备诊断的最高层次是专家系统，该系统是将专家的经验知识编入计算机程序，实行自动诊断。

（4）现场诊断的情况是复杂的，每次诊断视具体情况而定。根据准确、快速这个基本要求，从经济角度考虑，凡是能用简单的方法解决的问题，就不需要用复杂的方法；凡是能通过低层次诊断可解决的问题，就不需要进行高层次诊断。有时，如果对诊断结论没有把握，为了可靠起见，则必须采用高层次诊断，加以检查验证。

2. 针对性维修

故障的产生、发展有其可遵循的普遍规律，但又有其特殊性，即任意机件的故障规律不可能适合所有的同类零件，因此必须采取针对性的维修策略，可通过对机件本身的可靠性及故障机理分析，划分维修类型。同时考虑经济性和危害程度，加以区别对待。对于故障的发生与运行时间的增长密切相关，且无法视情监控的机件，可采用定时预防维修措施；故障的发生可以参数标准进行检测预防，并有视情条件的机件采用视情维修；故障的发生不危及安全或有多重余度技术的机件，采用事后维修方式。

机件的运行状态分析预测，采用一般规律与机件的运行历史记录相结合的可校正分析方法。可校正分析方法是指对某一机件的运行状态，采用其适用的一般规律与其自身实际运行状态相结合的分析方法，利用其历史记录的数据，来修正其运行规律。该分析方法可以较好地实现对机件运行状态的预测和合理维修周期的求解。该维修策略的实现依靠计算机系统计算推理的快速性与便捷的网络管理功能。计算机信息管理系统通过在线（或离线）记录机械设备运行状态数据，监测并分析设备的运行状态，预测即将出现的故障，帮助管理人员进行信息处理及维修决策。

针对性维修制依据综合管理原则和以可靠性为中心的维修思想。其具体内容包括：推行点检制，对机械设备进行分类，有针对性地采用多种维修方式；改进计划预防维修，对实行状态监测视情维修方式；改进计划预防维修，对实行状态监测视情维修方式的机械设备采用维修类型决策，有针对性地进行项修或大修；建立一套维修和检测标准，确定工作定额；进行计算机辅助动态管理，包括建立各项决策支持系统。

3. 针对性维修实施的途径

首先收集设备的技术资料，建立分层次的设备技术数据库，该数据库是设备维修管理与决策的基础。在确定维修需求前应首先清楚其功能及相关的性能标准，确定设备的功能包括确定设备各层次单元的功能及其性能标准。设备的功能故障是指设备无法实现其设计功能或性能达不到使用标准，故障模式是指导致设备发生功能故障的原因。对每一种功能故障要列出其可能的所有故障模式。

系统故障模式危害度分析方法，是将 FMECA 分析方法与模糊数学理论相结合，对故障模式及其危害进行分析的一种故障模式及危害度分析方法。首先，将所有的故障模式依据确定性和模糊性进行分类，对属于不同类型的故障模式采用不同的分析方法：对属于确定性的故障模式采用 FMECA 方法进行分析，对属于模糊性的故障模式采用故障模式模糊分析方法（也可将确定性看作模糊性的特例）。故障模式模糊分析方法是综合利用模糊数学及可靠性理论，对故障模式及其危害度进行分析，首先确定各故障模式的隶属函数，得出模糊故障模式，然后对所有故障模式进行 Fuzzy 综合评判，确定其危害度。模糊分析方法不但可确定其危害度，而且有利于维修决策、故障诊断、监测监控等计算机控制系统功能的实现。

确定各故障模式的故障模型：对于危害度一般或轻微的故障，采用事后维修；对于危害中等的故障，采用定期维修；对于危害度致命或严重的故障，采用视情维修。计划预防维修的合理维修周期（定期维修），预定检修和报废工作取决于设备的有效寿命。定期维修可以采取计划预防维修制中的维修计划，但其维修周期须随设备运行数据积累而予以修正。视情维修决策（确定监测参数、参数变化规律，进行故障预测），要确定视情参数及其频度，确定是以实耗时间，还是以运行时间作为依据。视情维修工作由计算机检测系统自动控制部分实现，并对设备的各相关仪器进行安装、调试、编程。对于定期维修部分，需调整其维修频度，然后编程提交至计算机系统，由计算机管理系统自动安排实施。修复决策是指决定对即将导致功能故障或已经产生功能故障的故障模式采用的具体修复方法。维修信息管理决策支持系统的实现包括设备运行状态检测分析与设备管理系统的建立。

（二）故障诊断处理原则

（1）先外后里，先机后电。先处理外部故障，后处理内部故障；先处理机械故障，后处理电气故障。

（2）先听后检。先听使用者介绍使用情况和故障情况，再动手检查。

（3）主要件与次要件配合时，修复主要件，更换次要件。

（4）大零件与小零件配合时，修复长工序零件，更换短工序零件。

为保持精确度，一般对易损件大多采用更换的方法。因此，设备修理前应切实做好配件备件准备工作，否则将会影响修理质量与修理周期。

二、判断故障的程序及方法

1. 判断故障程序

根据实践经验，判断故障的程序是听、摸、看、量和综合分析。

2. 判断故障的方法

判断故障的方法是先外部，后内部；先电气，后机械；先机械，后液压；先部件，后元件。按照这一方法，层层剖析，就能比较容易、准确、迅速地判断故障点。

（1）先划清部位。首先判断故障类别，然后由此确定故障的部位。如采煤机的电气故障、机械故障及液压故障，分别与采煤机的电气部、截割部及牵引部相对应。因此，只要搞清楚故障类别，即可确定故障的大体部位。

（2）从部件到元件进行判断。确定故障点的所在部件后，再根据故障的现象，利用上述判断故障的程序和方法，在某一部件内深入检查判断，即可查找出具体的故障元件，即故障点。

第二节 综采机械设备常见故障及处理方法

一、采煤机常见故障及处理方法

（一）采煤机故障处理的一般步骤和原则

1. 采煤机故障处理的一般步骤

（1）首先，了解故障的现象和发生过程。

(2) 其次，分析引起故障的原因，判断查找出故障点。

(3) 做好排除故障的准备工作。

2. 采煤机故障处理的一般原则

在处理故障时，需根据故障现象对故障点做出正确的分析判断。对比较复杂的故障分析判断没有把握时，可以按照先简单、后复杂，先外部、后内部的原则来处理。

(二) 井下处理采煤机故障时的注意事项

(1) 排除采煤机故障时，应断开采煤机电源、隔离开关和离合器，闭锁刮板输送机，使防滑、制动装置处于工作状态；检查处理并支护好采煤机周围的顶板、煤壁，将机器周围清理干净，在机器上方挂好篷布，防止碎石掉入油池中或冒顶片帮伤人。

(2) 在处理故障过程中所需要的工具（特别是专用工具）、备件、材料必须准备充分。

(3) 判断故障时，应进行综合分析，以准确判断故障点。

(4) 应注意拆装的方法，顺序要正确。

(5) 在处理故障的过程中，应注意零部件内部要清洁、无杂质及细棉丝等。

(6) 在处理故障、安装零部件时，应注意零部件的安装方法和顺序，不要碰伤零部件的接合面、划伤密封圈，将零部件及管路连接严密牢固，无松动、渗漏。

(7) 故障处理完毕后，一定要清理现场、清点工具、检查机器中有无异物，然后盖上盖板，注入新油并排气后，进行试运转。试运转合格后，检修人员方可离开现场。

(三) 滚筒采煤机液压系统故障的分析与处理

1. 液压系统压力变化

采煤机液压系统分高压和低压两部分。高压随负载的增加而升高；低压是恒定的，负载的增加或降低对低压无影响。当采煤机的液压系统发生故障时，其压力变化有以下几种情况：

(1) 低压正常，高压降低。当负载增加时，高压反而降低，这说明液压系统有漏损，泄漏处在主油路的高压侧，应停机处理。

(2) 高压正常，低压下降。说明低压系统或补油系统有泄漏，应检查主油路的低压侧和辅助泵及补油系统。

(3) 高压下降，低压上升。说明液压系统中高、低压窜通，应检查高压安全阀、旁通阀、梭形阀是否有窜液。

2. 油液污染

(1) 油温升高。液压油混入水后，油液乳化，油的黏度降低，系统泄漏增加，油温迅速上升。

检查分析的内容：观察牵引部油箱油位是否上升，抽油样观察油是否有沉淀现象。油进水后将分解，上部是油，下部是水，这种情况应立即换油。

(2) 牵引部有异常声响。液压油混入空气后，可使液压系统产生气穴，液压泵将发出异常声响。如不及时处理将损坏液压泵。

检查分析的内容：检查过滤器是否堵塞，吸油管是否漏气，牵引部油箱液面是否太低。这些都是造成系统吸空的主要原因，发现后应及时处理。

(3) 过滤器堵塞，液压系统泄漏。液压油混入机械杂质后，将造成过滤器堵塞。如不经常清洗过滤器，机械杂质将进入液压系统，使有些液压元件受损，从而导致系统泄漏。为防止这种现象的发生，应每班检查和清洗过滤器，定期抽油样进行观察和化验分析。

（4）伺服机构动作迟缓。由于液压油被污染，造成液压元件磨损、液压系统泄漏增加，导致液压系统压力和流量降低。因此，伺服机构动作迟缓，采煤机牵引力和牵引速度降低，采煤机不能正常工作。

3. 采煤机有时牵引、有时不牵引的原因及处理方法

1）主要原因

这种情况主要是由液压油污染严重、油中机械杂质超限引起的。由于油脏，补油单向阀或整流阀（梭形阀）的阀座与阀芯之间可能存在杂质。当上述阀的阀座与阀芯之间卡入的机械杂质较小时，采煤机牵引无力；当卡入的杂质较大时，采煤机不牵引；当卡住的杂质被油液冲掉时，采煤机牵引恢复正常；当杂质再度卡在该阀芯与阀座之间时，又出现牵引无力或不牵引现象。

2）处理方法

应清洗或更换补油单向阀、整流阀，然后清洗牵引部油箱并更换新油。清洗方法是加入低黏度汽轮机油（透平油），空转30 min左右把油放掉，再加入少量规定牌号的抗磨液压油，空转约10 min再放掉。最后，按规定牌号和油量注入抗磨液压油。

4. 采煤机只能单向牵引的原因及处理方法

1）主要原因

（1）伺服变量机构的液控单向阀油路或伺服阀回油路被堵塞或卡死，回油路不通，造成采煤机无法换向。

（2）伺服变量机构由随动阀到液控单向阀或液压缸之间的油管有泄漏，造成采煤机不能换向。

（3）伺服变量机构调整不当，主液压泵摆动装置的角度不能超过零位，造成采煤机不能换向。

（4）换向或功率控制电磁阀损坏。如换向电磁阀某一边、功率控制电磁阀欠载一边的电磁铁线圈断线或接触不良等原因，造成采煤机无法换向。

2）处理方法

（1）检修好液控单向阀或伺服阀，清除堵塞的异物，必要时换油。

（2）紧固所有松动的接头，更换损坏的密封件，更换或修复漏液的油管。

（3）重新调整伺服变量机构，直至主液压泵摆动装置能灵活通过零位。

（4）修复或更换损坏的电磁阀。

5. 引起液压牵引部产生异常声响的原因及处理方法

1）主要原因

（1）主油路系统缺油。

（2）液压系统中混有空气。

（3）主油路系统有外泄漏。

（4）主液压泵或液压马达损坏。

2）处理方法

(1) 查清原因，进行处理，并补充缺油量。
(2) 查清进入空气的原因并消除故障，重新排净系统中的空气。
(3) 查清泄漏的原因及部位。紧固松动的接头，更换损坏的密封件或其他液压元件，消除泄漏。
(4) 更换泵或马达。

6. 补油热交换系统压力低或无压的原因及处理方法

1) 主要原因

(1) 油箱油位太低或油液黏度过高，油质污染，产生吸空。
(2) 过滤器堵塞。
(3) 背压阀整定值低或因系统油液不清洁，堵住了背压阀的主阀芯或先导孔。
(4) 补油系统或主管路低压侧漏损严重。
(5) 补油泵安全阀整定值低或损坏。
(6) 电动机反转。
(7) 吸油管密封损坏，管路接头松动，管路漏气或油液黏度高。
(8) 补油泵轴花键磨损过度或泵损坏。

2) 处理方法

(1) 按规定油位补加油液。当油液污染时，应及时更换新油。
(2) 按规定的周期更换或清洗滤芯。
(3) 清洗背压阀，调整其整定值或更换损坏的背压阀。
(4) 更换漏油的油管和密封件。如果是补油系统的油管漏油时，液压箱上的补油压力表的压力和背压压力就会明显下降。此时，打开液压箱上盖，就会明显看到泄漏处，特别是电动机停止或快要停转时，更为明显。
(5) 对补油泵的安全阀按要求进行整定，损坏时及时更换。
(6) 纠正电动机的转向。
(7) 拧紧松动的吸油管接头，更换密封和吸油管。
(8) 更换补油泵空心轴，泵损坏时更换新件。

7. 液压牵引部过热的原因及处理方法

1) 主要原因

(1) 冷却水流量不足或无冷却水。
(2) 冷却水系统短路、堵塞或泄漏，牵引部得不到冷却或冷却效果不好。
(3) 牵引部传动齿轮磨损超限，接触精度太低。
(4) 轴、轴承、孔座之间配合间隙不当。
(5) 油池油量过多或过少。
(6) 用油不当，油的黏度过高或过低，或油中含水、杂质过多。
(7) 牵引部液压系统有外泄漏。

2) 处理方法

(1) 将冷却水流量增大到规定值，或打开关闭的阀门，以确保水路畅通，保证供水质量与冷却效果。
(2) 查清故障部位，进行修复。

(3) 更换磨损超限的齿轮并换油，必要时更换牵引部。
(4) 更换轴、轴承，修理孔座。
(5) 调整油池到规定油量。
(6) 更换为规定品种、牌号的新油液。

8. 牵引速度慢的原因及处理方法

1) 主要原因

(1) 调速机构螺丝松、拉杆调整不正确或轴向间隙过大，调速时使主泵摆动装置摆角小。
(2) 制动器未松开，牵引阻力大。
(3) 行走机构轴承损坏严重，落道或者滑靴（轮）丢失。
(4) 主回路系统主液压泵、液压马达出现渗漏或损坏，造成主回路系统压力低、流量小。
(5) 控制压力偏低。

2) 处理方法

(1) 调整拉杆到正确位置，紧固螺丝、消除间隙，达到动作准确灵敏的要求。
(2) 接通制动器压力油源，使制动器松开。工作面倾角小于 12° 时，可以不装制动器。
(3) 确定行走部位损坏程度，若需更换应及时更换，如果是落道应及时上道，滑靴丢失也应及时安装。
(4) 修复主回路系统渗漏处或更换主液压泵、液压马达。
(5) 针对控制压力偏低的原因，进行处理修复。

9. 斜轴式轴向柱塞双向变量泵使用不久，配油盘损坏的原因及处理方法

1) 主要原因

(1) 牵引部液压系统的液压油严重污染，油中机械杂质超限，配油副产生磨损颗粒，引起配油盘磨损超限或烧坏配油盘。
(2) 牵引部液压系统的液压油中水分超限，引起油液乳化或油液氧化变质、油膜强度下降，在配油副之间出现边界摩擦，导致配油盘很快磨损超限而损坏。
(3) 牵引部液压系统油量严重不足。因油液污染和机械杂质超限，使补油元件或管路堵塞或因补油回路本身的故障，导致主油路流量不足；在液压泵配油副间出现边界摩擦，导致液压泵配油盘损坏。
(4) 用油品种不当。因油的黏度过低致使配油副之间呈现半干摩擦状态，导致配油盘很快损坏。

2) 处理方法

(1) 修复或更换配油盘，定期检查油质情况，发现油质不合格时，应及时更换。
(2) 查清引起油中有水的原因并及时排除，然后修复或更换配油盘。
(3) 查清油量不足的原因，并处理好，及时更换污染杂质超限的油液。
(4) 按规定的油品要求注油，更换损坏的配油盘。

10. 附属液压系统无流量或流量不足的原因及处理方法

1) 主要原因

(1) 油箱油位太低，调高液压泵吸不上油。
(2) 吸油过滤器堵塞，导致泵的流量太小。
(3) 液压泵损坏或泄漏量过大。
(4) 系统有外泄漏，引起流量不足。
2) 处理方法
(1) 将油加到规定的油位。
(2) 清洗或更换过滤器。
(3) 修复或更换液压泵。
(4) 修复附属液压系统泄漏处。

11. 滚筒不能调高或升降动作缓慢的原因及处理方法
1) 主要原因
(1) 调高泵损坏，泄漏量太大而流量过小。
(2) 调高液压缸损坏或上、下腔窜液。
(3) 安全阀损坏或调定值太低。
(4) 油管损坏、密封失效、接头松动引起的外泄漏，导致系统供油量不足。
(5) 液压锁损坏。
2) 处理方法
(1) 修复或更换损坏的调高泵。
(2) 修复或更换调高液压缸。
(3) 修复或更换安全阀，或将调定值调至规定要求值。
(4) 紧固接头，更换损坏油管及密封件。
(5) 更换液压锁。

12. 滚筒升起后自动下降的原因及处理方法
1) 主要原因
(1) 液压锁损坏。
(2) 调高液压缸窜液。
(3) 安全阀损坏。
(4) 管路泄漏。
2) 处理方法
(1) 修复或更换液压锁。
(2) 修复或更换调高液压缸。
(3) 更换安全阀。
(4) 紧固接头，更换损坏的密封件和其他元件。

13. 挡煤板翻转动作失灵的原因及处理方法
1) 主要原因
(1) 附属液压系统的液压泵损坏，泵无流量或流量不足。
(2) 油液污染，液压泵吸油过滤器堵塞，泵的流量太小。
(3) 液压泵安全阀压力调定值太低或安全阀损坏。
(4) 液压缸保护安全阀动作值太低或安全阀损坏。

(5) 挡煤板翻转液压缸（或液压马达）漏油或窜液。
(6) 换向阀损坏或卡死。
(7) 液压系统有外泄漏。
2) 处理方法
(1) 修复或更换液压泵。
(2) 清洗或更换滤油器，必要时更换油液。
(3) 重新将液压泵安全阀调定值调到额定压力值，或更换安全阀。
(4) 重新将液压缸安全阀动作值调到额定动作值，或更换安全阀。
(5) 修复或更换损坏的液压缸。
(6) 修复或更换损坏的换向阀。
(7) 拧紧松动的接头，更换损坏的密封、油管、接头等元件，消除泄漏故障点。

14. 采煤机降尘效果差的原因及处理方法

1) 主要原因
(1) 喷雾泵的压力、流量不能满足采煤工作面要求。
(2) 供水管路有外泄漏，引起压力、流量不足。
(3) 供水管路截止阀关闭或未全部打开，流量太小。
(4) 过滤器堵塞。
(5) 供水质量差，引起喷嘴堵塞。
(6) 喷嘴丢失未能及时补充，水呈柱状喷出。
(7) 安全阀损坏或调定值低，造成供水压力不足。

2) 处理方法
(1) 调整喷雾泵的压力、流量。
(2) 修复供水管路。
(3) 打开供水截止阀。
(4) 清洗过滤器。
(5) 改善供水质量。
(6) 及时补上丢失的喷嘴。
(7) 更换安全阀或调整安全阀压力值。

（四）滚筒采煤机机械故障的分析与处理

1. 造成截割部齿轮、轴承损坏的主要原因及防治措施

1) 主要原因
(1) 由于设备使用时间过长，有的机械零件磨损超限，甚至接近或达到疲劳极限。
(2) 由于操作不慎，使滚筒截割工作面刮板输送机铲煤板、液压支架前探梁（或护帮板），使截割部齿轮、轴承承受巨大冲击载荷。
(3) 由于缺油或润滑油不足，在有的齿轮副或轴承副之间出现边界摩擦，引起齿轮轴承很快磨损失效。

2) 防治措施
(1) 首先在地面检修采煤机时，尽可能地将磨损严重的齿轮和轴承更换成新件，并确保其安装质量，保障良好的润滑，减少磨损。

(2) 加强采煤工作面工程质量管理：设备配套尺寸要符合规定要求，推溜移架步距和端面距应符合规定要求。增强支架工、采煤机司机的工作责任心，提高操作技术，严格执行操作规程。采煤机司机要规范操作采煤机，及时掌握煤层及顶板情况，尽量避免冲击载荷。

(3) 各润滑部位要按规定加注润滑油脂，并按"四检"制的要求，及时检查、更换或补充润滑油脂。

2. 截割部减速器过热的主要原因及处理方法

1) 主要原因

(1) 用油品种不当。
(2) 油量过多或过少。
(3) 油中水分超限，或油脂变质，使油膜强度降低。
(4) 齿轮、轴承磨损超限，接触精度太低，引起摩擦发热。
(5) 截割负荷太大。
(6) 无冷却水，或冷却水流量及压力不足。
(7) 冷却器损坏或冷却水短路。

2) 处理方法

(1) 按规定的油品注油。
(2) 按规定量注油。
(3) 换油，并经常检查油质，发现不合格，应及时更换。
(4) 更换齿轮或轴承。
(5) 调节采煤机牵引速度和截深，降低负荷。
(6) 无冷却水及冷却喷雾系统不合格时不得开机，应及时修复喷雾系统。
(7) 更换冷却器，查清短路原因并修复。

(五) 电牵引采煤机电气部分故障的分析与处理

1. 启动先导回路

1) 按下"启动"按钮，整机不动作

(1) 检查启动二极管是否被击穿或断路。
(2) 检查各电机的温度保护线接点是否闭合。
(3) 检查盖板启、停按钮及其连接线。
(4) 检查进线电缆是否断线。
(5) 检查工作面顺槽开关是否正常。

2) 启动后，机组不能自保

(1) 检查 PLC 相应输出指示灯是否亮。
(2) 检查控制变压器高、低压保险是否熔断。
(3) 若通过继电器自保，检查自保继电器吸合是否正常。
(4) 检查瓦斯是否超限。
(5) 若有端头站，检查端头站是否误发"总停"信号。
(6) 检查盖板上总停按钮及其线路是否误动作。
(7) 检查变压器、截割电机是否温度超限。

2. 摇臂升降系统

1）开机后摇臂自动上升或下降

（1）检查 PLC 输入部分是否有接点粘连等现象，造成误动作。

（2）检查 PLC 输出继电器是否正常工作。

（3）检查电磁阀及其线路。

（4）检查电磁阀阀芯是否被卡住，致使不能回到中位。

（5）检查制动阀阀芯是否被卡住，致使不能回到中位。

2）摇臂上升或下降不动作

（1）检查按钮、遥控器等 PLC 输入信号是否正常，可以通过 PLC 输入指示灯来判断。

（2）检查 PLC 输出是否正常。

（3）检查电磁阀工作电源是否正常。

（4）检查液压系统压力、管路等是否正常。

（5）检查电磁阀线圈是否短路、开路。

3. 端头站、遥控器

1）端头站、遥控器不动作

（1）检查端头站 12 V 电源是否正常，遥控器电池电压是否正常。

（2）检查端头站电缆的连接头是否紧凑、牢固、可靠。

（3）检查对应的继电器回路是否工作正常。

（4）检查对应的线路是否断线。

2）端头站、遥控器误动作

（1）更换遥控器后，测试端头站是否工作正常。

（2）如更换遥控器后，端头站还不能正常工作，去掉端头站，看线路是否有粘连现象。

（3）更换备件。

4. 瓦斯断电仪、传感器

1）探头显示值不准确

可按仪器使用说明书调校。

2）开机不自保，再开机显示瓦斯超限

（1）瓦斯超限。

（2）瓦斯传感器开路或短路。

（3）如果断电仪误动作，建议更换传感器探头。

5. 电机

（1）温度接点断开，机器无法启动。

查明原因，为不影响正常生产，将其临时短接。

（2）电机 PT100 损坏。

为保证不影响正常生产，可以先用 110～120 Ω、1/8 W 电阻来代替，以及时恢复生产。

（3）条件允许时，每周对电动机进行一次绝缘测试，3300 V 电动机，用 2500 V 摇表测试；1140 V 电动机，用 1000 V 摇表测试；380 V 电动机，用 500 V 摇表测试。

(4) 对于牵引电动机摇测绝缘时,必须与变频器断开,否则会损坏变频器。

(5) 用万用表检查电动机是否缺相。

6. 变频器

1) 变频器 MOTOR STALL (7121)(可编程的故障保护功能 30.10 ~ 30.12),电机堵转

该故障属于保护性动作,引起的原因有多种:

(1) 煤壁夹矸较多,或平滑靴损坏或卡阻,采煤机负载比较大,牵引速度快,故障复位后,采煤机能够正常运行。

(2) 制动闸未打开。

①检查液压油压;根据油压,判断是电的问题还是油路问题。

②根据左右摇臂升降正常与否,判断 24 V 电源好坏。

③观察牵引时 PLC 的抱闸输出回路指示灯是否亮,如不亮,则检查电磁阀控制回路。如电磁阀有问题,应及时更换电磁阀。

(3) 扭矩轴损坏。

在采煤机运行过程中,操作人员会发现一个变频器的电流显示比较大,另一个电流显示接近空转电流(一般,空转电流约为额定电流的 20%),则需要检查机械传动部分。在牵引箱和行走箱连接为一个保护轴(也叫扭矩轴),检查该保护轴是否损坏,如果没有损坏,检查电动机齿轮轴。

2) 通信故障

(1) 当两个控制盘均显示:

ACS800 - 01 - 0070 - 3

*** FAULT ***

COMM MODULE (7510)

则可以判断是主变频器没有接到调用主用户命令,两台变频器均变为从用户宏,都在等待主变频器给它发送指令。检查 PLC 继电器输出连线到主变频器控制板 X22 端子的连线,特别是图纸中注明"调宏"的那根线。

(2) 只有一个控制盘显示:

ACS800 - 01 - 0070 - 3

*** FAULT ***

COMM MODULE (7510)

则需要检查主从通信光纤和通信模块 RDCO - 03 或 02。由于采煤机割煤过程中振动比较大,有可能通信模块 RDCO - 03 或 02 振松。如果还不能解决问题,则采取更换的方法,判断通信模块是否损坏。

3) 机器只能向一个方向牵引,无法换向

检查 PLC 到主变频器 X22 端子的连线,特别是图纸中注明"方向"的那根线。检查主变频器参数 10.03 应为 REQUEST。

4) 一开牵引机器就自动加速

(1) 一个方向自动加速。

检查 PLC 的输入,左右牵引输入指示灯是否常亮,若有一个常亮则检查相应回路;

检查 PLC 到主变频器 X22 端子的连线。

（2）左右牵引均自动加速。

观察 PLC 输入左牵、右牵时，指示灯是否常亮，若常亮，则检查是否按钮被卡死，或由左右端头站故障引起。可分步进行检查，先检查按钮是否被卡死，然后去掉左右端头站，根据具体情况检查相应回路。

检查 PLC 到主变频器 X22 端子的连线。

5）变频器常见故障

变频器常见故障见表 8-1。

表 8-1 变频器故障原因及解决方法

故障	原因	解决方法
ACS 800 TEMP（4210）	传动的 IGBT 温度过高；故障跳闸极限为 100%	1. 检查工作环境 2. 检查冷却水是否正常
COMM MODULE（7510）	通信传动单元和主机之间的周期性丢失	1. 检查电缆连接 2. 观察适配器指示灯显示情况 3. 检查主机是否可以通信
CTRL B TEMP（4110）	控制板温度高于 88 ℃	检查环境条件
DC OVERVOLT（3210）	中间电路直流电压过高，主电机跳闸标准：直流实际电压 400 V，单元为 728 V；500 V 时，单元为 877 V	1. 检查主机的静态或瞬态过压 2. 检查电机和电缆的绝缘情况
DC UNDEVOLT（3220）	中间电路直流电压过低，直流实际电压 400 V，单元为 307 V；500 V 时，单元为 425 V	检查主电源和熔断器
EARTH FAULT（2330）	电气传动单元检测到负载不平衡	1. 检查电机或电机电缆有无接地故障 2. 测量电机或电机电缆的绝缘电阻
LINE CONV（FF51）	进线侧整流单元出现故障，该故障仅出现在四象限变频器	将控制盘从电机输入侧切换到进线侧，整流单元，观察故障显示
MOTOR PHASE（FF56）	电极缺相	检查电机和电机电缆
MOTOR STALL（7121）	电机堵转，可能由于过载或电机功率不足	检查电机的负载和传动单元的额定值
NO MOT DATA（FF52）	未设定电机数据，或电机数据与变频器数据不匹配	断电，等待放电完毕，再次送电
PANEL LOSS（5300）	控制盘与 ACS800 之间的通信中断	1. 检查控制盘的连接 2. 检查控制盘连接器
PPCC LINK（5210）	连接至 INT 板的光纤出现故障	检查光纤
SHORT CIRC（2340）	1. 电机电缆或电机短路 2. 逆变单元的输出桥故障	检查电机和电机电缆
START INTERL（FF8D）	没有收到启动互锁信号	检测连接到 RMIO 板上的启动互锁电路，即 X22 端子的 8 和 11

表 8-1（续）

故　　障	原　　因	解　决　方　法
SUPPLY PHASE (3130)	中间电路的直流电压震荡	1. 检查主电源熔断器 2. 检查主电源是否平衡
USER MACRO (FFA1)	没有 User Macro（用户宏）存储或文件有错	断电，等待放电完毕，再次送电

6）四象限变频器 FF51 故障

四象限变频器出现 FF51 故障，具体故障原因及解决办法见表 8-2。

表 8-2　四象限变频器进线侧整流部分的故障原因及解决方法

故　　障	原　　因	解　决　方　法
ACS 800 TEMP (4210)	传动的 IGBT 温度过高。如果温度超过 135 ℃，报警	1. 检查环境条件 2. 检查冷却水是否正常
CHARGING FLT	充电后，直流母线欠压 PPCC LINK（DC 电压测量为零）	1. 检查充电回路 2. 检查直流回路是否有短路 3. 检查 PPCC LINK 连接
COMM MODULE (7510)	传动单元和主机之间的周期性通信丢失	检查电缆连接或更换，更换通信模块 RDCO-03 或 02
CTRL B TEMP (4110)	控制板温度高于 88 ℃	检查环境条件
DC OVERVOLT (3210)	中间电路直流电压过高，主电机跳闸标准：直流实际电压 400 V，单元为 728 V；500 V 时，单元为 877 V	1. 检查主机的静态或瞬态过压 2. 检查电机和电缆的绝缘情况
DC UNDEVOLT (3220)	中间电路的直流电压过低，直流实际电压 400 V，单元为 307 V；500 V 时，单元为 425 V	检查主电源和熔断器
EARTH FLT (2330)	LCL 滤波器、整流器、直流母线、逆变器、电机、电机电缆出现接地故障	检查 LCL 滤波器、整流器、直流母线、逆变器、电机、电机电缆是否接地或对地阻值低
MAIN CNT FLT	主接触器工作不正常，或连接松动	1. 检查主接触器控制电路连接 2. 检查数字信号 DI3 的连接
PPCC LINK (5210)	连接至 INT 板的光纤出现故障	检查光纤，检查 IGBT 是否短路
SHORT CIRC (2340)	短路故障	测量 IGBT 的电阻，检查主电路
SUPPLY PHASE	中间电路的直流电压震荡	1. 检查主电源熔断器 2. 检查主电源是否平衡

二、刮板输送机常见故障及处理方法

（一）常见故障及原因分析

1. 电动机故障及原因分析

1）电动机不能启动，或启动后缓慢停止

原因分析：负荷太大；运行部件有严重卡阻；凸凹严重；供电电压太低；变压器容量不足，启动电压降太大；开关工作不正常；机头、机尾电动机间的延时太长，造成单机拖动；电动机本身的故障。

2）电动机发热

原因分析：电机风扇吸入口和散热片不清洁，电机散热状况不好；超负荷运转时间太长；轴承缺油或损坏；电动机输出轴连接不同心，或地脚螺栓松动、振动大、机头不稳；启动过于频繁，启动电流大，熔丝（片）选用过大，电动机长时间在启动电流下工作。

3）电动机声音不正常

原因分析：单相运转，接线头不良，负荷太大，轴承损坏，片帮、冒顶等将输送机压死。

2. 减速器故障及原因分析

1）减速器外壳过热

原因分析：减速器中的注油量过多或过少，润滑油使用过久，轴承损坏或窜轴，减速器内部不清洁。

2）减速器声音不正常

原因分析：润滑油中有金属等杂物，轴承游隙过大。

3）减速器油温过高

原因分析：润滑油不合格或润滑油不干净，润滑油过多，冷却不良、散热不好。

4）减速器漏油

原因分析：密封圈损坏；减速器箱体合面不严，各轴承盖螺栓拧得不紧。

3. 刮板链故障及原因分析

1）刮板输送机断链

原因分析：装料过多，在超载情况下启动电动机。

2）链条在运行中突然被卡住

原因分析：齿轮啮合不好；轴承或齿轮过度磨损或损坏；减速器内的油量少；链条过紧；链条过松或磨损严重或两链条长短不一；两链条的链环节距不同；牵引链的连接螺栓丢失；变形链环多；工作面底板不平；回空链带料过多；井下腐蚀性水，使链条锈蚀或产生裂隙。

3）刮板输送机掉链

原因分析：机头不正，机头第二节溜板或底座不平，链轮磨损超限或咬进杂物，都可使刮板链脱出轮齿；边双链的刮板的两条链松紧不一致，刮板严重歪斜；刮板布置密度小或过度弯曲。

4）刮板输送机飘链

原因分析：输送机不平、不直，出现凹槽；刮板链太紧，把煤挤到溜槽一边。刮板链在煤上运行；缺少刮板或刮板弯曲太多；刮板链下面塞有矸石。

5）刮板链底链出槽

原因分析：刮板输送机本身不平直，上凸下凹，过度弯曲；溜槽严重磨损；两链条长短不一，造成刮板歪斜，或因刮板过度弯曲使两链条的链距缩短。

(二) 常见安全事故及原因分析

1. 机头、机尾翻翘事故

1) 机头翻翘原因分析

机头翻翘是在机头与过渡槽无连接螺栓固定,或机头无支撑压柱的条件下,刮板链同时处于下列3个情况下而发生的:向机头方向正转启动;下槽被卡阻,负载骤增;在机头出槽。

2) 机尾翻翘原因分析

机尾翻翘是在机尾无支撑柱(压柱)的条件下,刮板链同时处在下列3个条件下而发生的:向机头方向运转或启动;下槽被卡阻,负载骤增;在机尾出槽。

2. 刮板输送机夹人、伤人事故

原因分析:人在停止或运转中的溜槽内作业、开刮板输送机时,刮板输送机司机开机未发出警告信号,未通知有关人员离开输送机;用手调刮板链的办法临时处理飘链而导致夹伤。

(三) 减少故障和安全事故的对策

1. 减少故障的对策

(1) 参加安装、运转、维护与故障处理的工作人员应熟悉刮板输送机的结构、工作原理和相应的各项注意事项。

(2) 在输送机投入正式运行前,必须对机头、机尾、机身主要部件进行细致检查,确保铺设质量、所有部件符合要求;刮板链必须松紧合适,避免掉链、卡链、跳链、断链。确保溜槽中无任何阻碍运行的异物存在,所有挡、护板均到位且安全可靠。检查所有启动、控制及通信设备,确保其技术状态正常、良好。

(3) 维护人员应做好定期巡回检查和定期检修保养两项工作。维护的目的是及时处理设备运行中经常出现的不正常的状态,保证设备的正常运行。它包括采取更换一些易损件,调整紧固件和润滑注油等措施,使刮板输送机始终保持在完好的状态下运行。维护工作实际上是一种预防设备事故的发生、提高运行效率和延长设备的服务寿命的一种重要措施。通过定期巡回检查和定期检修保养,将故障处理在发生之前。

(4) 刮板输送机在运行中发生故障时,应做到正确判断、迅速处理,把故障的影响降到最低。

2. 减少安全事故的对策

(1) 关心职工的身心健康。在安全工作中应做到以人为本,注意区分不同人的能力,注意关心职工的思想、身体状况。

(2) 操作工必须经过技术培训,培训合格后上岗。

(3) 开机前应做好检查准备工作,检查巷道内有无障碍物,输送机上是否有人,电缆是否挂好,机尾压柱是否按要求打设;开机前必须发出警告信号,当确认无人妨碍正常工作时,方可开机。

(4) 操作工要坚守岗位,发现事故,及时报告和处理,保证设备的正常运行。

(5) 输送机故障及处理。

输送机故障及处理方法见表8-3。

三、液压支架常见故障及处理方法

液压支架常见故障及处理方法见表8-4。

表8-3 输送机故障及处理方法

故障现象	原因	处理方法
电动机无法启动，或启动后缓慢停转	1. 供电低压太低 2. 负荷太大 3. 开关接触有故障 4. 拉回煤过多 5. 工作面不直，凸凹严重	1. 提高供电电压 2. 减轻负荷，将上槽煤卸下一部分 3. 检查开关 4. 调整机头和转载机的位置 5. 检查排除卡阻部位
电动机发热	1. 启动过于频繁 2. 超负荷运转时间太长 3. 电动机散热状况不好，冷却水不足或不通 4. 轴承缺油或损坏	1. 减少启动次数，待各部位故障消除后再启动 2. 减轻负荷，缩短超负荷运转时间 3. 检查电动机冷却水是否畅通，调节水压达到要求值，清除电动机上的浮煤和杂物 4. 轴承加油或更换轴承
电动机有异响	1. 单相运转 2. 接线头不牢 3. 电机风叶卡 4. 螺栓松动	1. 检查单相原因 2. 检查接线柱 3. 检查风叶 4. 紧固螺栓
液力偶合器打滑，不能传递扭矩	1. 负荷太重 2. 刮板链卡住 3. 液力偶合器水少	1. 减轻负荷 2. 消除卡阻环节 3. 补充水到规定位置
液力偶合器滑差太大，温度超过允许值，易熔塞不熔化	1. 易熔合金配比不准确 2. 用其他塞体代替易熔塞	1. 更换标准易熔合金，其一般熔化温度为130° 2. 用易熔塞取代其他塞体
减速器漏油	1. 密封圈损坏 2. 上下箱体合箱面不严，各端盖压不严	1. 更换损坏的密封圈 2. 拧紧箱体及端盖螺栓，严禁在合箱面加垫物体
减速器声音不正常	1. 齿轮啮合不好 2. 齿轮磨损严重或断齿 3. 轴承磨损严重或损坏 4. 齿面有黏附物 5. 箱体内有杂物 6. 轴承游隙太大	1. 调整齿轮啮合 2. 更换齿轮 3. 更换轴承 4. 检查清除 5. 放油进行清理 6. 调整轴承游隙
减速器升温过高	1. 润滑油不干净 2. 润滑油不合格 3. 注油太多 4. 散热条件不好	1. 清洗干净，重换新油 2. 换新油 3. 放掉多余润滑油 4. 清除减速器壳上的浮煤及杂物
链轮轴组温度过高	1. 润滑油注油不足 2. 轴承损坏	1. 按要求注润滑油 2. 更换轴承

表 8-3（续）

故障现象	原因	处理方法
链子卡在链轮上	拔链器松动或损坏	紧固螺栓或更换拔链器
刮板链跳链或掉链	1. 链条卡进金属物 2. 刮板链过度松弛 3. 溜槽过度弯曲	1. 清除链条内金属物 2. 重新紧链 3. 使工作面保持直线
刮板链震动严重	1. 溜槽开脱或搭接不平 2. 刮板链预张力太大 3. 两中部槽接口之间磨出豁口	1. 对接好中部槽 2. 重新紧链 3. 更换中部槽及相应配件
刮板链掉道和上链困难	1. 刮板链过度松弛 2. 工作面不直 3. 上链器弹簧失效	1. 紧链 2. 调直工作面 3. 更换上链器弹簧
采煤机电缆在电缆槽中刮卡	1. 夹板装错 2. 螺栓松动 3. 电缆槽变形	1. 装好夹板 2. 拧紧螺栓 3. 校正电缆槽

表 8-4 液压支架常见故障及处理方法

部位	故障现象	原因	处理方法
管路系统	管路无液压，操作无动作	1. 断路阀未打开 2. 软管被堵死，油路不通，或软管被砸、挤而破裂漏液 3. 软管接头脱落或扣压不紧，接头密封件损坏，漏液 4. 进液侧过滤器被堵死，液路不通 5. 操作阀内密封损坏，高低压腔窜液	1. 打开断路阀 2. 排除堵塞物，更换损坏部分 3. 更换、检修软管 4. 更换、清洗过滤器 5. 更换、检修密封环
立柱或前梁千斤顶	供液后不伸也不降，或伸出太慢	1. 供液软管或回液软管打折、堵死 2. 管路中压力过低或泵的流量较小 3. 缸体变形，上下腔窜液 4. 活塞密封圈损坏卡死 5. 活塞杆弯曲变形卡死 6. 操作阀漏液 7. 液控单向阀顶杆密封损坏，漏液	1. 排除障碍，畅通液路 2. 检修乳化液泵站 3. 检修缸体或更换缸体 4. 更换密封圈 5. 更换活塞杆 6. 检修操作阀 7. 更换、检修液控单向阀

表 8-4（续）

部位	故障现象	原 因	处理方法
立柱或前梁千斤顶	供液时活塞杆伸出，停止供液后自动收缩	1. 操纵阀关闭太早，初撑力不够 2. 活塞密封件损坏，高低压腔窜液，失去密封性能 3. 缸体焊缝漏液或有划伤 4. 液控单向阀密封不严，阀座上有脏物卡住，或密封件损坏 5. 安全阀未调整好或密封件损坏 6. 高压软管或高压软管接头密封件损坏、漏液	1. 按操作规程操作 2. 更换密封件 3. 检修焊缝或缸体 4. 使单向阀动作进行冲洗，无效时更换或检修单向阀 5. 重新调整或更换、检修安全阀 6. 检修该部位管道
	不能卸载，或卸载后不收缩及收缩困难	1. 活塞杆或缸体弯曲变形 2. 柱内密封圈反转损坏，或相对滑动表面间被咬死 3. 液控单向阀顶杆折断，弯曲变形，或顶端变粗，使阀门打不开 4. 液控单向阀顶杆密封圈损坏，使阀体泄漏 5. 高压管路工作压力低或阻力大，使单向阀打不开 6. 回液管路截止阀未打开，或回液管路堵塞 7. 回液管路截止阀、顶杆或密封圈损坏 8. 立柱内导向套损坏	1. 更换、检修活塞缸 2. 更换密封圈 3. 更换、检修液控单向阀 4. 更换密封圈 5. 更换乳化液泵及液压管路 6. 打开截止阀或找出堵塞处，进行处理 7. 更换损坏件 8. 更换导向套
	缸体变形	1. 安全阀堵塞，缸体超载 2. 外界碰撞	1. 检修安全阀 2. 更换缸体
	导向套漏液	密封圈损坏	更换密封圈
推移千斤顶	供液后无动作或动作缓慢	1. 活塞的密封圈损坏，高低压腔窜液 2. 活塞杆弯曲变形，或焊接处断裂 3. 控制阀、交替逆止阀或液控单向阀的密封不严，或被脏物卡住或密封圈损坏 4. 进液管路压力低、阻力大，或回液管路堵塞 5. 支架、输送机靠近煤壁侧被矸石、大块煤卡住 6. 千斤顶与支架连接销或连接块折断	1. 更换密封圈 2. 更换千斤顶 3. 更换损坏件，并进行检查。如果是由外部原因引起的故障，则及时清除杂物 4. 增加乳化液泵压力，清洗或更换管路 5. 清理矸石 6. 更换连接销或连接块
	导向套漏液	密封圈损坏	更换密封圈
	邻架移架时，本架不供液的推移千斤顶随之动作	推溜回路的液控单向阀密封不严	更换密封件

表 8-4（续）

部位	故障现象	原　因	处理方法
操纵阀	手柄处于停止位置时，阀内能听到"呸呸"声响，或液压缸有缓慢动作	1. 阀座等零件密封不好 2. 密封圈弹簧损坏 3. 阀内被脏物卡住	1. 更换密封圈 2. 更换密封圈或弹簧 3. 先使操纵阀动作几次，如无效，须更换操纵阀
	手柄打到任一动作位置时，阀内声音较大，但液压缸动作缓慢或无动作	操纵阀高低压腔窜液	更换操纵阀的密封圈
	操纵阀手柄周围漏液	阀盖螺钉松动，密封不严或密封圈损坏	拧紧螺钉，更换密封圈
	手柄转动费力	1. 滚珠轴承损坏 2. 转子尾部变形 3. 卸压孔堵塞	1. 更换滚珠轴承 2. 更换、检修转子 3. 清洗或疏通卸压孔
安全阀	达不到额定压力就开启	1. 未按额定压力调整，或弹簧疲劳 2. 阀垫损坏或有脏物卡住，密封不严	1. 重新调定，更换弹簧 2. 去除脏物，重新密封
	降到关闭压力时，不能及时关闭，立柱继续降缩	1. 内部有卡阻现象，或密封面被粘住 2. 弹簧损坏	1. 检修安全阀 2. 更换弹簧
液控单向阀	阀门打不开，使立柱不能收缩	阀内顶杆折断、弯曲变形或顶端收缩	更换单向阀
	渗液引起立柱自动下降	弹簧疲劳或顶杆歪斜，损坏阀座	更换弹簧及阀座
侧压阀	侧压阀滚花螺母打开时，漏液严重，立柱随之下缩	1. 钢球和阀座密封件之间的密封面损坏 2. 阀座上有脏物附着	1. 更换密封圈 2. 检修阀座，清除脏物

四、转载机常见故障及处理方法

转载机常见故障及处理方法见表 8-5。

表 8-5　转载机常见故障及处理方法

故　障	原　因	处理方法
电动机无法启动，或启动后缓慢停止	1. 负荷过大 2. 电路有故障 3. 电压下降 4. 继电器有故障 5. 操作程序不正确	1. 减轻负荷，将上槽煤卸掉一部分 2. 检查电路 3. 检查电压 4. 检查过载保护继电器 5. 检查操作程序
电动机及端部轴承部位发热	1. 超负荷运转时间过长 2. 电动机风扇吸入口和散热片不清洁 3. 循环冷却水路不通畅 4. 轴承缺油或损坏	1. 减轻负荷，缩短超负荷运行时间 2. 清理风扇入口和散热片 3. 检查冷却水是否干净 4. 注油，检查轴承是否损坏

表 8-5（续）

故障	原因	处理方法
电动机声音不正常	1. 缺相运转 2. 接线头不好	1. 检查缺相运转原因 2. 检查线路
刮板链突然被卡住	1. 转载机上有异物 2. 刮板链跳到槽帮外	1. 清理异物 2. 处理跳出的刮板链
刮板链被卡住，其向前、向后只能开动很短的距离	转载机超载或底链被回煤卡住	1. 根据情况，卸掉上槽煤 2. 清理底槽煤 3. 检查机头处卸载情况
液力偶合器严重打滑	1. 液力偶合器注液量不足或漏液 2. 转载机严重超载 3. 刮板链被卡住 4. 紧链器处于工作位置	1. 按规定补足工作液体 2. 卸掉一部分煤 3. 处理被卡部位 4. 将紧链器手柄扳到非工作位置
减速器有异常声响，箱体温度过高	1. 齿轮啮合不正常 2. 齿轮或轴承过度磨损或损坏 3. 润滑油变质或油量不符合要求 4. 轴承轴向游隙过大 5. 减速箱内有金属杂物	1. 重新调整 2. 更换已损坏的齿轮或轴承 3. 按规定更换润滑油或注油 4. 调整好轴承轴向游隙量 5. 清理减速箱内杂物
链子卡在链轮上	拨链器损坏	更换新的拨链器
刮板链在链轮处"跳牙"	1. 刮板链过松 2. 连接环装反或链条拧成麻花形 3. 刮板严重变形 4. 链轮轮齿磨损严重 5. 两条链的长度或伸长量不相等，或环数不同	1. 重新紧链 2. 重新正确安装 3. 更换刮板 4. 更换链轮 5. 检查圆环链长度，即伸长量，如不合格，应将双股链同时更换
刮板链跳出中部槽	1. 转载机机身不直 2. 刮板链过松 3. 中部槽损坏	1. 调直转载机机身 2. 重新紧链，缩短链条 3. 更换被损坏的中部槽
断链	刮板链被异物卡住	清除异物并连接断链
机尾滚筒不转或发热严重	1. 机尾架变形，滚筒歪斜 2. 轴承损坏 3. 密封损坏，润滑油太脏 4. 油量不足	1. 矫正或更换机尾架 2. 更换轴承 3. 更换密封，清洗轴承并换油 4. 补足润滑油
桥身悬拱部分有明显下降	1. 连接螺栓松动或脱落 2. 连接挡板焊缝开裂	1. 拧紧或补足螺栓 2. 更换连接挡板
泵压突然升高	1. 泵用安全阀失灵 2. 卸载阀/先导阀或主阀不动作 3. 系统中的故障	1. 修复或更换安全阀 2. 修复或更换相应阀门 3. 检查系统故障，并加以排除

表 8-5（续）

故　　障	原　　因	处 理 方 法
滑块处漏油严重	1. 缸体拉毛 2. 活塞环失效	1. 更换泵体 2. 更换活塞环
液箱前后液位差太大	过滤网被污物堵死	清洗过滤网

五、可伸缩带式输送机常见故障及处理方法

（一）带式输送机运行时输送带跑偏

为解决这类故障，重点要注意输送带安装的尺寸精度与带式输送机的日常维护保养。输送带跑偏的原因有多种，需根据不同的原因，加以区别处理。

1. 调整承载托辊组

带式输送机的输送带在整个输送机的中部跑偏时，可调整托辊组的位置来调整输送带；在制造时托辊组的两侧安装孔都加工成长孔，以便进行调整。调整承载托辊组具体方法是输送带偏向一侧，托辊组的那一侧就朝输送带前进方向前移，或另外一侧后移。

2. 安装调心托辊组

调心托辊组有多种类型，如中间转轴式、四连杆式、立辊式等，其调心原理是采用阻挡或托辊在水平面内转动阻挡，或产生横向推力使输送带自动向心，达到调整输送带跑偏的目的。一般在带式输送机总长度较短时或输送带输送机双向运行时采用该方法较为合适，因为较短的带式输送机更容易跑偏，并且不容易调整。而长带式输送机最好不采用该方法，因为调心托辊组的使用会对输送带的使用寿命产生一定的影响。

3. 调整驱动滚筒与改向滚筒的位置

驱动滚筒与改向滚筒的调整是输送带跑偏调整的重要环节。因为一条带式输送机至少有 2~5 个滚筒，所有滚筒的安装位置必须垂直于带式输送机长度方向的中心线，若偏斜过大必然发生跑偏。其调整方法与调整托辊组类似。对于头部滚筒如输送带向滚筒的右侧跑偏，则右侧的轴承座应向前移动，输送带向滚筒的左侧跑偏，则左侧的轴承座应向前移动，相对应的也可将左侧轴承座后移或右侧轴承座后移。尾部滚筒的调整方法与头部滚筒相反。经过反复调整，直到调到较为理想的位置。

4. 输送带张紧处的调整

输送带张紧处的调整是带式输送机跑偏调整的一个非常重要的环节。重锤张紧处上部的两个改向滚筒，除应垂直于输送带长度方向以外，还应垂直于重力垂线，即保证其轴中心线水平。使用螺旋张紧或液压缸张紧时，张紧滚筒的两个轴承座应同时平移，以保证滚筒轴线与输送带纵向方向垂直。具体的输送带跑偏的调整方法与尾部滚筒调整类似。

5. 转载点处落料位置对输送带跑偏的影响

转载点处物料的落料位置对输送带的跑偏有非常大的影响，尤其两条带式输送机在水平面的投影相垂直时，影响更大。通常应考虑转载点处上下两条带式输送机的相对高度：相对高度越低，物料的水平速度分量越大。对下层输送带的侧向冲击也越大。同时物料也很难处于输送带中间位置，使在输送带横断面上的物料偏斜，最终导致输送带跑偏。如果

物料偏到右侧，则输送带向左侧跑偏，反之亦然。在带式输送机设计时，应尽可能加大两条输送机的相对高度。在受空间限制的移动散料输送机械的上下漏斗、导料槽等部件的形式与尺寸，设计时更应认真考虑。一般导料槽的宽度应为输送带宽度的 2/3 左右比较合适。为减少或避免输送带跑偏，可增加挡料板阻挡物料，改变物料的下落方向和位置。

6. 对双向运行的带式输送机跑偏调整

对双向运行的带式输送机跑偏调整，比对单向带式输送机跑偏的调整相对要困难得多。在具体调整时，应先调整某一个方向，然后调整另外一个方向。调整时，要仔细观察输送带运动方向与跑偏趋势的关系，逐个进行调整。重点应放在对驱动滚筒和改向滚筒的调整上，其次是对托辊的调整与物料的落料点的调整。还应注意输送带在做硫化接头时，应使输送带断面长度方向上的受力均匀。在采用导链牵引时，输送带两侧的受力应尽可能相等。

（二）带式输送机撒料的处理

预防带式输送机撒料，重点要加强带式输送机日常的维护与保养。

1. 转载点处的撒料

转载点处撒料主要发生在落料斗、导料槽等处。如带式输送机过载严重，带式输送机的导料槽挡料橡胶裙板损坏，导料槽处钢板设计时，距输送带较远、橡胶裙板较长，使物料冲出导料槽。上述情况可对运送能力加以控制，加强转载点处设备的维护保养。

2. 凹段输送带悬空时的撒料

当输送带凹段曲率半径较小时会使输送带产生悬空，此时输送带成槽情况发生变化，因为输送带已经离开槽形托辊组，一般槽角变小，使部分物料撒出来。因此，在设计阶段应尽可能地采用较大的凹段曲率半径，以避免此类情况的发生。

3. 输送带跑偏时的撒料

输送带跑偏时的撒料，是因为输送机在运行时输送带两个边缘高度发生变化，一边高、一边低，物料从低的一边撒出。处理的方法是调整输送带。

（三）带式输送机的常见问题及解决方法

1. 异常噪声

带式输送机运行时，其驱动装置、驱动滚筒、改向滚筒及托辊组在不正常工作时，会发出异常的噪声。根据异常噪声，可判断设备的故障原因。

2. 托辊严重偏心时产生的噪声

带式输送机运行时，托辊常会产生异常噪声，并伴有周期性的振动，尤其是回程托辊，因其长度较大、自重大、噪声也比较大。产生噪声的原因：一是，制造托辊的无缝钢管壁厚不均匀，产生的离心力较大；二是，在加工轴承时两端轴承孔中心与外圆圆心偏差较大，使离心力过大。在轴承不损坏并允许噪声存在的情况下，托辊可继续使用。

3. 联轴器两轴不同心时产生的噪声

在驱动装置的高速端电机与减速机之间的联轴器，或带制动轮的联轴器处发出的异常噪声，这种噪声也伴有与电机转动频率相同的振动。产生这种噪声时，应及时对减速机的位置进行调整，以免减速机输入轴产生断裂。

4. 改向滚筒与驱动滚筒产生的异常噪声

改向滚筒与驱动滚筒正常工作时噪声很小。产生异常噪声一般是由于轴承损坏，轴承座处发出咯咯响声,此时应更换轴承。

5. 减速器断轴

减速器断轴发生在减速机高速轴上,最常见的断轴发生在采用的减速器第一级为垂直伞齿轮轴的高速轴上。发生断轴原因分析及预防、处理方法如下:

1) 减速器高速轴设计强度不够

减速器高速轴设计强度不够,一般发生在轴肩处。由于该处有过渡圆角,极易发生疲劳损坏。如圆角过小,会使减速器在较短的时间内产生断轴,断轴后的断口通常比较平齐。发生这种情况,应及时更换减速器或修改减速器的设计。

2) 高速轴不同心

电动机轴与减速器高速轴不同心,会使减速器输入轴增加径向载荷,加大输入轴上的弯矩,长期运转会发生断轴现象。在安装与维修电动机轴、减速器高速轴时应仔细调整它们的位置,保证两轴同心。在大多数情况下电动机轴不会发生断轴,这是因为电动机轴的材料一般是45号钢材,电动机轴比较粗,应力集中不明显,所以电动机轴通常不会发生断裂。

3) 双电动机驱动情况下产生的断轴

双电动机驱动是在同一个驱动滚筒上装有两台减速器和两台电动机。在减速器高速轴设计或选用过载余量较小时,容易发生断轴现象。过去由于带式输送机驱动不采用液力偶合器,此类断轴情况较易发生,因为两台电动机在启动与运行时速度同步和受力均衡难以保证。现在,大多数已采用液力偶合器驱动的减速器,因此断轴现象较少发生。但在使用时应注意不可向液力偶合器加油过多,以使其具备有限力矩,延长液力偶合器的使用寿命。

6. 输送带的使用寿命较短

输送带的使用寿命与输送带的使用状况、输送带的质量有关。带式输送机在运行时应保证清扫器可靠好用,回程输送带上应无物料。若无法保证,就会发生回程输送带上的物料随回程输送带进入驱动滚筒或改向滚筒,输送带会被物料硌坏,并会损坏滚筒表面的硫化橡胶层。在输送带上会出现破口,降低输送带的使用寿命。在选定某一型号输送带后,还应考核其制造质量。国家有专门的质量鉴定机构对输送带进行检验,常规的检查方法为外观检查法,即查看是否存在龟裂、老化的情况,制造后存放的时间是否过长。若发生上述情况,则不应采购。

7. 凸凹段曲率半径对带式输送机的影响

1) 凸段输送带横截面中部起拱

带式输送机的凸段输送带经常在输送带断面方向上中部起拱,即中部凸起,并会使输送带打折,输送带叠起后在进入改向滚筒或驱动滚筒区间后,会使输送带的损坏程度加剧。起拱与打折的主要原因是在输送带横断面上中部和外侧的单位长度上的拉力值相差过大,使输送带滑到中部,形成起拱或打折。单位长度上的拉力值差和凸段曲率半径、托辊槽角有关:槽角越大,凸段曲率半径越小,起拱与打折越严重。当带式输送机的槽角达到大于或等于40°时,即使在带式输送机直线段的头部或尾部的托辊槽角过渡区间,也能发生起拱和打折,此时应减小槽角或加长过渡区间长度,使输送带槽角缓慢过渡。对于凸段带式输送机,应尽可能地增大凸段曲率半径;在满足输送能力的前提下,应减小托辊槽角。

2）凸段输送带卡入平辊与斜辊之间

输送带卡入托辊组的平辊和斜辊之间的情况，一般发生在移动式上料运输机械上。如装煤机、堆取料机。这类设备的悬臂梁根部位置在悬臂下俯时容易发生输送带卡入现象。此时，相当于输送带出现了凸段，由于受几何位置尺寸的限制，很难做到过渡凸段曲率半径所要求的尺寸。在输送带位于悬臂根部处，若仅经过 1~2 组托辊组形成凸段时就会发生输送带卡入托辊组的平辊和斜辊之间的现象。解决的方法是将卡入处由原来的 1~2 组托辊组形成的凸段，改为 4~5 组或更多组。例如，带式输送机的后部为水平布置，前部悬臂下俯 12°，凸段的变化角是 12°；若采用 5 组托辊组过渡，过渡托辊组处的输送带每弯折一次，角度变化为 2°，刚好弯折 6 次，达到下俯 12°。修改后不会发生输送带卡入托辊组的平辊和斜辊之间的现象。变化角度位置的过渡处托辊架底座，可采用四连杆或随动架等方法进行设计。

8. 输送带打滑

1）重锤张紧带式输送机的输送带打滑

可添加配重来解决使用重锤张紧装置的带式输送机输送带打滑问题。添加配重，直到输送带不打滑为止，但不应添加过多，以免输送带承受不必要的过大张力，降低输送带的使用寿命。

2）螺旋张紧或液压张紧带式输送机打滑

使用螺旋张紧或液压张紧的带式输送机出现打滑时，可调整张紧行程来增大张紧力。但是，有时张紧行程不够，会出现输送带永久性变形，这时可将输送带截去一段，重新进行硫化。

六、乳化液泵站常见故障及处理

1. 启动后无压力

1）故障原因

（1）压力表开关未打开。

（2）手动卸载阀未关闭或阀面泄漏。

（3）卸载阀主阀卡住，落不下。

2）故障排除方法

（1）打开压力表开关。

（2）拧紧手动卸载阀，检查阀面，清除杂物。

（3）检查清洗主阀。

2. 压力脉动大、流量不足，甚至管道振动、噪声严重

1）故障原因

（1）泵柱塞腔吸液腔的空气未排尽。

（2）柱塞密封损坏，排液、漏液吸液时进气。

（3）吸液过滤器堵塞。

（4）吸液软管过细、过长。

（5）吸排液阀动作不灵，密封不好。

(6) 进、排液阀弹簧断裂。

2) 故障排除方法

(1) 拧松泵放气螺钉,放尽空气。

(2) 检查柱塞密封,修复或更换密封。

(3) 清洗过滤器。

(4) 调换吸液软管。

(5) 检查阀组,清除杂物,使阀组动作灵敏、密封可靠。

(6) 更换弹簧。

3. 柱塞密封处泄漏严重

1) 故障原因

(1) 密封圈磨损或损坏。

(2) 柱塞表面有严重划伤、拉毛。

2) 故障排除方法

(1) 压紧密封圈。

(2) 更换密封圈。

(3) 更换或修磨柱塞。

4. 泵运转噪声大、有撞击声

1) 故障原因

(1) 滑块压紧螺套松动。

(2) 泵内有杂物。

(3) 联轴器有噪声,电动机、泵轴线不同轴。

2) 故障排除方法

(1) 拧紧压紧螺套。

(2) 更换轴瓦。

(3) 清除杂物。

(4) 检查联轴器,调整电动机,使泵轴线同轴。

5. 箱体温度过高

1) 故障原因

(1) 润滑油不足或过多,润滑油牌号不符合要求。

(2) 润滑油太脏,轴瓦损坏或曲轴拉毛。

2) 故障排除方法

(1) 加油或清洗油池,换油。

(2) 修理曲轴,修刮或更换轴瓦。

6. 泵压力突然升高,超过卸载阀调定压力或安全阀调定压力

1) 故障原因

(1) 安全阀失灵。

(2) 卸载阀主阀芯卡住不动作,或阻尼孔堵塞。

2) 故障排除方法

(1) 检查调整或更换安全阀。

(2) 检查、清洗卸载阀。

第三节　综采电气设备常见故障及处理方法

一、千伏级矿用隔爆型移动变电站

千伏级矿用隔爆型移动变电站常见故障及处理方法，见表8-6。

表8-6　千伏级矿用隔爆型移动变电站常见故障及处理方法

部位	故障现象	故障原因	处理方法
高压负荷开关	高压负荷开关合闸后送不上高压电	1. 熔断器损坏 2. 按钮未压到位 3. 急停按钮不弹回 4. 监视线、地线未接通，使移动变电站上级电源不能合闸 5. 上级电源本身有故障	1. 修理或更换 2. 调整按钮护框上的压钉 3. 检查急停按钮 4. 检查监视线和地线 5. 检查和修理上级配电装置
	高压负荷开关内有放电现象	1. 高压负荷开关的引出电缆有煤尘或老化 2. 高压负荷开关受潮	1. 检修引出电缆，清扫煤尘，并使其保持一定距离，以防爬电 2. 检修或更换负荷开关
	高压负荷开关不能合闸	高压负荷开关的操作机构有故障	检修高压负荷开关的操作机构
干式变压器	温度过高或局部过热	1. 过负荷运行 2. 线圈绝缘不好或破坏，引起局部漏电、匝间短路 3. 铁芯损耗增大	1. 检查负荷情况，并予以调整 2. 修理破损处 3. 修理铁芯
	产生不正常声音或声音大	1. 铁芯固定螺栓松动 2. 线圈与压装螺钉之间松动	1. 紧固螺栓 2. 紧固螺钉，压紧线圈
	绝缘电阻低	潮气入侵，使变压器机身受潮	烘烤变压器机身或空载送电驱潮
	外壳有电	1. 套臂或瓷瓶不好 2. 引线绝缘损坏或与外壳接触 3. 低压线圈对铁芯漏电	1. 更换或去污 2. 查明原因，予以排除 3. 检修漏电部分
低压馈电开关	隔离开关合闸后，指示灯不亮，馈电开关不能合闸	1. 保险丝断 2. 通向电源变压器的线未接通 3. 电源变压器有故障	1. 更换保险丝 2. 检查通向电源变压器的接线 3. 检修电源变压器
	按复位按钮，漏电状态信号灯绿灯亮，但馈电开关不能合闸	1. 高压负荷开关操作手柄未放回原位，或手柄螺钉未压到位 2. 高低压联锁按钮接触不良 3. 半导体脱扣器线圈断线 4. 高低压联锁线未接通	1. 将高压负荷开关操作手柄放回原位，或调整手柄螺钉，使之压到位 2. 更换按钮 3. 更换脱扣器线圈 4. 检查通向高低压联锁按钮的线

表 8-6（续）

部位	故 障 现 象	故 障 原 因	处 理 方 法
低压馈电开关	隔离开关合闸后，漏电状态信号灯红灯亮，馈电开关不能合闸	1. 馈电开关本身有漏电故障 2. 网路线路绝缘太低	1. 检查馈电开关，排除漏电故障 2. 分段检查，处理绝缘不良的线路
	指示灯不亮	1. 灯泡损坏 2. 供电线路断路	1. 更换灯泡 2. 检修供电线路
	按试验按钮，馈电开关不跳闸	1. 接地电阻未接通 2. 辅助接地极未接好 3. 试验按钮本身故障 4. 检漏继电器本身故障	1. 检查接地，并接通 2. 检查辅助接地极，并接好 3. 拆开按钮，检查或更换 4. 检修检漏继电器
	运行中馈电开关跳闸，馈电开关信号灯红灯亮	短路引起跳闸	检查网路短路点，并予以排除
	运行中馈电开关跳闸，漏电状态信号灯绿灯亮，馈电开关信号灯黄灯亮	1. 过载引起馈电开关跳闸 2. 过载保护调整不当	1. 减少负载 2. 重新调整过载保护
	运行中跳闸，馈电开关信号灯红灯亮，漏电信号灯红灯亮	漏电和短路几乎同时发生	检查网路短路和漏电原因，排除后送电
	调整补偿后，松开补偿按钮，馈电开关跳闸	1. 继电器工作线圈的并联电容失效 2. 漏电继电器本身故障	1. 更换电容 2. 检修漏电继电器
	起动或操作大型电动机或设备时，馈电开关跳闸	1. 网路对地电容的增加，引起漏电保护单元误动作 2. 短路电流整定太小 3. 电容失效	1. 调整漏电单元，测量桥臂电阻的并联电容 2. 重新整定短路电流 3. 更换电容

二、DKZB-400/1140V 矿用隔爆型真空馈电开关

DKZB-400/1140V 矿用隔爆型真空馈电开关常见故障及处理方法，见表 8-7。

表 8-7　DKZB-400/1140V 矿用隔爆型真空馈电开关常见故障及处理方法

故 障 现 象	故 障 原 因	处 理 方 法
指示灯不亮	1. 灯泡松动或损坏 2. 熔断器熔断	1. 拧紧或更换 2. 更换熔断器熔芯
馈电开关不能合闸	1. 开关跳闸后未复位 2. 真空管漏气，继电器动作 3. 试验开关误打至过载或短路位置 4. 失压脱扣线圈连线松动或脱落 5. 合闸机构工作不正常 6. 外电路有漏电故障，外配漏电继电器动作闭锁	1. 开关复位 2. 更换真空管 3. 将试验开关打到中间位置 4. 接好连线 5. 修理、调整合闸机构 6. 检查并处理漏电故障，然后解除闭锁

表8-7（续）

故障现象	故障原因	处理方法
馈电开关合闸后即跳闸	1. 外电路有短路故障，保护装置动作 2. 辅助接点滞后或断开 3. 保护插件损坏	1. 检查、处理电路故障 2. 调整辅助接点，使之先动作 3. 更换插件
馈电开关试验时振动	1. 试验开关触点接触不良 2. 保护插件损坏	1. 修理、调整触点 2. 更换插件

三、DQZBH-300/1140V 矿用隔爆兼本质安全型真空磁力启动器

DQZBH-300/1140V 矿用隔爆兼本质安全型真空磁力启动器常见故障及处理方法，见表8-8。

表8-8　DQZBH-300/1140V 矿用隔爆兼本质安全型真空磁力启动器常见故障及处理方法

故障现象	故障原因	处理方法
电源指示灯不亮，启动器不吸合	1. 熔断器熔断 2. 电源组件（DSZ）损坏	1. 更换熔断器熔芯 2. 更换电源组件（DSZ）
电源指示灯亮，启动器不吸合	1. 漏电闭锁组件（LDZ）损坏，先导回路无电 2. 继电器的接点不通，线圈无电	1. 更换漏电闭锁组件 2. 更换继电器
启动后不能自保	1. 外接按钮连线有误 2. 先导组件自保回路不通	1. 检查线路，正确连接 2. 可短接自保回路有关接点进行检查，找到问题并处理
过流检查保护不动作，漏电检查保护不动作	1. 启动器保护组件（BHZ组件）损坏 2. 漏电闭锁组件（LDZ）损坏	1. 更换保护（BHZ）组件 2. 更换漏电闭锁组件
程控工作不正常	继电器动作不正常	更换继电器
断相保护误动作，漏气闭锁误动作	启动器信号整定组件（XZZ）或保护组件（BHZ）损坏，拉力继电器损坏或接点没有拉开	更换 XZZ 或 BHZ 组件，更换拉力继电器或调整接点

四、QZBH—200/1140V 矿用隔爆兼本质安全型真空磁力启动器

QZBH-200/1140V 矿用隔爆兼本质安全型真空磁力启动器的常见故障及处理方法，见表8-9。

表8-9 QZBH-200/1140V矿用隔爆兼本质安全型真空磁力启动器的常见故障及处理方法

故障现象	故障原因	处理方法
启动器不能起动，电源指示灯不亮	熔断器熔断	更换熔断器熔芯
启动器不能起动，电源指示灯亮，运行指示灯不亮	1. 先导插件（XD）有故障 2. 中间继电器损坏 3. 继电器接点不通 4. 电子保护插件（DBH）有故障	1. 更换XD插件 2. 更换中间继电器 3. 修理、调整接点，或更换XD插件 4. 修理或更换保护插件（DBH）
启动器不能起动，运行指示灯亮	1. 熔断器熔断 2. 交流接触器（CJZ）线圈损坏 3. 继电器接点不通	1. 更换熔断器熔芯 2. 更换CJZ线圈 3. 修理、调整继电器接点
启动后不能自保	1. 外接连线有误 2. 接触器（CJZ）辅助触点不通	1. 检查并正确连线 2. 修理、调整辅助触点
程控和联控工作不正常	继电器工作不正常	更换保护插件（DBH）
保护全部不起作用	1. 汇流线开路 2. 继电器的开关三极管被击穿	1. 接通汇流线 2. 更换保护插件（DBH）
某一保护动作不起作用	1. 相应的发光二极管损坏，或引线开路 2. 相应的保护电路损坏	1. 更换同型号发光二极管，或接好引线 2. 更换保护插件（DBH）

五、QZBH-160/1140V 矿用隔爆兼本质安全型可逆真空磁力启动器

QZBH-160/1140V矿用隔爆兼本质安全型可逆真空磁力启动器常见故障及处理方法，见表8-10。

表8-10 QZBH-160/1140V矿用隔爆兼本质安全型可逆真空磁力启动器常见故障及处理方法

故障现象	故障原因	处理方法
启动器不吸合，电源指示灯不亮	1. 熔断器熔断 2. 电源组件（DSZ）损坏	1. 更换熔断器熔芯 2. 更换电源组件（DSZ）
启动器不吸合，电源指示灯亮	1. 漏电闭锁组件（LDZ）损坏 2. 本安控制组件（XDZ）损坏 3. 接触器有故障 4. 中间继电器损坏或接点不通	1. 更换漏电闭锁组件（LDZ） 2. 更换XDZ组件 3. 更换接触器 4. 更换继电器或调整接点
启动后不能自保	1. 外接按钮接线有误 2. 接触器线圈辅助触点接触不良	1. 检查并正确连线 2. 修理、调整辅助触点
过流保护不动作，漏电闭锁保护不动作	1. 启动器信号整定组件（XZZ）或保护组件（BHZ）损坏 2. 漏电闭锁组件（LDZ）损坏，检测线不通或36V交流电源线不合适	1. 更换XZZ或BHZ组件 2. 更换LDZ组件，或检查检测线、36V电源线，并加以处理

表 8 – 10（续）

故障现象	故障原因	处理方法
过流保护误动作	1. 保护整定值不正确 2. 保护组件（BHZ）损坏	1. 对保护整定值重新计算、整定 2. 更换 BHZ 组件
继电保护误动作	信号整定组件（XZZ）或保护组件（BHZ）损坏	更换 XZZ 或 BHZ 组件

六、QZBH – 160/1140V 矿用隔爆兼本质安全型双速电动机真空磁力启动器

QZBH – 160/1140V 矿用隔爆兼本质安全型双速电动机真空磁力启动器常见故障及处理方法，见表 8 – 11。

表 8 – 11　QZBH – 160/1140V 矿用隔爆兼本质安全型双速电动机真空磁力启动器常见故障及处理方法

故障现象	故障原因	处理方法
启动器不吸合	1. 熔断器熔断 2. 如果熔断器没有熔断，则可能电源组件（DSZ）损坏 3. 漏电闭锁组件（LDZ）中输出触点不通	1. 更换熔断器熔芯 2. 更换 DSZ 组件 3. 检查并接通漏电闭锁组件（LDZ）内断开或接触不良连线。
启动器启动后不能自保	外接按钮线不正确	可用近控按钮判断，并检查启动后接触器线圈辅助触点是否接通
不能自动切换，即高速吸合不上	1. 电源组件（DSZ）损坏，或 DSZ 组件中电阻（R_8）值发生变化 2. 信号整定组件（XZZ）中自动切换环节失效	1. 更换 DSZ 组件，或将 DSZ 组件中 R_8 的阻值加大到 10 kΩ 2. 更换信号整定组件（XZZ）
过流检查不动作	可能保护组件（BHZ）损坏	更换保护组件（BHZ）
过载误动作	启动器整定值与电动机额定值不一致	按负荷表规定，重新调整启动器整定值
漏点闭锁不动作	漏电闭锁组件（LDZ）内有关连线不通或者 LDZ 组件损坏	检查连线并接通，或者更换 LDZ 组件

参 考 文 献

[1] 国家安全生产监督管理总局,国家煤矿安全监察局. 煤矿安全规程 [M]. 北京:煤炭工业出版社,2015.
[2] 韩芳岐,赵日峰. 煤矿安全技术操作规程 [M]. 北京:煤炭工业出版社,2003.
[3] 刘成效,李和林. 强力带式输送机操作工 [M]. 北京:煤炭工业出版社,2005.
[4] 原劳动部,煤炭工业部. 钢缆皮带操作工 [M]. 北京:煤炭工业出版社,1999.
[5] 薛龙虎,武建平. 输送机操作工 [M]. 北京:煤炭工业出版社,2005.
[6] 蒋卫良. 高可靠性带式输送、提升及控制 [M]. 徐州:中国矿业大学出版社,2008.
[7] 来存良. 煤矿信息化技术 [M]. 北京:煤炭工业出版社,2007.
[8] 张宗平,马士兴. 钢缆皮带操作工(初、中、高)[M]. 北京:煤炭工业出版社,2012.
[9] 刘雨中. 矿井维修电工(初、中、高)[M]. 北京:煤炭工业出版社,2012.
[10] 张宏干,裴立瑞. 采掘电钳工(初、中、高)[M]. 北京:煤炭工业出版社,2011.
[11] 陈维健,齐秀丽. 矿山运输与提升设备 [M]. 徐州:中国矿业大学出版社,2007.
[12] 孙大俊. 机械基础 [M]. 北京:中国劳动社会保障出版社,2007.
[13] 全国职业培训教学工作指导委员会煤炭专业委员会. 综采运输机械 [M]. 北京:煤炭工业出版社,2006.

图书在版编目（CIP）数据

综采集中控制操纵工：中级、高级/煤炭工业职业技能鉴定指导中心组织编写. --北京：煤炭工业出版社，2017

煤炭行业特有工种职业技能鉴定培训教材

ISBN 978-7-5020-4890-7

Ⅰ.①综… Ⅱ.①煤… Ⅲ.①采煤工—综采工作面—职业技能—鉴定—教材 Ⅳ.①TD822

中国版本图书馆 CIP 数据核字（2015）第 122381 号

综采集中控制操纵工　中级、高级

（煤炭行业特有工种职业技能鉴定培训教材）

组织编写	煤炭工业职业技能鉴定指导中心
责任编辑	徐　武
责任校对	邢蕾严
封面设计	王　滨
出版发行	煤炭工业出版社（北京市朝阳区芍药居 35 号　100029）
电　话	010-84657898（总编室）
	010-64018321（发行部）　010-84657880（读者服务部）
电子信箱	cciph612@126.com
网　址	www.cciph.com.cn
印　刷	北京玥实印刷有限公司
经　销	全国新华书店
开　本	787mm×1092mm $^{1}/_{16}$　印张 $19^{3}/_{4}$　字数 479 千字
版　次	2017 年 12 月第 1 版　2017 年 12 月第 1 次印刷
社内编号	7736　　　　　定价　44.00 元

版权所有　违者必究

本书如有缺页、倒页、脱页等质量问题，本社负责调换，电话:010-84657880
（请认准封底防伪标识，敬请查询）